普通高等教育材料成形及控制工程专业改革教材

# 材料成形工艺基础



主　编　李荣华
副主编　翟封祥　温爱玲
参　编　尹志华　曲宝章
主　审　王生武

机 械 工 业 出 版 社

本书以教育部颁布的《工程材料及机械制造基础课程教学基本要求》为依据，以零件成形工艺为主线，注重成形理论基础知识的严谨性、各种工艺方法的实用性，通过典型的工程实例强化学生制订工艺和进行结构设计的综合能力。

本书在内容上以金属材料液态成形工艺、金属材料塑性成形工艺和金属材料连接成形工艺为主，还大量地引入了其他成形新技术、新工艺，以适应现代机械制造技术的发展。全书共15章，在每章后都附有适量的复习思考题。

本书是高等工科院校机械类专业本科学生的通用教材，也可供工科院校近机械类专业学生选用，同时也可作为相关科研及工程技术人员的参考书。

**图书在版编目（CIP）数据**

材料成形工艺基础/李荣华主编. —北京：机械工业出版社，2020.8
(2023.9重印)
普通高等教育材料成形及控制工程专业改革教材
ISBN 978-7-111-66291-4

Ⅰ.①材… Ⅱ.①李… Ⅲ.①工程材料-成型-工艺-高等学校-教材
Ⅳ.①TB3

中国版本图书馆CIP数据核字（2020）第144639号

机械工业出版社（北京市百万庄大街22号 邮政编码100037）
策划编辑：丁昕祯 责任编辑：丁昕祯 赵亚敏
责任校对：张 力 封面设计：张 静
责任印制：李 昂
北京捷迅佳彩印刷有限公司印刷
2023年9月第1版第3次印刷
184mm×260mm · 13.5印张 · 329千字
标准书号：ISBN 978-7-111-66291-4
定价：38.00元

电话服务
客服电话：010-88361066
010-88379833
010-68326294

网络服务
机 工 官 网：www.cmpbook.com
机 工 官 博：weibo.com/cmp1952
金 书 网：www.golden-book.com
机工教育服务网：www.cmpedu.com

# 前　言

本书是高等院校机械工程类各专业学生必修的一门综合性专业技术基础课教材，按教育部面向21世纪本科机械类专业人才培养模式改革要求，根据教育部颁布的《工程材料及机械制造基础课程教学基本要求》和《工程材料及机械制造基础系列课程改革指南》的精神，结合作者多年的教学和实践经验，参阅了大量国内外相关资料及教材编写而成。

社会需求是课程建设的依据，其需求的变化趋势则是课程建设的指导方针，当前快速发展的市场经济对高等教育人才培养提出了新的要求。为了适应社会需求，本书注重工程实用性，通过引入大量的工程应用实例，力求把传授专业知识和培养专业技术人才的应用能力相结合，培养学生求真、求实和勇于创新的精神；注重成形理论基础知识的严谨性和各章节之间的衔接与对比性，要求学生不仅能将所学理论知识应用于实践，而且具有选择最优工艺方案的能力。

本书共15章，主要包括：金属材料液态成形工艺、金属材料塑性成形工艺、金属材料连接成形工艺、非金属材料成形工艺和金属材料成形方法的选择等方面的内容。

本书由大连交通大学李荣华任主编、由翟封祥、温爱玲任副主编，由大连交通大学王生武教授任主审。编写分工为：温爱玲（第1~4章）、翟封祥（第7~12章）、李荣华（第5、6、13~15章），尹志华（第2章部分内容），曲宝章（第9章部分内容）。

本书在编写过程中，参考了相关手册、教材、学术杂志、文献资料等，作者在此一并表示由衷的感谢。

本书涉及的专业面比较广，由于编者水平有限，书中难免有不足或疏漏之处，敬请读者批评指正。

编　者

# 目 录

# 第1章　铸造成形理论基础

将液态金属浇注到具有与零件形状、尺寸相适应的铸型型腔中，待其冷却凝固后获得一定尺寸形状与性能的毛坯或零件的方法称为铸造。

铸造是人类掌握比较早的一种金属热加工工艺，是生产机器零件或毛坯件的一种主要成形方法。我国的铸造技术历史悠久，早在3000多年前，青铜铸器就有应用，2500年前，铸铁工具已经相当普遍。如我国商朝的司母戊方鼎，战国时期的曾侯乙尊盘，明朝的永乐大钟等，都是古代铸造技术的代表产品。泥范、铁范（金属型铸造）和失蜡法（熔模铸造）称为古代三大铸造技术。

进入21世纪，快速、高效、节能对制造业提出了更高的标准和要求，与此同时，材料及其成形技术也得到了长足的进步和发展。而铸造成形工艺依旧是机械制造业中重要的成形工艺之一被广泛应用。

铸造成形具有如下优点：

(1) 适应性广　适合制造形状复杂的铸件，如形状复杂的箱体、各种机床床身、机架、阀体、泵体、叶轮、气缸体等。适合铸造各种材料，如铸铁、铸钢、铸造有色金属、铸造非金属材料等，特别是对于不适合压力加工或焊接成形的材料，该方法具有特殊的优势。

(2) 铸件的大小几乎不受限制　铸件壁厚可由0.5mm到1000mm；质量可从几克到几百吨，如小到几克的钟表零件，大到数百吨的轧钢机机架，均可铸造成形。

(3) 生产成本低　铸造设备简单，原材料来源广泛、价格低廉、废品可再利用。同时，铸造可以直接浇铸出形状复杂的毛坯件或零件，因此可减少切削加工量，降低生产成本。

铸造成形也存在如下缺点：

(1) 生产工序较多　生产过程中难以精确控制质量，因而废品率较高。实际生产中除了性能检查外，还需要进行宏观和微观质量控制与检查。

(2) 力学性能较差　铸件组织疏松、晶粒粗大，内部容易产生缩孔、缩松、气孔、砂眼等缺陷，从而导致铸件的力学性能较差，特别是冲击韧性，比同样材料其他成形方法的力学性能低，因此不适合铸造承受动载荷的零件。

(3) 铸件表面粗糙，尺寸精度不高　尤其是应用比较多的砂型铸造，表面粗糙、尺寸精度差，对于要求高精度的面，一般铸造后要进行机加工。

(4) 铸造工作环境较差，工人劳动强度大　浇注熔炼金属温度高，型砂中粉尘对人体有伤害。

本章主要介绍铸造成形理论，重点讲述铸造性能及铸造缺陷。

铸造成形过程主要分为充满型腔和冷却凝固成形两个过程，这两个过程决定铸件的质量和性能，尤其是冷却凝固过程。液态金属充满型腔的过程影响铸件的形状和尺寸，与材料和铸件结构等有关；冷却凝固过程会影响铸件的组织与性能，与液态金属的凝固方式和冷却速度等有关。

通常用铸造性能指标来表示是否容易铸造出形状完整和性能优异的铸件。影响铸件性能的因素主要有合金的流动性和充型能力、合金的收缩性和合金的吸气性。以下主要从这三个方面分析铸造性能。

## 1.1 合金的流动性和充型能力

### 1.1.1 合金的流动性

**1. 流动性的概念**

液态金属本身的流动能力称为“流动性”，是合金的铸造性能之一。在相同的浇注条件下，合金的流动性与金属的成分、温度、杂质含量及其物理性能有关。流动性差，会造成铸件浇不到、冷隔、气孔、夹杂、缩孔、热裂等缺陷。流动性好的合金，充型能力强，便于浇注出轮廓清晰、薄而复杂的铸件。

合金流动性的好与坏，通常以“螺旋形标准试样”（见图 1-1）的长度来衡量。在相同的浇注条件下，将液态合金浇注到螺旋形标准试样所形成的铸型中，在相同的铸型中浇出的螺旋形试样越长，表示该合金的流动性越好。

**2. 影响合金流动性的因素**

(1) 合金的种类　不同合金因其共晶特性、黏度不同，其流动性亦不同。常用铸造合金中，灰铸铁、硅黄铜的流动性最好，铝合金次之，铸钢最差。铸铁的结晶温度低、收缩小、气孔少，所以流动性比铸钢的流动性好。

(2) 合金的成分　相同合金，其结晶特点对流动性影响很大，结晶温度范围小的合金流动性好，结晶温度范围大的合金流动性差。纯金属和共晶成分合金的结晶温度范围趋于零，结晶的固体层内表面比较光滑，对金属液的阻力较小，如图 1-2a 所示。同时，共晶成分合金的凝固温度最低，相对来说，合金的过热度大，推迟了合金的凝固，故流动性最好。

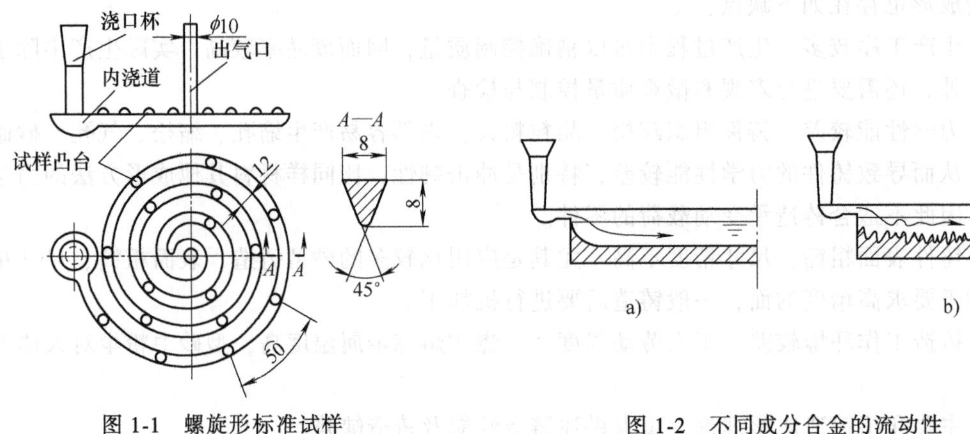


图 1-1　螺旋形标准试样

图 1-2　不同成分合金的流动性
a) 纯金属和共晶成分合金　b) 非共晶成分合金

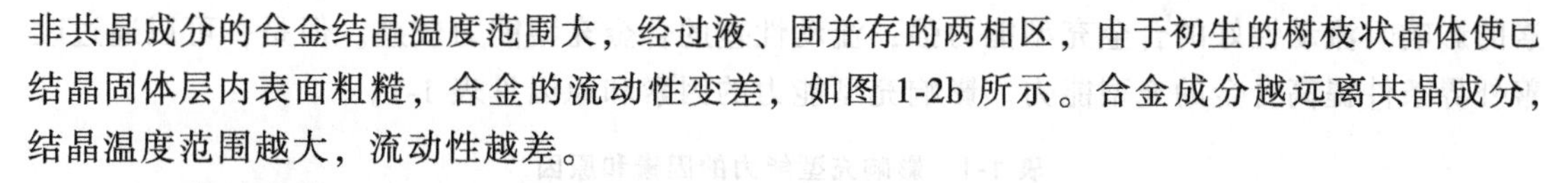

非共晶成分的合金结晶温度范围大，经过液、固并存的两相区，由于初生的树枝状晶体使已结晶固体层内表面粗糙，合金的流动性变差，如图 1-2b 所示。合金成分越远离共晶成分，结晶温度范围越大，流动性越差。

（3）浇注条件

1）浇注温度。浇注温度对合金流动性的影响很显著。浇注温度越高，液态金属的黏度越低，且因其过热度高、金属液含热量多、保持液态时间长，有利于提高合金的流动性。但浇注温度过高，液态金属收缩越大、吸气越多、氧化越严重，流动性反而降低。因此，在保证充型能力足够的前提下，浇注温度不要过高。通常，灰铸铁的浇注温度为 1200~1380℃，铸钢为 1520~1620℃，铝合金为 680~780℃。薄壁复杂件取上限，厚大件取下限。

2）充型压力。在一定范围内，液态合金在流动方向上所受的压力越大，充型能力越好。砂型铸造时，充型压力是由直浇道所产生的静压力形成的，故直浇道的压力必须适当。而压力铸造、离心铸造因增加了充型压力，充型能力较强，金属液的流动性也较好。但是压力过大时，砂型铸造会造成夹砂等缺陷。

（4）铸型的充填条件

1）铸型的蓄热能力。铸型的蓄热能力表示铸型从熔融合金中吸收并传出热量的能力。铸型材料的比热和热导率越大，对熔融金属的激冷能力越强，合金在型腔中保持流动的时间减少，合金的流动性越差。

2）铸型温度。浇注前，将铸型预热到一定温度，可减少铸型与熔融金属间的温度差，减缓合金的冷却速度，延长合金在铸型中的流动时间，使合金的流动性提高。

3）铸型中的气体。在金属液的热作用下，型腔中的气体膨胀，型砂中的水分汽化，煤粉和其他有机物燃烧，将产生大量气体，如果铸型排气能力差，浇注时产生的大量气体来不及排出，气体压力增大，阻碍熔融金属的充型。铸造时，为了减少气体的压力，一方面应尽量减少气体产生；另一方面，要增加铸型的透气性或在远离浇口的最高部位开设出气口，使型腔及型砂中的气体顺利排出。

4）铸型结构。当铸件壁厚过小，壁厚急剧变化、结构复杂，或有大的水平面时，均会造成合金充型困难。因此，在设计铸件结构时，铸件的壁厚必须大于规定的最小允许壁厚值，形状应尽量简单。对于形状复杂、壁薄、散热面大的铸件，应尽量选择流动性好的合金或采取其他相应措施。

### 1.1.2　合金的充型能力

**1. 充型能力的概念**

液态合金充满型腔，形成轮廓清晰、形状准确的优质铸件的能力，称为“充型能力”。

能否获得尺寸精确、轮廓清晰的铸件，取决于充型能力。在液态合金的充型过程中，如果充型能力不足，在型腔被填满之前先结晶的固态金属会将充型的通道堵塞，金属液体被迫停止流动，于是铸件将产生浇不足或冷隔等缺陷。浇不足使铸件不能获得完整的形状；冷隔虽可获得完整的外形，但因有未完全融合的接缝，铸件的力学性能变差。

**2. 影响合金充型能力的因素**

充型能力首先取决于合金本身的流动性，同时还受铸型性质、浇注条件、铸件结构等因素的影响。流动性好的合金充型能力强；流动性差的合金充型能力较差。但是，可以通过改善外界条件提高合金的充型能力。影响充型能力的因素和原因见表 1-1。

表 1-1　影响充型能力的因素和原因

| 序号 | 影响因素 | 定义 | 影响原因 |
| --- | --- | --- | --- |
| 1 | 合金的流动性 | 液态金属本身的流动能力 | 流动性好,易于浇注出轮廓清晰、形状完整的铸件;利于非金属夹杂物和气体的上浮和排除;易于对铸件的收缩进行补偿 |
| 2 | 浇注温度 | 浇注时金属液的温度 | 浇注温度越高,充型能力越强 |
| 3 | 充型压力 | 金属液体在流动方向上所受的压力 | 压力越大,充型能力越强。但压力过大或充型速度过快会发生喷射、飞溅和冷隔现象 |
| 4 | 铸型中的气体 | 浇注时铸型中的水分被汽化 | 铸型中的气体会阻碍液体的流动,也容易形成气孔 |
| 5 | 铸型的传热系数 | 铸型从其中的金属吸取并向外传输热量的能力 | 传热系数越大,铸型的激冷能力就越强,金属保持液态的时间就越短,充型能力下降 |
| 6 | 铸型温度 | 铸型在浇注时的温度 | 铸型温度越高,液态金属冷却速度就越慢,充型能力越强 |
| 7 | 浇注系统的结构 | 各浇道的结构 | 浇注系统的结构越复杂,流动阻力越大,充型能力越差 |
| 8 | 铸件的折算厚度 | 铸件体积与表面积之比 | 折算厚度大,散热慢,充型能力好 |
| 9 | 铸件结构 | 铸件结构复杂程度 | 结构复杂,流动阻力大,充型能力差 |

## 1.2　合金的凝固与收缩

### 1.2.1　合金的凝固与凝固方式

**1. 合金的凝固过程与组织**

铸造工艺是液态金属的凝固成形过程，金属的凝固过程也是一个结晶过程，包括形核和晶体长大两个基本过程。

凝固组织对铸件的力学性能影响很大，一般情况下，晶粒越细小均匀，铸件的强度、硬度越高，塑性和韧性也越好。

影响凝固的主要因素有炉料、铸件的冷却速度和生产工艺等。炉料的成分与组织状态对凝固组织有直接影响。冷却速度快，则形核数目多，晶粒细小。在铸造生产中，常采用孕育处理，即在浇注时，向液态金属中加入一定量的孕育剂作为形核核心，细化晶粒。

**2. 合金的凝固方式**

在铸件凝固过程中，断面上一般存在三个区域，即固相区、凝固区和液相区。其中，对铸件质量影响较大的主要是液相和固相并存的凝固区的宽度。铸件的“凝固方式”就是依据凝固区的宽度 $S$ 来划分的，如图 1-3 所示。

（1）逐层凝固　纯金属或共晶成分合金在凝固过程中因不存在液、固并存的凝固区，如图 1-3a 所示，故断面上外层的固相和内层的液相是由一条界限（凝固前沿）清楚地分开。随着温度的下降，固相层不断加厚、液相层不断减少，直到铸件的中心，这种凝固方式称为

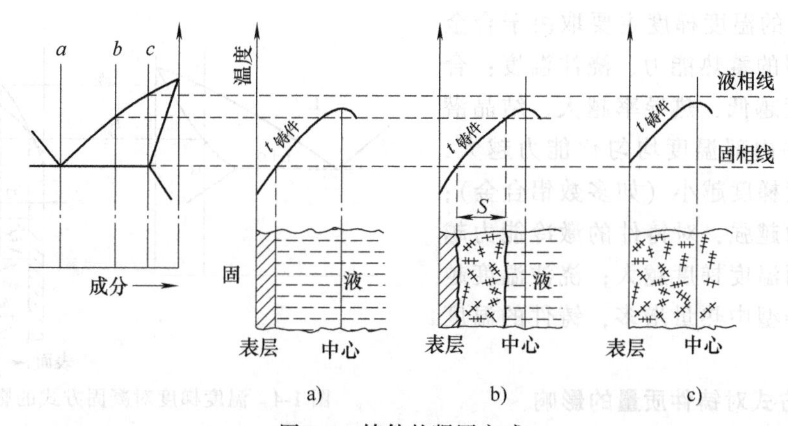


图 1-3　铸件的凝固方式

a）逐层凝固　b）中间凝固　c）糊状凝固

逐层凝固。

（2）中间凝固　大多数合金的凝固介于逐层凝固和糊状凝固之间，如图 1-3b 所示，称为中间凝固方式。

（3）糊状凝固　如果合金的结晶温度范围很大，且铸件断面上的温度分布较为平坦，则在凝固的某段时间内，铸件表面并不存在固体层，而液、固并存的凝固区贯穿整个断面，如图 1-3c 所示。由于这种凝固方式与水泥类似，即先呈糊状而后凝固，故称为糊状凝固。

铸件质量与凝固方式密切相关。一般来说，逐层凝固时，即使外表层凝固成为固体，但心部依然是流动性好的液体，可以补充因收缩而造成的合金体积缺失，所以铸件质量好。而糊状凝固时，因收缩体积的缺失无法得到补充，难以获得结晶紧实的铸件，所以铸件质量不好，容易产生缺陷。

在常用合金中，灰铸铁、铝硅合金等倾向于逐层凝固，易于获得紧实铸件；球墨铸铁、锡青铜、铝铜合金等倾向于糊状凝固，为得到紧实铸件常采用适当的工艺措施，以便于补缩或减小其凝固区域。

**3. 影响铸件凝固方式的因素**

（1）合金的结晶温度范围　合金的结晶温度范围越小，凝固区域越窄，越倾向于逐层凝固。纯金属和共晶合金的结晶温度范围趋近于零，一般呈典型的逐层凝固方式。对结晶温度范围大的合金，当断面上的温度梯度较小时，铸件凝固区域较宽，甚至贯穿整个铸件断面，这时凝固呈典型的糊状凝固。大部分铸造合金都有一定的结晶温度范围，凝固区介于上述两种情况之间，为中间凝固。砂型铸造时，低碳钢为逐层凝固；高碳钢因结晶温度范围变宽，为糊状凝固；中碳钢为中间凝固。

（2）铸件断面的温度梯度　在合金结晶温度范围已定的前提下，凝固区域的宽窄取决于铸件断面的温度梯度，如图 1-4 所示。若铸件的温度梯度由小变大（图中 $T_1 \rightarrow T_2$），则其对应的凝固区由宽变窄（$S_1 \rightarrow S_2$），越趋于中间凝固甚至是逐层凝固。例如，高碳钢在金属型铸造中由于冷却速度快，温度梯度大，凝固情况趋近于中间凝固，则流动性相对较好。当温度梯度很小时，凝固区宽度一般较大，趋于糊状凝固。例如，工业纯铝在砂型铸造中，由于冷却速度慢、温度梯度小，则为典型的糊状凝固，流动性比较差；而在金属型铸造时，冷却速度快、温度梯度大，则为逐层凝固，流动性比较好。

铸件断面的温度梯度主要取决于合金的性质、铸型的蓄热能力、浇注温度：合金的凝固温度越低、热导率越大、结晶潜热越大，铸件内部温度均匀化能力越大，铸件断面温度梯度越小（如多数铝合金）；铸型蓄热能力越强，对铸件的激冷能力越强，铸件断面温度梯度越大；浇注温度越高，因带入铸型中热量增多，铸件的温度梯度减小。

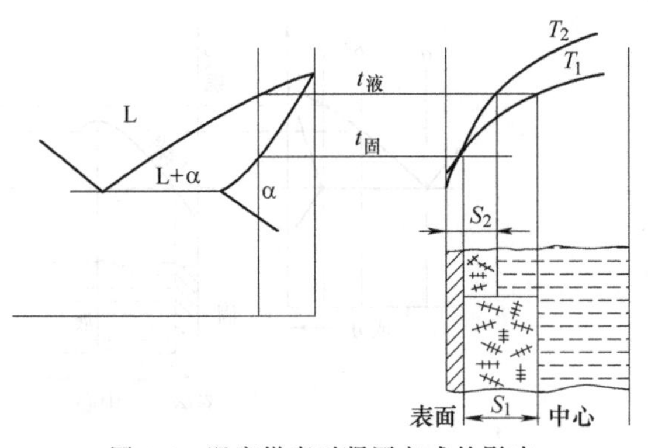

图 1-4　温度梯度对凝固方式的影响

**4. 凝固方式对铸件质量的影响**

铸件质量与凝固方式密切相关。凝固方式对铸件的充型能力、补缩条件、缩孔类型、热裂纹愈合能力等有影响，因此影响铸件的致密性和合格程度。

逐层凝固的充型能力好，液体容易补缩，所以铸件的致密性好。糊状凝固的凝固区域宽、枝晶发达，给流动带来阻力，所以充型能力差，补缩困难，形成不容易消除的分散的缩孔和缩松，热裂倾向严重，铸件的致密性差。

## 1.2.2　合金的收缩性

**1. 合金收缩的概念**

铸造合金从浇注、凝固直至冷却到室温的过程中，其体积或尺寸缩减的现象称为收缩。收缩是合金的物理本性。在铸造过程中，收缩可能会导致铸件产生缩孔、缩松、应力、变形和裂纹等缺陷。因此，必须研究收缩规律，采取工艺措施以获得合格铸件。

如图 1-5 所示，合金Ⅰ从浇注温度冷却到室温的收缩，经历三个阶段：

（1）液态收缩　从浇注温度（$T_{浇}$）到凝固开始温度（即液相线温度 $T_{液}$）间的收缩。

（2）凝固收缩　从凝固开始温度到凝固终了温度（即固相线温度 $T_{固}$）间的收缩。

（3）固态收缩　从凝固终止温度到室温（$T_{室温}$）间的收缩。

合金的总收缩率为上述三种收缩的总和。

合金的液态收缩和凝固收缩表现为合金体积的缩减，常用体收缩率表示，它们是形成铸件缩孔和缩松的主要原因。虽然合金的固态收缩也是体积缩小，但直观表现为铸件轮廓尺寸的减少，因此，用铸件单位长度上的收缩量，即线收缩率来表示。固态收缩是铸件产生内应力、变形和裂纹的基本原因。

不同合金的收缩率不同，在常用铸造合金中，铸钢熔点高，收缩率最大。而灰铸铁收缩率较小，主要是因为一方面灰铸铁的熔点低，另外主要是碳在凝固过程中以石墨态析出的缘故。石墨的比容大，其形成过程中产生体积膨胀，抵消了合金的部分收缩。几种铁碳合金的体积收缩率见表 1-2。常用铸造合金的线收缩率见表 1-3。

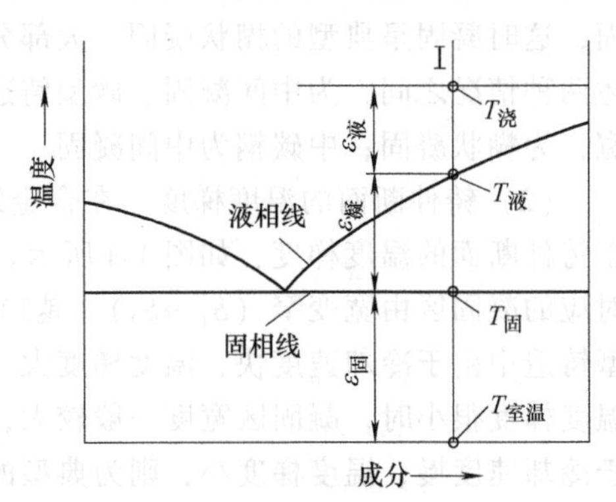

图 1-5　收缩三阶段

表 1-2 几种铁碳合金的体积收缩率

| 合金种类 | 碳的质量分数 $w(C)/\%$ | 浇注温度/℃ | 液态收缩 $\psi_{液}/\%$ | 凝固收缩 $\psi_{凝}/\%$ | 固态收缩 $\psi_{固}/\%$ | 总体收缩 $\psi_{总}/\%$ |
|---|---|---|---|---|---|---|
| 碳素铸钢 | 0.35 | 1610 | 1.6 | 3.0 | 7.86 | 12.46 |
| 白口铸铁 | 3.0 | 1400 | 2.4 | 4.2 | 5.4~6.3 | 12~12.9 |
| 灰铸铁 | 3.5 | 1400 | 3.5 | 0.1 | 3.3~4.2 | 6.9~7.8 |

表 1-3 常用铸造合金的线收缩率

| 合金种类 | 灰铸铁 | 可锻铸铁 | 球墨铸铁 | 碳素钢 | 铝合金 | 铜合金 |
|---|---|---|---|---|---|---|
| 线收缩率(%) | 0.8~1.0 | 1.2~2.0 | 0.8~1.3 | 1.38~2.0 | 0.8~1.6 | 1.2~1.4 |

### 2. 影响合金收缩的因素

(1) 化学成分 碳素钢的含碳量增加，其液态收缩增加，而固态收缩略减。灰铸铁中的碳、硅含量增多，其石墨化能力增强，石墨的比容大，能弥补收缩，故收缩越小。硫可阻碍石墨析出，使收缩率增大。适当增加锰，锰与铸铁中的硫形成 MnS，可抵消硫对石墨化的阻碍作用，使铸铁收缩率减小。但含锰量过高，铸铁的收缩率又有所增加。

(2) 浇注温度 浇注温度越高，过热度越大，使液态收缩增加，合金的总收缩率增大。对于钢液，通常浇注温度每提高 100℃，体收缩率增加约 1.6%，因此浇注温度越高，形成缩孔倾向越大。

(3) 铸件结构和铸型条件 铸件在铸型中的冷凝过程往往不是自由收缩，而是受阻收缩。其阻力来源于：①铸件各部分的冷却速度不同，引起各部分收缩量不一致，相互约束而对收缩产生阻力（铸造热应力）；②铸型和型芯对收缩的机械阻力。因此，铸件的实际收缩率要受这两个因素的影响，比自由收缩率要小一些。铸件结构越复杂，铸型硬度越大，型芯骨越粗大，则收缩阻力也越大。

### 3. 铸件的缩孔与缩松

由于液态收缩和凝固收缩所引起的体积缩减，液态金属在铸型内的冷凝如得不到金属液体补充（称为补缩），则会在铸件最后凝固的部位形成一些孔洞。由此造成的中等集中的孔洞称为缩孔，细小分散的孔洞称为缩松。

(1) 缩孔的形成 缩孔是在铸件最后凝固部位或者厚大部位形成容积较大且集中的孔洞。缩孔多呈倒圆锥形，内表面粗糙，通常隐藏在铸件的内层。但在某些情况下，缩孔会暴露在铸件的上表面，呈明显的凹坑。

缩孔形成的条件是：金属在恒温或很窄的温度范围内结晶，铸件壁为逐层凝固。

现以圆柱体铸件为例分析缩孔的形成原因与过程，如图 1-6 所示。

如图 1-6a 所示，合金液体充满圆柱形型腔，降温时发生液体收缩，收缩部分可从浇注系统得到补缩。

如图 1-6b 所示，当铸件表面散热条件相同时，表面层散热最快，首先凝固结壳，此时内浇道被冻结，无法提供补充液体。

如图 1-6c 所示，继续冷却时，内部液体不断发生液态收缩和凝固收缩，使液面下降。同时外壳进行固态收缩，使铸件外形尺寸整体缩小。如果两者的减小量相等，则凝固外壳仍然和内部液体紧密接触。但由于液体收缩和凝固收缩远超过外壳的固态收缩，因此合金液体量减少，造成液体与硬壳顶面脱离。

如图 1-6d 所示，随着温度降低，凝固层不断加厚，液面不断下降，当铸件全部凝固后，在液固脱离层形成一个倒锥形空洞，即铸造缺陷——缩孔。

如图 1-6e 所示，继续降温至室温，整个铸件发生固态收缩，缩孔的绝对体积略有减小。

如图 1-6f 所示，如果在铸件顶部设置多余的厚大铸件体积（冒口），缩孔将移至冒口中，待凝固成形后切除这一多余部分。为了切除方便，一般要求将冒口加到上部或外部。

由此可知，缩孔产生的基本原因是合金的液态和凝固收缩值大于固态收缩值，且得不到很好的补偿。缩孔产生的部位在铸件最后凝固区域，如壁的上部或中心处，以及最后凝固的热节处。

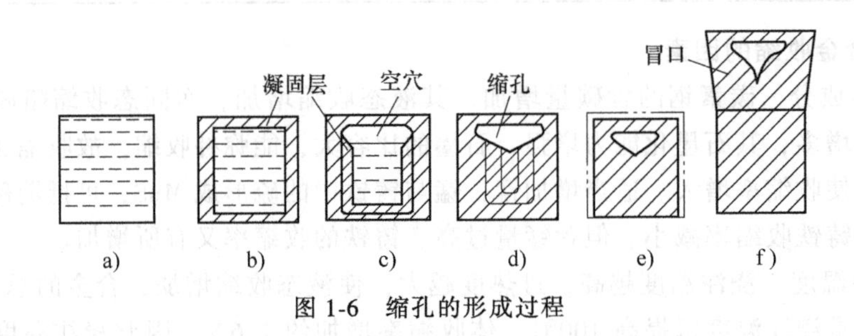


图 1-6　缩孔的形成过程

（2）缩松的形成　细小而分散的孔洞称为缩松，缩孔常分散在铸件壁厚的轴线区域、厚大部位、冒口根部和内浇口附近。当缩松与缩孔的容积相同时，缩松的分布面积要比缩孔大得多。缩松隐藏于铸件内部，外观上不易发现。缩松分为宏观缩松和显微缩松：宏观缩松是用肉眼或放大镜可以看到的分散细小缩孔；显微缩松是分布在晶粒之间的微小缩孔，要用显微镜才能观察到，这种缩松分布面积更为广泛，甚至遍布铸件的整个截面。

缩松的形成条件是：结晶温度范围宽，铸件呈糊状凝固方式或中间凝固方式。

现以圆柱体铸件为例分析缩松形成的原因与过程，如图 1-7 所示。

如图 1-7a 所示，合金液体充满圆柱形型腔，降温时发生液体收缩，收缩部分可从浇注系统得到补缩。

如图 1-7b 所示，铸件表面有一层先凝固成固体，内部有一个较宽的液相和固相共存凝固区域。

图 1-7c、d 所示为继续凝固时，固体不断长大，直至相互接触。此时，合金液体被分割成许多小的封闭区。

图 1-7e 所示为封闭区内液体降温、凝固收缩时得不到补充，而形成多个细小而分散的孔洞，即铸造缺陷——缩松。

图 1-7f 所示为固态收缩。

凝固温度范围大的合金，结晶时为糊状凝固。凝固过程中，树枝状晶体将金属液分隔成彼此孤立的小熔池，凝固时难以得到补缩，形成显微缩松。这种微观缩松很难消除，这也是铸件组织不致密、力学性能差的主要原因。

（3）缩孔和缩松的防止

1）缩孔的防止。铸件上的缩孔会削减其有效截面积，导致铸件的承载能力大大降低，因此，必须根据技术要求，采取适当的工艺措施予以防止。

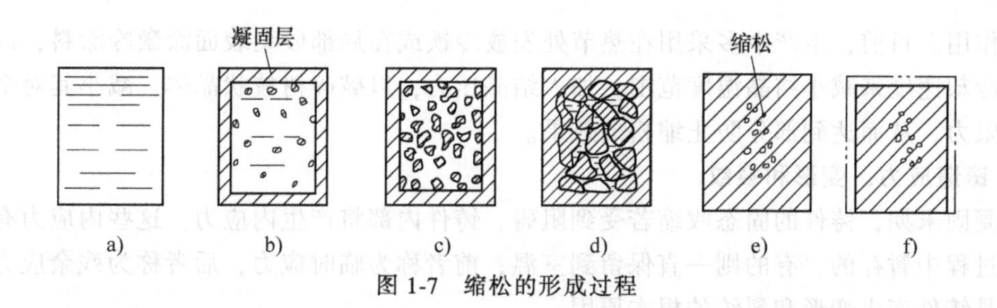

图 1-7 缩松的形成过程

防止铸件内部出现缩孔的工艺措施是使铸件进行定向凝固。所谓定向凝固（也称顺序凝固），就是在铸件上可能出现缩孔的厚大部位安放冒口，在远离冒口的部位安放冷铁，使铸件上远离冒口的部位先凝固，靠近冒口的部位后凝固，冒口本身最后凝固，如图 1-8 所示。定向凝固使铸件先凝固部位收缩由后凝固部位的金属液来补缩，后凝固部位的收缩由冒口中的金属液补缩，将缩孔转移到冒口中。冒口为铸件的多余部分，清理铸件时予以去除，即可得到无缩孔的致密铸件。冷铁的作用是加快铸件局部的冷却速度，实现铸件的定向凝固。

形状复杂有多个热节（铸件上热量集中，内接圆直径较大的部位）的铸件，为实现定向凝固，往往要采用多个冒口，并配合冷铁同时使用。图 1-9 所示的阀体铸件断面上有五个热节，其底部凸台处热节安放冒口后不易切除，上部冒口又难以对该处进行补缩，故在该处设置外冷铁，相当于局部金属型。因冷却快，厚大凸台反而先凝固，其余四个热节分别由四个冒口（顶部明冒口及侧面暗冒口）对铸件断面上四个热节分别进行补缩，实现了定向凝固。如果没有按照定向凝固方向凝固，如图 1-10a 所示，会在轮辐的厚大处产生缩孔，也就失去了冒口的意义。若将冒口改为补贴到铸钢件的结构上使其按照定向凝固的方向加厚铸件直到冒口处（图 1-10b），则缩孔产生于冒口处，消除了铸件中的缩孔。

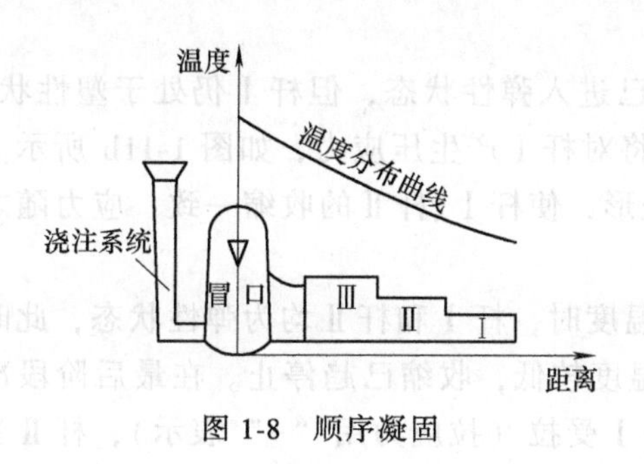

图 1-8 顺序凝固

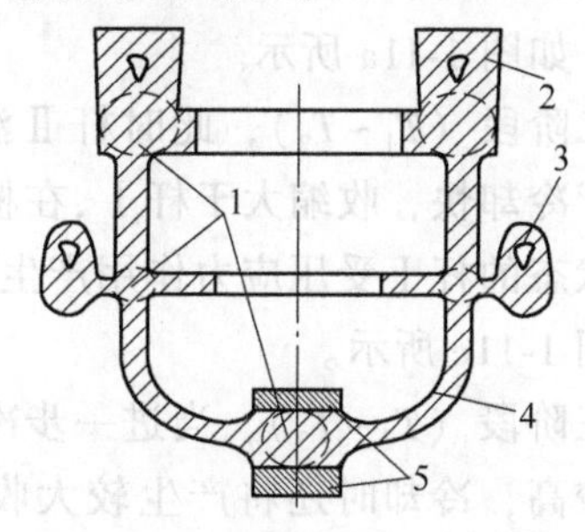

图 1-9 阀体铸件的顺序凝固

1—热节 2—明冒口 3—暗冒口 4—铸件 5—外冷铁

2）缩松的防止。缩松对铸件承载能力的影响比集中缩孔要小，但它数量多易影响铸件的气密性，使铸件渗漏。因此，对于气密性要求高的液压缸、阀体等承压铸件，必须采取工艺措施防止缩松。然而，防止缩松要比防止缩孔困难得多，不仅因它难以发现，且因缩松常出现在凝固温度范围大的合金所制造的铸件中，即使采用冒口对其热节处进行补缩，也会由于发达的树枝状晶体堵塞了补缩通道，而使冒口难以发

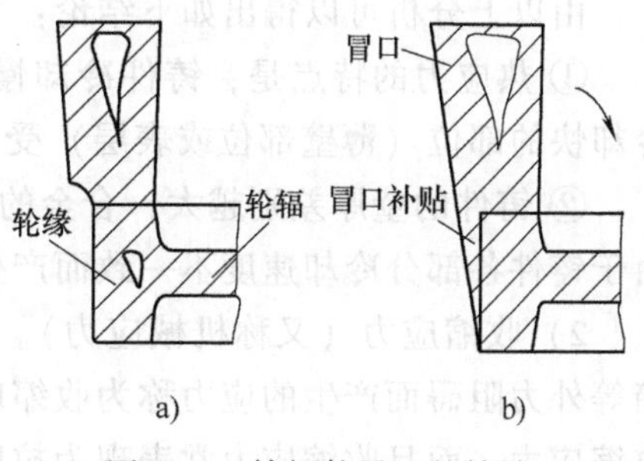

图 1-10 铸钢件冒口的补贴

挥补缩作用。目前，生产中多采用在热节处安放冷铁或在局部砂型表面涂激冷涂料，以加快铸件的冷却速度来减小结晶温度范围；加大结晶压力，以破碎树枝状晶体，减小其对金属液流动的阻力，从而达到部分防止缩松的效果。

**4. 铸造应力、变形和裂纹**

在凝固末期，铸件的固态收缩若受到阻碍，铸件内部将产生内应力。这些内应力有的是在冷却过程中暂存的，有的则一直保留到室温，前者称为临时应力，后者称为残余应力。铸造应力是铸件产生变形和裂纹的根本原因。

(1) 铸造应力的分类 按产生的原因不同，铸造应力分为热应力和收缩应力两种。热应力主要是来自铸件本身的相互作用力，收缩应力主要是来自外界砂箱和型芯对铸件的反作用力。

1) 热应力。热应力是因铸件壁厚不均，在凝固和冷却过程中，各部位由于收缩受到热阻碍而引起的。落砂后热应力仍存在于铸件内，是一种残留铸造应力。

为了分析热应力的形成过程，首先应了解固态金属从高温冷却到室温过程中应力状态的变化。固态金属在弹-塑性临界温度 $T_{临}$（钢和铸铁的 $T_{临}=620\sim650℃$）以上处于塑性状态，在临界温度以下呈弹性状态。在应力作用下，通过塑性变形，可自行消除内应力；而在外力作用下，产生弹性变形后应力依然存在。

现以图 1-11 所示的应力框铸件来说明热应力的形成过程。应力框是由同一铸件不同结构中长度相等的一根粗杆Ⅰ和两根细杆Ⅱ以及上、下横梁铸造而成的。图 1-11 上部表示了杆Ⅰ和杆Ⅱ的冷却温度曲线，由于杆Ⅰ和杆Ⅱ截面厚度不同、冷却速度不同，因此形成的冷却温度曲线也不同。

第一阶段（$T_0\sim T_1$），铸件处于高温阶段，两杆均处于塑性状态，尽管由于杆Ⅰ和杆Ⅱ的冷却速度不同、收缩不一致，要产生应力，但铸件可以通过两杆的塑性变形使应力很快自行消失，如图 1-11a 所示。

第二阶段（$T_1\sim T_2$），此时杆Ⅱ温度较低，已进入弹性状态，但杆Ⅰ仍处于塑性状态。杆Ⅱ由于冷却快，收缩大于杆Ⅰ,在横杆作用下将对杆Ⅰ产生压应力，如图 1-11b 所示。处于塑性状态的杆Ⅰ受压应力作用产生压缩塑性变形，使杆Ⅰ、杆Ⅱ的收缩一致，应力随之消失，如图 1-11c 所示。

第三阶段（$T_2\sim T_3$），当进一步冷却到更低温度时，杆Ⅰ和杆Ⅱ均为弹性状态，此时杆Ⅰ温度较高，冷却时还将产生较大收缩，杆Ⅱ温度较低，收缩已趋停止。在最后阶段冷却时，杆Ⅰ的收缩将受到杆Ⅱ的强烈阻碍，因此杆Ⅰ受拉（拉应力用“+”表示），杆Ⅱ受压（压应力用“-”表示），并保留到室温，形成了残余应力，如图 1-11d 所示。

由以上分析可以得出如下结论：

① 热应力的特点是，铸件冷却慢的部位（厚壁部位或心部）受拉伸——形成拉应力，冷却快的部位（薄壁部位或表层）受压缩——形成压应力。

② 铸件的壁厚差别越大，合金的线收缩率或弹性模量越大，热应力越大。顺序凝固时，由于铸件各部分冷却速度不一致而产生较大的热应力，铸件容易出现变形和裂纹。

2) 收缩应力（又称机械应力）。铸件在固态收缩时，因受到铸型、型芯、浇冒口、砂箱等外力阻碍而产生的应力称为收缩应力。一般铸件冷却到弹性状态后，收缩受阻才会产生收缩应力。而且收缩应力常表现为拉应力或切应力，其大小取决于铸型及型芯的退让性，形成应力的原因一经消除（如铸件落砂或去除浇口后），收缩应力也就随之消失。所以，收缩应力为临时应力。但是，在落砂前，如果铸件的收缩应力与热应力（特别是在厚壁处）共同作用，其瞬间内应力大于铸件的抗拉强度时，铸件会产生裂纹。图 1-12 所示为铸件产生收缩应力的示意图。

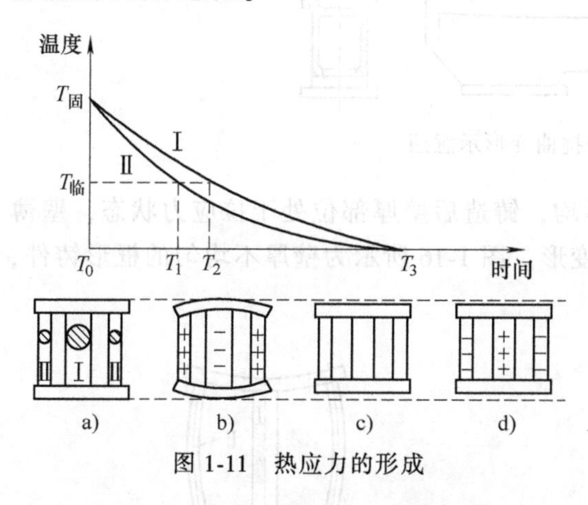

图 1-11　热应力的形成

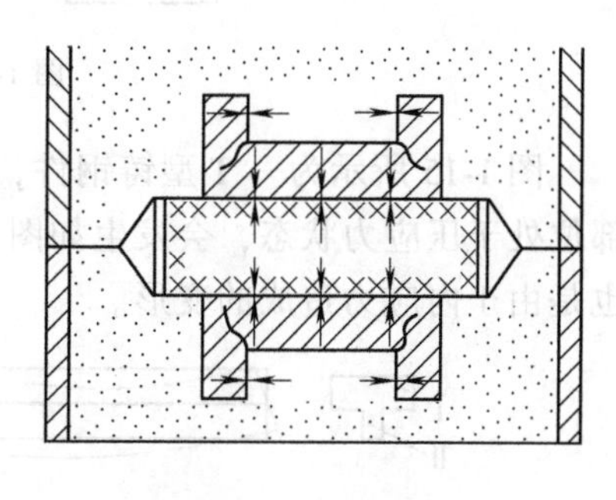
图 1-12　收缩应力

（2）减少和消除铸造应力的措施

1）合理地设计铸件结构。铸件形状越复杂，各部分壁厚相差越大，冷却时温度越不均匀，铸造应力就越大。因此，在设计铸件时，应尽量使铸件形状简单、对称、壁厚均匀。

2）尽量选用线收缩率小、弹性模量小的合金。

3）采取同时凝固的工艺。所谓同时凝固，是指采取一定的工艺措施，使铸件各部位无温差或温差尽量小，各部位几乎同时凝固，如图 1-13 所示。

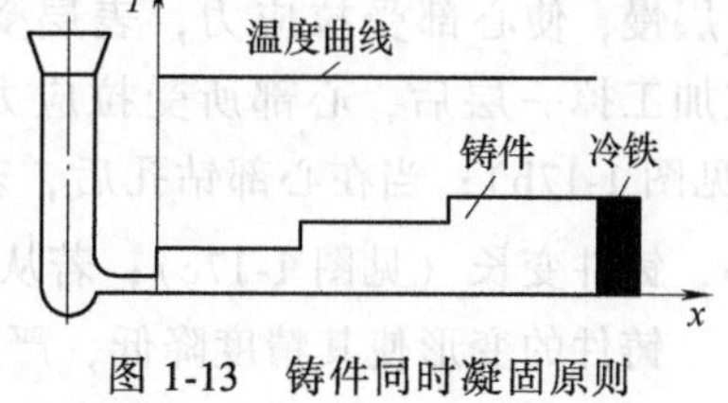

图 1-13　铸件同时凝固原则

铸件如按同时凝固原则凝固，各部分温差较小，不易产生热应力和热裂，铸件变形较小。同时凝固时不必设置冒口，工艺简单，节约金属。但同时凝固的铸件中心易出现缩松，会影响铸件的致密性。所以，同时凝固主要用于收缩较小的一般灰铸铁件和球墨铸铁件，壁厚均匀的薄壁铸件，倾向于糊状凝固、气密性要求不高的锡青铜铸件等。

4）在型（芯）砂中加锯末、焦炭粒，控制舂砂的紧实度等，提高铸型、型芯的退让性，可减小收缩应力。

5）对铸件进行时效处理是消除铸造内应力的有效措施。时效处理分自然时效、热时效和共振时效等。所谓自然时效，是将铸件置于露天场地半年以上，让其缓慢地发生变形，消除内应力的一种方法。热时效（人工时效）又称为去应力退火，是将铸件加热到 550～650℃，保温 2～4h，随炉慢冷至 150～200℃，然后出炉冷却至室温，以消除内应力的一种方法。共振时效是将铸件在其共振频率下振动 10～60min，以消除铸件中残余应力的一种方法。热时效比较可靠、迅速，因此重要精密铸件，如各种精密铸造件，内燃机缸体、缸盖等必须进行热时效处理。

（3）铸件的变形与防止　如上所述，当铸件厚薄不均时，因冷却速度不同各处的温度不均匀，在铸件中将产生热应力。处于应力状态的铸件是不稳定的，它将自发地通过变形来减小内应力，趋于稳定状态。如图 1-14 所示，车床床身的导轨部分较厚，铸后产生拉应力，侧壁较薄，铸后产生压应力。变形的结果是导轨面中心下凹，侧壁凸起。

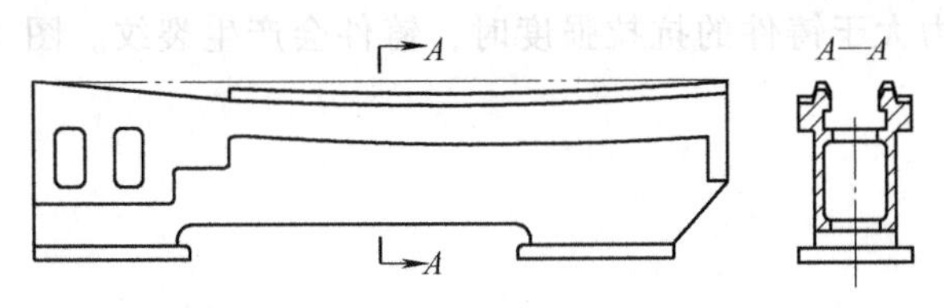


图 1-14 车床床身挠曲变形示意图

图 1-15 所示为一 T 型铸钢件，由于壁厚不均，铸造后壁厚部位处于拉应力状态，壁薄部位处于压应力状态，会发生如图所示的挠曲变形。图 1-16 所示为壁厚不均匀的框形铸件，也是由于内应力造成的变形。

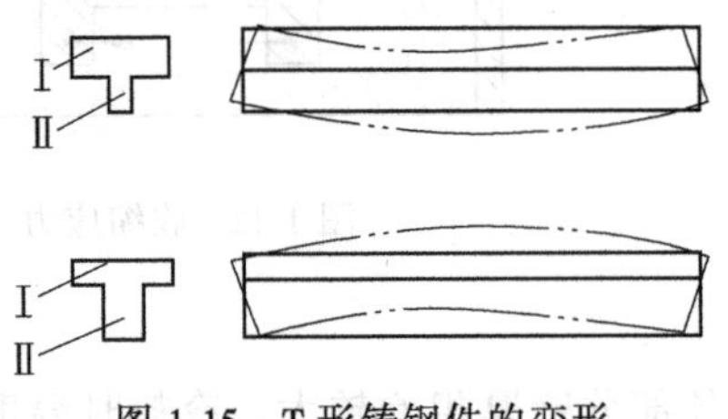


图 1-15 T 形铸钢件的变形

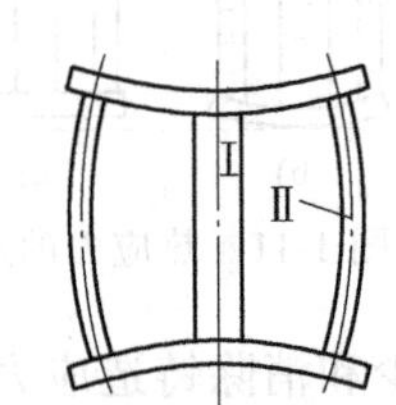


图 1-16 框形铸件变形示意图

有的铸件虽然无明显的变形，但经过切削加工后，破坏了铸造应力的平衡，也会产生变形甚至裂纹。如图 1-17a 所示的圆柱体铸件，由于心部冷却比表层慢，使心部受拉应力，表层受压应力。当表层被加工掉一层后，心部所受拉应力减小，铸件变短（见图 1-17b）；当在心部钻孔后，表层所受压应力减小，铸件变长（见图 1-17c）；若从侧面切削一层，则会产生图 1-17d 所示的弯曲变形。

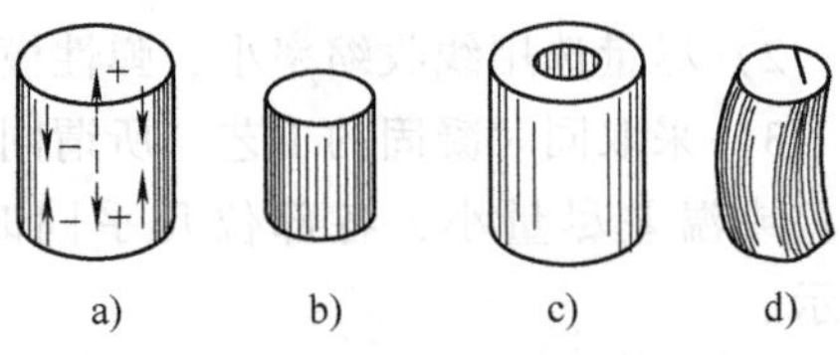


图 1-17 圆柱体铸件变形示意图

铸件的变形使其精度降低，严重时可能使铸件报废，必须予以防止。由于铸件变形是由铸造应力引起的，除了前面介绍的同时凝固和时效处理外，生产中也常采用反变形工艺，在模型上预先做出相当于铸件变形量的反变形量，待铸件冷却后变形正好抵消。

（4）铸件裂纹与防止 当铸造应力超过材料的抗拉强度时，铸件便产生裂纹。裂纹是严重的铸造缺陷，必须设法防止。按形成的温度范围，裂纹分为热裂纹和冷裂纹两种。

1）热裂。热裂一般是在凝固末期，金属处于固相线附近的高温时形成的。在金属凝固末期，固体的骨架已经形成，但树枝状晶体间仍残留少量液体，此时合金如果收缩，就可能将液膜拉裂，形成裂纹。另一方面的研究也表明，合金在固相线温度附近的强度、塑性非常低，铸件的收缩如果稍受铸型、型芯或其他因素的阻碍，产生的应力就很容易超过该温度时的强度极限，导致铸件开裂。热裂是铸钢件、可锻铸铁坯件（白口铸铁）和某些铝合金铸件常见的缺陷之一。在铸钢件废品、次品总数中，由热裂引起的占 20% 以上。

热裂的特征：裂纹短、缝隙较宽；裂纹沿晶粒边界发生，所以形状曲折而不规则，裂口表面氧化较严重。热裂常发生在铸件的拐角处、截面厚度突变处等应力集中的部位或铸件最后凝固区的缩孔附近或尾部。

铸件结构不合理（见图 1-18a），型（芯）砂退让性差以及铸造工艺不合理等均可能引发热裂。钢和铁中的硫、磷降低了钢和铁的韧性，使热裂倾向大大增加。因此，合理调整合金成分（如严格控制钢和铸铁中的硫、磷含量）设计铸件结构（图 1-18b），采取同时凝固的工艺和改善型（芯）砂退让性等是防止热裂的有效措施。

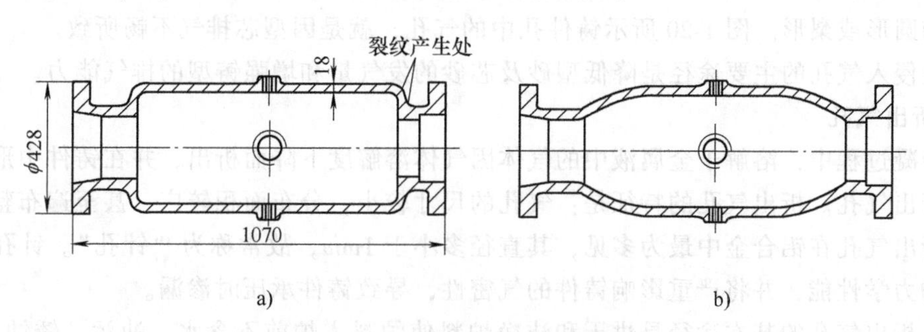


图 1-18　铸钢件结构对热裂的影响

a）结构不合理　b）结构合理

2）冷裂。冷裂是铸件处于弹性状态即在低温的形成的裂纹。冷裂常出现在铸件受拉应力部位，特别是内尖角、缩孔、非金属夹杂物等应力集中处。有些冷裂纹在落砂时并没有产生，但因内部已有很大的残余应力，在铸件的清理、搬动时受振动或出砂后受激冷才产生裂纹。

冷裂的特征：冷裂纹是铸件冷却到低温处于弹性状态时，铸造应力超过合金的强度极限而产生的；裂纹表面光滑，具有金属光泽或呈微氧化色；冷裂纹穿过晶粒而产生，外形规则，常呈圆滑曲线或直线状。脆性大、塑性差的合金，如白口铸铁、高碳钢及某些合金钢容易产生冷裂纹，大型复杂铸件也容易产生冷裂纹。

防止冷裂的有效措施有：尽量减小铸造应力；加冷铁和冒口实现同时凝固；对于复杂结构要早落砂，减少收缩应力；修改结构，减小应力集中。

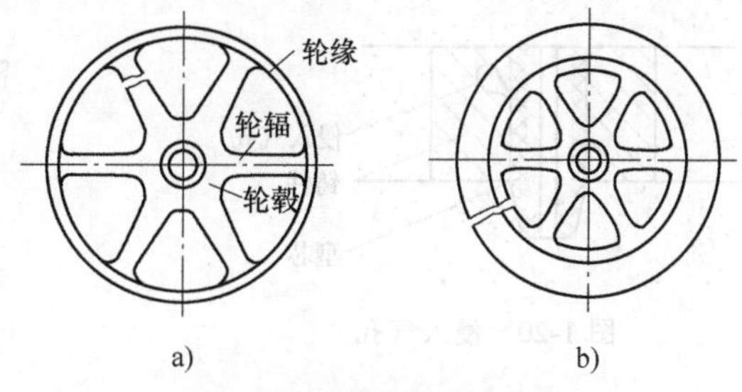


图 1-19　轮形铸件的冷裂

a）带轮　b）飞轮

图 1-19 是带轮和飞轮铸件的冷裂现象。带轮的轮缘、轮辐比轮毂薄，因此冷却较快，收缩大。当铸件冷至弹性状态后，轮毂的收缩受到先冷却的轮缘的阻碍，使轮辐中产生拉应力，拉应力过大时轮辐发生断裂。飞轮的轮缘较厚，轮辐和轮毂较薄，往往在轮缘中产生拉应力引起冷裂。

## 1.3　合金的吸气性

一般液态金属在高温下会吸收大量气体，若在其冷凝过程中不能逸出，则在冷凝后将在铸件内形成气孔缺陷。气孔形状一般为球形、椭球形或梨形，内表面比较光滑、明亮或带有轻微氧化色。气孔破坏了金属的连续性，减少了其承载的有效截面积，特别是显著降低了合金的冲击韧性和疲劳强度，并在气孔附近引起应力集中，因而降低了铸件的力学性能。

按照气体来源，气孔可分为侵入气孔、析出气孔和反应气孔三类。

**1. 侵入气孔**

在浇注过程中，砂型及型芯被加热，所含的水分蒸发、有机物及附加物挥发产生大量气体侵入金属液而形成的气孔称为侵入气孔。侵入气孔一般位于砂型及型芯表面附近，尺寸较大，呈椭圆形或梨形。图 1-20 所示铸件孔中的气孔，就是因型芯排气不畅所致。

防止侵入气孔的主要途径是降低型砂及芯砂的发气量和增强铸型的排气能力。

**2. 析出气孔**

在冷凝过程中，溶解于金属液中的气体因气体溶解度下降而析出，并在铸件中形成的气孔称为析出气孔。析出气孔的特征是：气孔的尺寸较小，分布面积较广，甚至遍布整个铸件截面。析出气孔在铝合金中最为多见，其直径多小于 1mm，故常称为“针孔”。针孔不仅降低合金的力学性能，并将严重影响铸件的气密性，导致铸件承压时渗漏。

防止析出气孔的基本途径是烘干和洁净炉料使炉料入炉前不含水、油污、锈蚀等污物；减少金属液与空气的接触，并控制炉气为中性气氛。

**3. 反应气孔**

液态金属与铸型材料、芯撑、冷铁或熔渣之间发生化学反应产生气体而形成的气孔称为反应气孔。反应气孔多分布在铸件表层下 1~2mm 处，也称为皮下气孔，如图 1-21 所示。

防止反应气孔的主要措施是清除冷铁、型芯撑表面的锈蚀、油污，并保持干燥。

液态合金的铸造性能是在铸造过程中，获得形状完整、内部质量良好的铸件的能力。合金的铸造性能包括合金的流动性、收缩性和吸气性等。合金铸造性能是选择铸造材料，确定铸件的铸造工艺方案及进行铸件结构设计的依据。

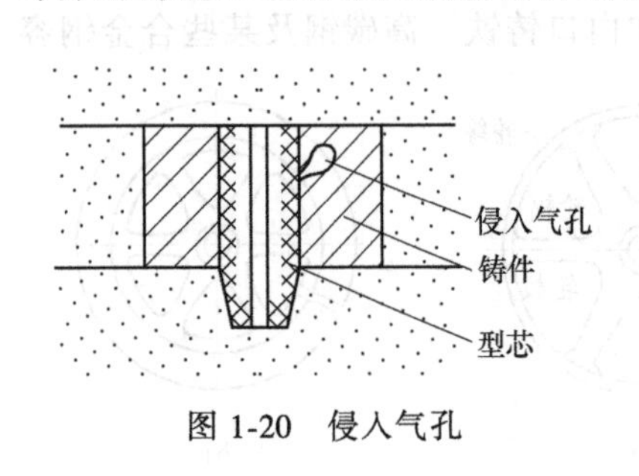


图 1-20　侵入气孔

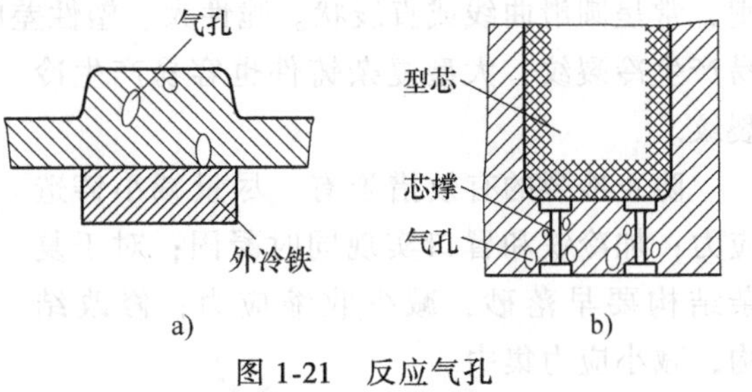

图 1-21　反应气孔

a）由外冷铁引起　b）由芯撑引起

# 1.4　铸件的常见缺陷及分析

由于铸造生产中容易出现多种铸造缺陷，所以铸件质量检验及缺陷分析尤为关键。

## 1.4.1　铸件的缺陷

铸件缺陷是指铸件本身不能满足用户要求的程度，包括外观缺陷、内在缺陷和使用缺陷。

（1）外观缺陷　铸件的外观缺陷是指铸件表面缺陷和达不到用户要求的程度。它包括铸件的表面粗糙度、表面缺陷、尺寸公差、几何公差和质量偏差等。

（2）内在缺陷　铸件的内在缺陷是指一般不能用肉眼检查出来的铸件内部缺陷和达不到用户要求的程度。它包括铸件的化学成分、物理和力学性能、金相组织以及存在于铸件内部的孔洞、裂纹和夹杂物等缺陷。

（3）使用缺陷　铸件的使用缺陷是指铸件性能不能满足使用要求。如在强力、高速、磨耗、腐蚀、高热等不同条件下，铸件的切削性能、焊接性能、运转性能以及工作寿命等不能符合要求。

常见铸造缺陷特征及分析见表1-4。

**表1-4　常见铸造缺陷特征及分析**

| 类别 | 缺陷名称和特征 | 原因 |
| --- | --- | --- |
| 孔眼 | 气孔:铸件内部或表面大小不等的孔眼,内壁光滑,形状各异 | 1. 砂型过于紧实或型砂透气性差<br>2. 型砂潮湿,起模、修型时刷水过多<br>3. 砂芯通气孔堵塞或砂芯未烘干 |
| | 缩孔:铸件厚大或后凝固部位出现不规则的孔眼 | 1. 冒口设置不当<br>2. 合金成分不合理,收缩大<br>3. 浇注温度过高<br>4. 铸件结构不合理 |
| | 缩松:铸件轴线部位,细小分散的孔眼 | 1. 凝固收缩产生<br>2. 浇注压力小<br>3. 增加冷却速度 |
| | 砂眼:铸件内部或表面有充满砂粒的孔眼,形状不规则 | 1. 型砂强度不够或局部没有舂紧,掉砂<br>2. 型腔、浇口内散砂未处理干净<br>3. 合箱时砂型局部挤掉 |
| | 渣眼:孔眼内充满熔渣,孔形不规则,液体中渣多 | 1. 浇注温度太低,熔渣不易上浮<br>2. 浇注时没有挡住熔渣<br>3. 浇注系统不正确,撇渣作用差 |
| 表面缺陷 | 冷隔:铸件上有未完全融合的缝隙,接头处边缘圆滑 | 1. 浇注温度过低,流动性差<br>2. 浇注时断流或浇注速度太慢<br>3. 浇口位置不当或浇口太小 |
| | 粘砂:铸件表面粘着一层难以除掉的砂粒,使表面粗糙 | 1. 未刷涂料或涂料太薄<br>2. 浇注温度过高<br>3. 型砂耐火性不够 |
| | 夹砂:铸件表面有一层突起的金属片状物,在金属片和铸件之间夹有一层湿砂<br>金属片状物 | 1. 型砂受热膨胀,表层鼓起或开裂<br>2. 型砂潮湿强度低<br>3. 内浇口集中,局部砂型烘烤鼓起<br>4. 浇注温度过高,浇注速度太慢 |
| 形状尺寸不合格 | 偏芯:铸件局部形状和尺寸由于砂芯位置偏移而变动 | 1. 砂芯变形<br>2. 下芯时放偏<br>3. 砂芯未固定好,浇注时被冲偏 |
| | 浇不足:铸件未浇满,形状不完整 | 1. 浇注温度太低<br>2. 浇注时液态金属量不够<br>3. 浇口太小或未开出气口 |

（续）

| 类别 | 缺陷名称和特征 | 原因 |
|---|---|---|
| 形状尺寸不合格 | 错箱：分型面错位 | 1. 合箱时上、下箱错位<br>2. 定位销或标记线不准<br>3. 造芯时上、下模样未对准 |
| 裂纹 | 热裂：铸件开裂，裂纹沿晶粒边界曲折而不规范，呈现蓝颜色<br>冷裂：裂纹光滑规则，有金属光泽<br>裂纹 | 1. 铸件设计不合理，壁厚差别大<br>2. 砂型（芯）退让性差，阻碍铸件收缩<br>3. 浇注系统开设不当，各部位冷却收缩不均，造成过大的内应力 |
| 其他 | 铸件的化学成分、组织和性能不合格 | 1. 炉料成分、质量不符合要求<br>2. 熔炼时配料不准或操作不当<br>3. 热处理未按照规范操作 |

### 1.4.2 铸件质量检验

根据用户要求和图样技术条件等有关协议的规定，用目测、量具、仪表或其他手段检验铸件是否合格的操作过程称为铸件质量检验。铸件质量检验是铸件生产过程中不可缺少的环节。

根据铸件质量检验结果，可将铸件分为合格品、返修品和废品三类。铸件的质量符合有关技术标准或交货验收技术条件的为合格品；铸件的质量不完全符合标准，但经返修后能够达到验收条件的可作为返修品；如果铸件外观质量和内在质量不合格，不允许返修或返修后仍达不到验收要求的，只能作为废品。

**1. 铸件外观质量检验**

（1）铸件形状和尺寸检测　利用工具、夹具、量具或划线检测等手段检查铸件实际尺寸是否落在铸件图规定的铸件尺寸公差带内。

（2）铸件表面粗糙度的评定　利用铸造表面粗糙度比较样块评定铸件实际表面粗糙度是否符合铸件图上规定的要求。评定方法可按国家标准 GB/T 15056—2017 进行。

（3）铸件表面或近表面缺陷检验　用肉眼或借助于低倍放大镜检查暴露在铸件表面的宏观缺陷，如飞边、毛刺、抬型、错箱、偏芯、表面裂纹、粘砂、夹砂、冷隔、浇不到等。也可以利用磁粉检验、渗透检验等无损检测方法检查铸件表面和近表面的缺陷。

**2. 铸件内在质量检验**

（1）铸件力学性能检验　力学性能检验包括常规力学性能检验，如测定铸件抗拉强度、屈服强度、断后伸长率、断面收缩率、挠度、冲击韧性、硬度等；非常规力学性能检验，如断裂韧度、疲劳强度、高温力学性能、低温力学性能、蠕变性能等。除硬度检测外，其他力学性能的检验多用试块或抽检铸件本体进行。

（2）铸件特殊性能检验　特殊性能如铸件的耐热性、耐蚀性、耐磨性、减振性、电学性能、磁学性能和压力密封性能等。

（3）铸件的化学分析　铸件的化学分析主要是对铸造合金的成分进行测定。铸件的化学分析常作为铸件验收条件之一。

（4）铸件显微检验　铸件显微检验是对铸件及铸件断口进行低倍、高倍金相观察，以确定内部组织结构、晶粒大小，以及内部夹杂物、裂纹、缩松、偏析等。对于灰铸铁一般要进行石墨等级评定。

（5）铸件内部缺陷的无损检验　无损检验是用射线探伤、超声波探伤等无损检测方法检查铸件内部的缩孔、缩松、气孔、裂纹等缺陷，并确定缺陷大小、形状、位置等。

## 复习思考题

1. 铸件的凝固方式有哪些？依照什么来划分？哪些合金倾向逐层凝固？在铸件化学成分一定的前提下，铸件的凝固方式是否还能加以改变？

2. 什么是液态合金的充型能力？它与合金的流动性有何关系？不同化学成分的合金为何流动性不同？为什么铸钢的充型能力比铸铁差？

3. 铸造性能可以用哪些性能指标来衡量？灰铸铁流动性好的主要原因是什么？提高金属流动性的主要工艺措施是什么？

4. 什么是合金的收缩阶段？不同的收缩阶段各自会产生什么缺陷？

5. 简述冒口补缩的原理。冷铁是否可以补缩？其作用与冒口有何不同？某工厂铸造一批哑铃常出现如图 1-22 所示的缩孔，有什么措施可以防止？

6. 同时凝固原则和顺序凝固原则有何不同？试对图 1-23 所示的阶梯式铸件设计同时凝固和顺序凝固两种不同的工艺方案。

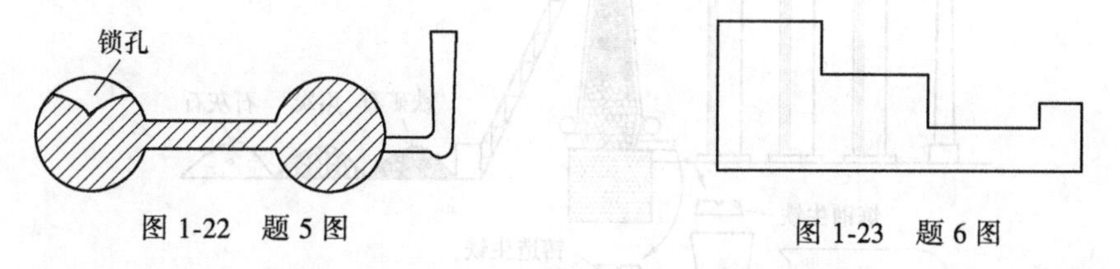


图 1-22　题 5 图　　图 1-23　题 6 图

7. 产生铸造内应力的主要原因是什么？如何减少和消除铸造内应力？试分析图 1-24 所示铸件，并回答下列问题：

1）哪些属于自由收缩？哪些属于受阻收缩？

2）受阻收缩的铸件形成哪一种铸造应力？这种铸造应力能引起什么缺陷？在何部位？

3）哪一种应力可用拉应力和压应力表示？用“+”或“-”在图中表示，这种应力容易产生什么样的变形？如何矫正？

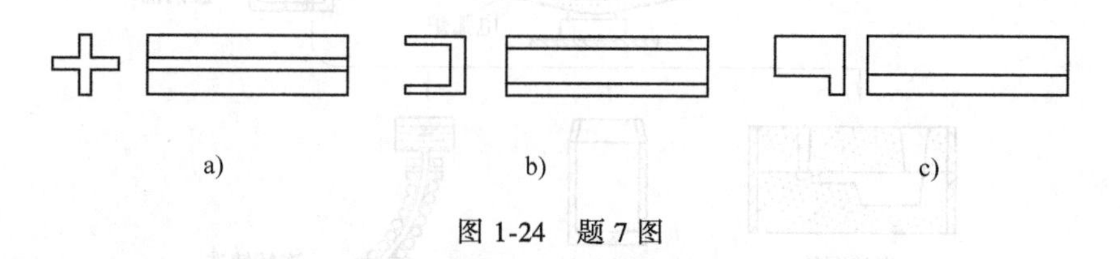


图 1-24　题 7 图

8. 铸件的气孔有哪几种？下列情况各容易产生哪种气孔？

熔化铝时铝料油污过多；起模时刷水过多；舂砂过紧；芯撑有锈。

9. 从产生原因、形状及防止方法来解释缩孔、缩松和气孔的不同。

# 第2章　常用铸造合金及其熔炼

常用的铸造合金有铸铁、铸钢和铸造有色金属。其中铸铁的应用最广，铜及其合金和铝及其合金是最常用的铸造有色金属。随着我国铸造技术的进步及高速列车和航空技术的需求，铸造钛及其合金等越来越多的铸造合金被广为应用。

钢铁的生产过程是一个由铁矿石炼成生铁、由生铁炼成钢液并浇注成钢锭、连续轧制成型材并直接浇注成铸件的过程，如图 2-1 所示。

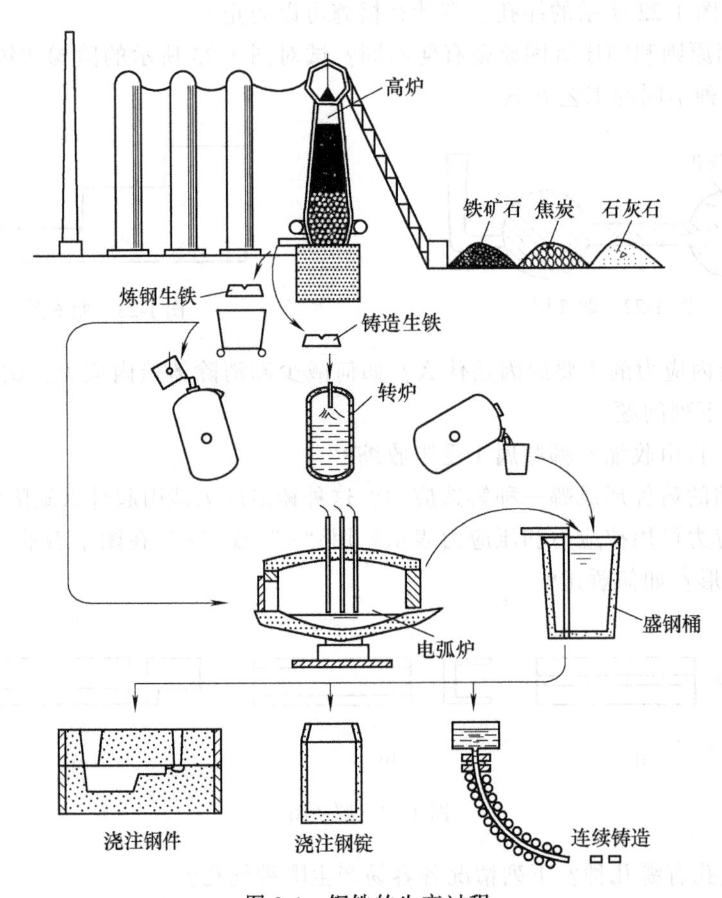


图 2-1　钢铁的生产过程

高炉生铁主要用于炼钢，这种生铁也称为炼钢生铁。其中部分浇注成铸铁钢锭，供铸造车间熔炼铸铁用，这种生铁称为铸造生铁。炼钢的主要任务是将生铁中多余的碳和其他杂质氧化成氧化物，并使其随炉气或炉渣一起去除。炼钢炉一般采用转炉、电炉（电弧炉、感应电炉）和平炉。

本章主要介绍常用铸造合金的特点及应用，重点讲述铸铁与铸钢的组织性能特点与应用。

## 2.1　铸铁件生产

铸铁是碳的质量分数大于2.11%的铁碳合金。工业用铸铁实际上是以铁、碳、硅为主要元素的多元铁合金。铸铁的成分范围大致为：$w(\mathrm{C})=2.4\%\sim4.0\%$、$w(\mathrm{Si})=0.6\%\sim3.0\%$、$w(\mathrm{Mn})=0.4\%\sim1.2\%$，有害杂质$w(\mathrm{P})\leqslant0.3\%$、$w(\mathrm{S})\leqslant0.15\%$。铸铁因其具有良好的铸造性能，易于切削加工，成本低，适合制造形状复杂的铸件，是工业中应用较广的材料。在铸造生产中，铸铁件的产量占铸件总产量的80%以上。一般机器中，铸铁件的质量常占机器总质量的50%以上。

碳在铸铁中有两种存在形式，一种是化合碳（渗碳体$\mathrm{Fe_3C}$），另一种是游离碳（石墨），石墨又以不同形态出现。

### 2.1.1　铸铁的分类

铸铁按碳的存在形式不同，分为白口铸铁、灰铸铁、麻口铸铁。其中，灰铸铁按石墨的形状不同可分为普通灰铸铁，球墨铸铁、可锻铸铁和蠕墨铸铁。

**1. 白口铸铁**

碳主要以渗碳体（$\mathrm{Fe_3C}$）形式存在。因断口呈银白色，故称白口铸铁。白口铸铁硬、脆，难以切削加工，工业中很少用白口铸铁制作机器零件。但有时可以利用其硬度高、耐磨性好的优点应用于采矿、冶金、建筑、火力发电等行业，制造某些无需加工的耐磨零件，如犁、铧、球磨机内衬和磨球等，以及制造表面为白口铸铁、心部为灰铸铁的“冷硬铸铁”件，如轧辊、矿车车轮。

**2. 灰铸铁**

碳主要以石墨（G）的形式存在。因断口呈灰色，故称灰铸铁。灰铸铁具有接近共晶的化学成分，熔点比钢低，流动性好，而且铸铁在凝固过程中要析出比体积较大的片状石墨，铸铁的收缩率较小，故铸造性能优良。灰铸铁件的铸造工艺简单，主要采用砂型铸造，浇铸温度低，对型砂的要求也较低，中小件大多采用经济简便的湿型铸造。

**3. 麻口铸铁**

碳一部分以石墨（G）形式存在，一部分以渗碳体（$\mathrm{Fe_3C}$）形式存在，断口呈黑白相间。这类铸铁的脆性较大，故很少使用。

**4. 球墨铸铁**

球墨铸铁具有接近共晶的化学成分，凝固收缩率较低，有良好的铸造性能，但比灰铸铁的缩孔、缩松倾向大。这是因为球状石墨析出时的膨胀力很大，若铸型的刚度不够，铸件凝固时外壳将向外胀大，造成其内部金属液不足，从而产生缩孔、缩松。为防止缩孔、缩松缺陷的产生，可增设冒口、冷铁来实现定向凝固，以便于补缩；通过增加型砂紧实度，采用干砂型或水玻璃快干砂型，并使上、下型牢固夹紧，以增加刚度，防止型腔扩大。

**5. 可锻铸铁**

可锻铸铁是由白口铸铁经石墨化退火获得的。由于团絮状石墨对基体的割裂作用比片状石墨要大大降低，因而可锻铸铁也是一种高强度铸铁，塑性和韧性显著优于灰铸铁，但可锻铸铁并不可锻，其力学性能比球墨铸铁稍差。可锻铸铁的显著特点是适于制造形状复杂、壁薄而且坚韧，要求较高的小铸件。如壁厚为 1.7mm 的三通管件，这是其他铸铁不能比的。

**6. 蠕墨铸铁**

在蠕墨铸铁中，石墨以类似蠕虫形状的形式存在，其生产过程为在铁液中加入乳化剂并进行一定的炉前处理所得到。蠕墨铸铁中的铁铸体含量较高（40%~50%或更高），其组织和性能介于球墨铸铁和普通铸铁之间。

碳在铸铁中什么情况下以渗碳体形式存在？在什么情况下以石墨形式存在？为解决这些问题，需要了解铸铁的结晶过程。

## 2.1.2 铸铁的石墨化

**1. 石墨化过程**

铸铁中析出石墨的过程称为铸铁的石墨化过程。当铸铁中碳、硅含量较低，冷却较快时，合金结晶时按 $Fe\text{-}Fe_3C$ 相图析出 $Fe_3C$，这时获得的是白口铸铁。灰铸铁中碳、硅含量较高，在冷却较慢的条件下结晶时，将按照铁-石墨相图析出石墨。

图 2-2 为铁碳合金的两种相图。铁碳合金相图是研究铁碳合金成分、温度、组织三者之间关系的图形。其中，L 为液相；A 为奥氏体；F 为铁素体；G 为石墨；虚线为 Fe-G 相图不同于 $Fe\text{-}Fe_3C$ 相图的部分。相图中有 5 个基本相，相应有 5 个单相区，即液相区 L、固溶体区 δ、奥氏体区 A、铁素体区 F 和渗碳体区 $Fe_3C$。相图中还有 7 个两相区，分别被不同的单相区所夹，其两相区的组成相就是这两个单相区的相组成物。

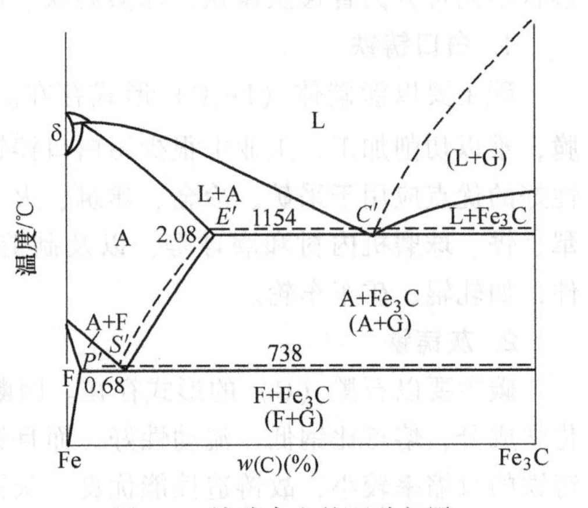


图 2-2 铁碳合金的两种相图

按照 Fe-G 相图，铸铁的石墨化过程可分成如下三个阶段：

第一阶段，即在 1154℃时，通过共晶反应，液态金属结晶成石墨和奥氏体。

$$L_{C'} \xrightarrow{1154℃} A_{E'} + G$$

第二阶段，即在 1154~738℃时，随着温度的降低，从奥氏体中沿 $E'S'$ 线不断析出二次石墨和铁素体。

第一、二阶段称为高温石墨化过程。如果高温石墨化过程都得到充分进行，就可得到灰铸铁。如果石墨化不充分就得到白口铸铁或麻口铸铁。

第三阶段，即在 738℃时，共晶反应结束，通过共析反应，奥氏体转变成石墨和铁素体。

$$A_{S'} \xrightarrow{738℃} F_{P'} + G$$

如果铸铁在第一、二阶段石墨化过程充分进行后，第三阶段按 $Fe\text{-}Fe_3C$ 相图转变，即 $A_S \xrightarrow{727℃} (F_P + Fe_3C)$，这时铸铁的基体为珠光体组织；如果第三阶段按 Fe-G 相图转变，这时铸铁的基体组织为铁素体；如果第三阶段石墨化过程不充分，铸铁基体组织中既有铁素体，又有珠光体。因此，灰铸铁按基体组织不同，可分为珠光体基体的灰铸铁、铁素体加珠光体基体的灰铸铁、铁素体基体的灰铸铁三种。

**2. 影响铸铁石墨化的因素**

（1）化学成分　铸铁成分中碳、硅为主要元素，对石墨起决定作用。碳是形成石墨化的元素，硅是促进石墨化的元素。在一定冷却条件下，碳、硅的质量分数越高，石墨数量就越多；尺寸越粗大，基体中铁素体也越多，如图2-3所示。其中Ⅰ区属于白口铸铁；Ⅱ区属于麻口铸铁；Ⅲ、Ⅳ、Ⅴ区分别属于珠光体、珠光体加铁素体、铁素体灰铸铁。碳、硅中硅的影响更大，当硅的质量分数很低（<0.5%）时，即使碳的质量分数很高，也不能进行石墨化；硅的质量分数过高，又会使石墨片过大，尺寸过于粗大。一般灰铸铁的碳、硅含量控制范围是：$w(C)=2.7\%\sim3.6\%$，$w(Si)=1.1\%\sim2.5\%$。

除碳、硅外，促进石墨化过程的元素还有铝、钛、镍、铜等，但其作用不如碳和硅强烈，在生产合金铸铁时，常以这些元素作为合金元素。

铸铁中的硫和锰、铬、钨、钼等碳化物形成元素都是阻碍石墨化过程的。硫不仅强烈地阻止石墨化，而且还会降低铸铁的力学性能，其质量分数一般控制在0.15%以下。锰与硫易形成MnS进入熔渣，可削弱硫的有害作用。锰的质量分数一般为0.6%~1.3%。磷对石墨化影响不显著，但它能降低铸铁的韧性，其质量分数常限制在0.3%以下。

（2）冷却速度的影响　冷却速度对铸铁石墨化过程影响很大。铸铁中碳的石墨化是碳原子在铸铁中析出和集聚的过程。冷却越慢，越有利于石墨的形成并且容易形成粗大片状石墨。冷却速度较大时，碳原子析出不充分，集聚较慢，只有部分碳原子以细石墨片析出，而另一部分碳原子以渗碳体析出，使铸铁基体中出现珠光体。当冷却速度很大时，石墨化过程不能进行，碳原子全部以渗碳体析出，从而产生白口组织。

铸铁的冷却速度主要受铸型的冷却条件及铸件壁厚的影响。如金属型比砂型导热快，冷却速度大，使石墨化受到严重阻碍，易获得白口组织；而砂型冷却慢，易获得不同组织的灰铸铁。例如铸造冷硬轧辊、矿车车轮，就是采用局部金属型（其余用砂型）激冷铸件的表面，使其产生耐磨的白口组织。

当铸型材料相同时，铸件的壁厚不同，其组织和性能也不同。在厚壁处，因冷却慢易形成铁素体基体和粗大的石墨片，力学性能较差；而壁厚较薄处，冷却较快，易获得硬脆的白口或麻口组织。实际生产中，一般是根据铸件的壁厚（重要铸件是指其重要部位的厚度，一般铸件则取其平均壁厚），选择恰当的铁液化学成分（主要指碳、硅），以满足所需的铸件组织。图2-4所示为在一般砂型铸造条件下，铸件的壁厚和铸铁中碳、硅的质量分数对石墨化过程的影响。在生产中，在工艺条件不易改动的情况下，对于不同壁厚的铸件，常根据这一关系调整铸铁中的碳硅含量，以保证得到所需要的组织。

### 2.1.3 灰铸铁

**1. 灰铸铁的生产特点**

灰铸铁一般在冲天炉中熔炼，成本低廉。因灰铸铁接近共晶成分，凝固中又有石墨化膨胀补偿收缩，故流动性好，收缩小。铸件的缩孔、缩松、浇不到、热裂、气孔倾向均较小。

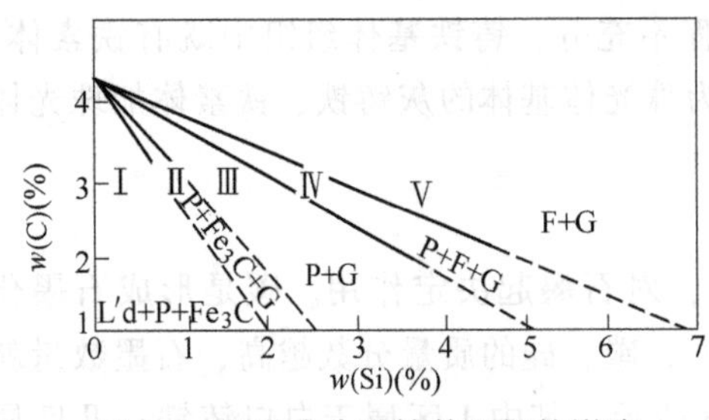


图 2-3 化学成分对铸件组织的影响

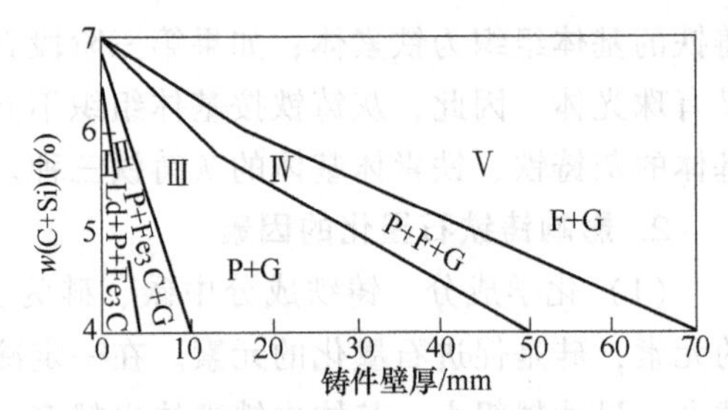


图 2-4 壁厚和化学成分对铸铁石墨化的影响

灰铸铁件一般不需冒口补缩，也较少应用冷铁，通常采用同时凝固。

灰铸铁件一般不通过热处理来提高其力学性能，这是因为灰铸铁组织中粗大石墨片对基体的破坏作用，不能依靠热处理来消除和改善金属基体。仅对精度要求高的铸件进行时效处理，以消除内应力，防止加工后变形；并进行软化退火，以消除白口，降低硬度，改善切削加工性能。

**2. 灰铸铁的牌号与应用**

灰铸铁的牌号用HT×××表示。其中，“HT”为灰铸铁代号，由“灰铁”两个字汉语拼音的第一个字母组成，后面三位数字表示试样的最低抗拉强度值（MPa）。我国国家标准 GB 9439—2010 规定了八个灰铸铁牌号及不同厚度灰铸铁的力学性能参考值（见表 2-1）。设计铸件时，应根据铸件受力处的主要壁厚或平均壁厚选择牌号。例如，某铸件主要壁厚为 20~30mm，要求最小抗拉强度为 200MPa，应选择 HT250，而不能选择 HT200。

表中数值适用于厚度均匀而形状简单的铸件，对壁厚不均匀或有型芯的特殊形状的铸件，应对其关键部位的抗拉强度进行实际测量。

**表 2-1 灰铸铁牌号、不同厚度铸件的力学性能和用途**（摘自 GB/T 9439—2010）

| 牌号 | 铸件壁厚/mm | | 最小抗拉强度 $R_m$(强制性值)/min | | 特点及用途 |
|---|---|---|---|---|---|
| | > | ≤ | 单铸试棒/MPa | 附铸试棒或试块/MPa | |
| HT100 | 5 | 40 | 100 | — | 铸造性能好、工艺简便，铸造应力小，不用人工时效处理，减振性优良。适用于负荷小，对摩擦、磨损无特殊要求的不加工或简单加工的零件。如：盖、外罩、油盘、手轮、支架、底板、重锤等 |
| HT150 | 5 | 10 | 150 | — | 性能特点和 HT100 基本相同，适用于承受中等载荷的零件。如：机座支架、齿轮箱、刀架、轴承座、带轮；耐磨轴套、液压泵进油管、机油壳、法兰等 |
| | 10 | 20 | | — | |
| | 20 | 40 | | 120 | |
| | 40 | 80 | | 110 | |
| | 80 | 150 | | 100 | |
| | 150 | 300 | | 90 | |
| HT200 | 5 | 10 | 200 | — | 强度较高，耐磨、耐热性较好，减振性好；铸造性能较好，但需进行人工时效处理。适用于承受较大载荷、要求一定的气密性或耐蚀性较为重要的零件。如：气缸、衬套、棘轮、链轮、飞轮、齿轮、机座、机床床身、汽缸体、汽缸盖、活塞环、制动轮 |
| | 10 | 20 | | — | |
| | 20 | 40 | | 170 | |
| | 40 | 80 | | 150 | |
| | 80 | 150 | | 140 | |
| | 150 | 300 | | 130 | |

（续）

| 牌号 | 铸件壁厚/mm | | 最小抗拉强度 $R_m$（强制性值）/min | | 特点及用途 |
|---|---|---|---|---|---|
| | > | ≤ | 单铸试棒/MPa | 附铸试棒或试块/MPa | |
| HT225 | 5 | 10 | 225 | — | |
| | 10 | 20 | | — | |
| | 20 | 40 | | 190 | |
| | 40 | 80 | | 170 | |
| | 80 | 150 | | 155 | |
| | 150 | 300 | | 145 | |
| HT250 | 5 | 10 | 250 | — | 强度较高，耐磨、耐热性较好，减振性好；铸造性能较好，但需进行人工时效处理。适用于承受较大载荷、要求一定的气密性或耐蚀性较为重要的零件。如：气缸、衬套、棘轮、链轮、飞轮、齿轮、机座、机床床身、汽缸体、汽缸盖、活塞环、制动轮 |
| | 10 | 20 | | — | |
| | 20 | 40 | | 210 | |
| | 40 | 80 | | 190 | |
| | 80 | 150 | | 170 | |
| | 150 | 300 | | 160 | |
| HT275 | 10 | 20 | 275 | — | |
| | 20 | 40 | | 230 | |
| | 40 | 80 | | 205 | |
| | 80 | 150 | | 190 | |
| | 150 | 300 | | 175 | |
| HT300 | 10 | 20 | 300 | — | 高强度、高耐磨性的一级灰铸件，其强度和耐磨性均优于以上牌号的铸铁，但白口倾向大、铸造性能差、铸后需进行人工时效处理。适用于要求保持高度气密性的零件。如：剪床、压力机、自动车床和其他重型机床的床身、机座、机架、主轴箱、卡盘及受力较大的齿轮、凸轮、衬套、大型发动机的曲轴、汽缸体、缸套、汽缸盖等 |
| | 20 | 40 | | 250 | |
| | 40 | 80 | | 220 | |
| | 80 | 150 | | 210 | |
| | 150 | 300 | | 190 | |
| HT350 | 10 | 20 | 350 | — | |
| | 20 | 40 | | 290 | |
| | 40 | 80 | | 260 | |
| | 80 | 150 | | 230 | |
| | 150 | 300 | | 210 | |

### 3. 灰铸铁的组织与性能

灰铸铁的显微组织一般是由珠光体、珠光体加铁素体、铁素体的基体上分布着片状石墨所组成的（见图2-5）。灰铸铁的组织可以视为在钢的基体上分布着大量片状石墨，石墨是影响铸铁性能的决定性因素。与碳钢比，灰铸铁具有以下性能特点：

（1）力学性能较差　由于石墨的力学性能很差，抗拉强度很低（$R_m$<20MPa），塑性近于零，硬度极低（约为3HBW），因此，灰铸铁的组织如同在钢的基体中分布着大量裂纹和孔洞，减少了基体的有效承载面积。石墨形状为片状，石墨片的尖角处因应力集中而形成裂

a)　　b)　　c)

图 2-5　灰铸铁的显微组织

a）铁素体灰铸铁　b）珠光体-铁素体灰铸铁　c）珠光体灰铸铁

纹源，即使在较小的拉应力作用下，裂纹也会迅速扩展导致铸件断裂。因此，灰铸铁的抗拉强度、塑性比钢低得多，通常 $R_m$ 仅为 100~350MPa。但石墨片对承受压应力的有害作用较小，故灰铸铁的抗压强度和硬度与基体的碳钢差不多。

灰铸铁的力学性能与其石墨的数量、大小、形状和分布密切相关。石墨越多、越粗大、分布越不均匀或呈方向性，对基体的割裂越严重，其力学性能就越差。然而，石墨的作用具有两重性，它即使灰铸铁的力学性能变差，又给予了灰铸铁一些独特的性能。

（2）工艺性能　工艺性能包括锻压性能、焊接性能、铸造性能、热处理性能和加工性能。

1）锻压性能。灰铸铁属于脆性材料，不能进行锻造和冲压。

2）焊接性能。焊接区冷却速度大，常出现白口组织，使焊后难以切削加工，产生裂纹的倾向大，故焊接性较差。

3）铸造性能。灰铸铁的流动性好、收缩小、吸气少，所以铸件产生缺陷的倾向小。

4）热处理性能。石墨主要决定灰铸铁的性能，而热处理只能改变基本组织的性能，无法改变石墨的大小和形状，故灰铸铁的热处理性差。

5）切削加工性能。由于石墨的存在，切削加工时呈崩碎状切屑，通常不需切削液，故切削加工性能好。

（3）减振性好　敲击铸铁时声音低沉，余音比钢短很多，这是石墨对机械振动起缓冲作用、阻止了振动能量传播的结果。灰铸铁的减振能力为钢的 5~10 倍，是制造机床床身、机座的好材料。

（4）耐磨性好　灰铸铁摩擦面上形成了大量显微凹坑，能起储存润滑剂的作用，使摩擦副内容易保持油膜的连续性。同时，石墨本身也是良好的润滑剂，当其脱落在摩擦面上时，可起润滑作用。因此，灰铸铁的耐磨性比钢好，适于制造机床导轨、刀架、衬套、活塞环、发动机缸套等。

（5）缺口敏感性小　由于石墨已使灰铸铁基体形成了大量缺口，因此外来缺口（如键槽、刀痕、锈蚀、夹渣、微裂纹等）对灰铸铁的疲劳强度影响甚微，故其缺口敏感性低，从而增加了零件工作的可靠性。

灰铸铁的力学性能除取决于石墨的数量、大小和分布等因素外，还与金属基体的类别密切相关。珠光体为基体的灰铸铁，由于珠光体的力学性能较好，其强度、硬度稍高，可用来制造较为重要的机件，如齿轮、制动轮、气缸、活塞等。珠光体加铁素体为基体的灰铸铁，强度虽然稍低，但其铸造性能、切削加工性能和减振性能较好，用途最广，常用来制造各种机床的床身和基座、工作台、刀架等。铁素体为基体的灰铸铁，其石墨片一般比较粗大，虽然铁素体的塑性、韧性较好，但对铸铁的改善作用不大，相反铁素体使铸铁的强度、硬度下降，生产中很少应用，主要用来做各种盖、小手柄、手轮等。

4. 灰铸铁的孕育处理

孕育处理是提高灰铸铁性能的有效方法，其过程是先熔炼出相当于白口或麻口组织（$w(C)=2.7\%\sim3.3\%$、$w(Si)=1.0\%\sim2.0\%$）的高温铁液（1400~1450℃），然后向铁液中冲入少量细颗粒状或粉末状孕育剂。孕育剂占铁液质量的0.25%~0.6%，其材料一般为含75%的硅铁。孕育剂在铁液中形成大量弥散的石墨结晶核心，使石墨化作用骤然提高，从而得到细晶粒珠光体和分布均匀的细片状石墨组织。经过孕育处理的铸铁称为孕育铸铁，也称为高强度灰铸铁。

孕育铸铁的强度、硬度显著提高（$R_m=250\sim350MPa$，170~270HBW），但因石墨仍为片状，故其塑性、韧性仍然很低。孕育铸铁的另一优点是冷却速度对其组织和性能的影响很小，因此铸件上厚大截面的性能较均匀孕育铸铁和普通灰铸铁截面上硬度的分布如图2-6所示。牌号值越高，截面上组织和性能的统一性越好，这对于厚壁件十分重要。

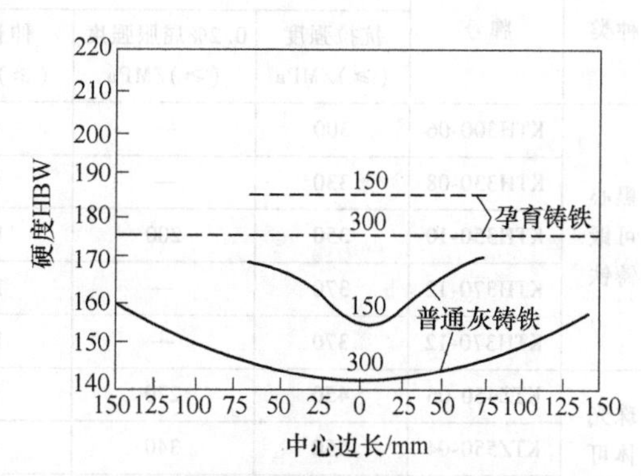


图2-6　孕育铸铁和普通灰铸铁截面上硬度的分布

孕育铸铁适用于静载下，要求较高强度、耐磨或气密性的铸件，特别是厚大铸件，如重型机床床身、气缸体、缸套及液压件等。对于要求耐磨性的气缸套、活塞环等零件，常用含磷灰铸铁、磷铜钛灰铸铁、钒钛灰铸铁等。对于石油、化工工业中某些零件，可采用高硅耐蚀灰铸铁、含铝（及铬、镍）灰铸铁以及中硅、中铝含铬耐热灰铸铁等。

## 2.1.4　可锻铸铁

可锻铸铁又称为玛钢或玛铁。将白口铸铁在退火炉中经过长时间高温石墨化退火，使白口组织中的渗碳体分解，而获得铁素体或珠光体基体加团絮状石墨的铸铁，改变其金相组织或成分而获得的有较高韧性的铸铁称为可锻铸铁。团絮状石墨对基体的割裂作用比灰铸铁小，因而其抗拉强度，尤其塑性和韧性比灰铸铁高，可锻铸铁比球墨铸铁的力学性能差。

1. 可锻铸铁的生产特点

为获得可锻铸铁，首先要获得100%的白口铸铁坯件，因此，必须采用含碳、硅量的质量分数较低的铁液，通常为$w(C)=2.4\%\sim2.8\%$，$w(Si)=0.4\%\sim1.4\%$，以获得完全的白口组织。如果铸出的坯件中已出现石墨（即呈麻口或灰口），则退火后不能得到团絮状石墨（为片状石墨）。

不仅碳、硅的质量分数要低，对可锻铸铁件的壁厚也有要求，如果铸件过厚则冷却缓慢，难以得到完全的白口组织。同时，可锻铸铁件的尺寸也不宜太大，因为进行石墨化退火时，要将白口铸铁坯件置于退火炉中的退火箱内，铸铁坯件的尺寸受退火箱、退火炉尺寸的限制。同时，白口铸铁的流动性差、收缩大，铸造时应适当提高浇注温度，采用冒口、冷铁及防裂等铸造工艺措施。

可锻铸铁件的石墨化退火工艺是：先清理白口铸铁坯件，然后将其置于退火箱内，并加盖用泥密封，再送入退火炉中，缓慢加热到900~980℃的高温，保温10~20h，再按规范冷却至室温（对于黑心可锻铸铁，还要在700℃以上进行第二阶段保温）。石墨化退火的总周期一般为40~70h，因此，可锻铸铁的生产过程复杂、周期长、能耗大，铸铁的生产成本高。

**2. 可锻铸铁的牌号与应用**

可锻铸铁的牌号分别以“可铁黑”“可铁珠”“可铁白”的汉语拼音“KTH”“KTZ”“KTB”与两组数字表示。两组数字分别表示试样最小抗拉强度和断后伸长率。常用可锻铸铁的牌号、力学性能及用途见表2-2。

**表2-2 常用可锻铸铁的牌号、力学性能及用途**（摘自GB/T 9440—2010）

| 种类 | 牌号 | 力学性能 | | | | 特点及用途 |
|---|---|---|---|---|---|---|
| | | 抗拉强度(≥)/MPa | 0.2%屈服强度(≥)/MPa | 伸长率(≥)(%) | 布氏硬度HBW | |
| 黑心可锻铸铁 | KTH300-06 | 300 | — | 6 | ≤150 | 承受冲击、振动及扭转负荷的零件。如弯头、三通管件、中低压阀门件，扳手、犁刀、犁柱、车轮壳件，汽车、拖拉机前后轮壳、减速器壳、转向节壳、制动器及铁道零件等 |
| | KTH330-08 | 330 | — | 8 | | |
| | KTH350-10 | 350 | 200 | 10 | | |
| | KTH370-12 | 370 | — | 12 | | |
| | KTH370-12 | 370 | — | 12 | | |
| 珠光体可锻铸铁 | KTZ450-06 | 450 | 270 | 6 | 150~200 | 载荷较高和耐磨损零件，如曲轴、凸轮轴、连杆、齿轮、活塞环、轴套、耙片、万向接头、棘轮、扳手、传动链条等 |
| | KTZ550-04 | 550 | 340 | 4 | 180~250 | |
| | KTZ650-02 | 650 | 430 | 2 | 210~260 | |
| | KTZ700-02 | 700 | 530 | 2 | 240~290 | |

**3. 可锻铸铁组织与分类**

可锻铸铁的石墨呈团絮状，大大减轻了石墨对基体的割裂作用，抗拉强度明显高于灰铸铁。尤为可贵的是这种铸铁具有一定的塑性与韧性，例如，材质为可锻铸铁的固定扳手弯曲成120°时也不会断裂。可锻铸铁就是因其具有一定的塑性、韧性而得名，但它并不能真正用于锻造工艺。

按退火方法不同，可锻铸铁可分为黑心可锻铸铁、珠光体可锻铸铁、白心可锻铸铁三种。

（1）黑心可锻铸铁　将白口铸铁的坯件在中性气氛下经石墨化退火，使白口铸铁中的渗碳体分解成团絮状石墨，然后缓冷，使石墨化第三阶段充分进行，得到黑心可锻铸铁，如图2-7a所示。铁素体可锻铸铁的塑性、韧性高，耐蚀性好，有一定的强度，多用于制造受冲击、形状复杂的薄壁小件和各种水管接头、农机件等。

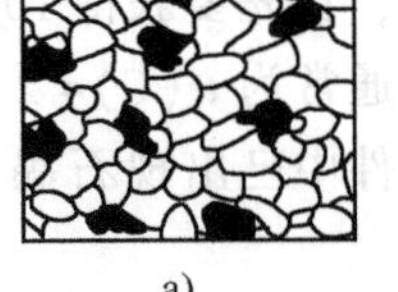

a)

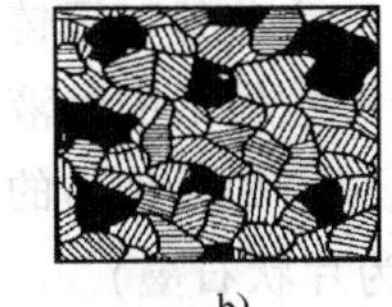

b)

图2-7　可锻铸铁显微组织

a）黑心可锻铸铁　b）珠光体可锻铸铁

（2）珠光体可锻铸铁　白口铸铁因在中性气氛下石墨化退火后快速冷却，使石墨化第三阶段被抑制，获珠光体基体而被命名，如图2-7b所示。珠光体可锻铸铁强度、硬度高，有一定塑性，可用来制造要求高强度的耐磨件。但现在逐渐被球墨铸铁取代，产量较少。

（3）白心可锻铸铁　将白口铸件的坯件在氧化气氛中进行长时间脱碳退火处理得到白

心可锻铸铁，因断口呈银白色而被命名。白心可锻铸铁力学性能较差，我国很少应用。

可锻铸铁虽然存在退火周期长、生产过程复杂、能耗大的缺点，但在生产形状复杂、承受冲击载荷的薄壁小件时，仍有不可替代的位置。这些小件若用铸钢，则因铸造性能差，铸造困难较大；若用球墨铸铁，则品质又难以保证。

## 2.1.5　球墨铸铁

球墨铸铁是近几十年发展起来的铸铁材料。与灰铸铁相比，球墨铸铁具有优良的力学性能；与钢相比，球墨铸铁具有切削加工性能和铸造性能优良的特点，生产工艺简便，成本低廉，所以在国内外应用日益广泛。

**1. 球墨铸铁的生产特点**

球墨铸铁一般也在冲天炉中熔炼，铁液出炉温度应高于1400℃，浇入放有球化剂和孕育剂的铁液包中进行球化和孕育处理。球墨铸铁较灰铸铁易产生缩孔、缩松、气孔、夹渣等缺陷，因而在铸造工艺上要求较严格。

(1) 严格控制化学成分　球墨铸铁化学成分的要求比灰铸铁严格，碳、硅的质量分数比灰铸铁高，一般碳的质量分数为3.6%~4.0%，硅的质量分数对珠光体球墨铸铁为2.0%~2.5%、对铁素体球墨铸铁为2.6%~3.1%。为了提高球墨铸铁的力学性能，特别是冲击韧性，应该降低锰、磷、硫的质量分数。锰可提高铸铁强度，但会降低其韧性，为保证球墨铸铁的韧性，希望锰的质量分数尽量低，以0.4%~0.6%为宜。磷增加冷脆性，应限制在0.1%以下。硫是相当有害的元素，另外磷的质量分数高会消耗较多的球化剂，严重影响球墨化。因为球化元素都是强有力的脱硫剂，加入铁液后首先和硫作用，然后再起球化作用。硫还会引起球化衰退和皮下气孔等铸造缺陷。因此希望硫的质量分数越低越好。

(2) 较高的出炉温度　铁液在出炉后到浇注前进行球化和孕育处理过程中温度要下降50~100℃，为保证浇注温度，球墨铸铁出炉温度至少应在1400~1420℃。

(3) 球墨铸铁的球化处理和孕育处理　球化和孕育处理是制造球墨铸铁的关键，必须严格控制。球化处理是往铁液中加入球化剂，是使石墨成球状的添加剂。纯镁是主要的球化剂，但其密度小（1.73g/cm$^3$）、沸点低（1107℃），若直接加入铁液中，将立即沸腾，使镁严重烧损，球化剂的利用率大大降低。球化处理时需要在铁液包上密封，铁液表面加0.7~0.8MPa的压力，操作麻烦。稀土元素镧（La）、铈（Ce）、钕（Nd）等17种元素，其球化作用虽比镁弱，但熔点高、沸点高、密度大，并有很强的脱硫、去气能力，还能细化晶粒、改善铸造性能。球化剂的加入量根据球化剂种类、铁液温度及铁液化学成分和铸件大小而定。

孕育处理的作用是促进石墨化，防止球化元素所造成的白口倾向。同时通过孕育处理还可使石墨球圆整、细化，改善球墨铸铁的力学性能。常用的孕育剂为含硅质量分数为75%的硅铁，加入量为铁液质量的0.4%~1.0%。

目前应用较普遍的球化处理工艺有冲入法和型内球化法。冲入法首先将球化剂放在铁液包底部的“堤坝”内，如图2-8a所示，在其上面铺以硅铁粉和草灰，以防止球化剂上浮，并使球化作用缓和一些。铁液分两次冲入，第一次冲入量为1/2~1/3，使球化剂与铁液充分反应，扒去熔渣；最后将孕育剂置于冲天炉出铁槽内，再冲入剩余的铁液，进行孕育处理。

处理后的铁液应及时浇注，否则，球化作用的衰退会引起铸件球化不良，从而降低其性能。为了克服球化衰退，进一步提高球化效果，并降低球化剂用量，近年来采用了型内球化法，如图 2-8b 所示。它是将球化剂和孕育剂置于浇注系统内的反应室中，铁液流过时与之作用而产生球化。型内球化最适合在大批量生产的机械化流水线上浇注球墨铸铁件。

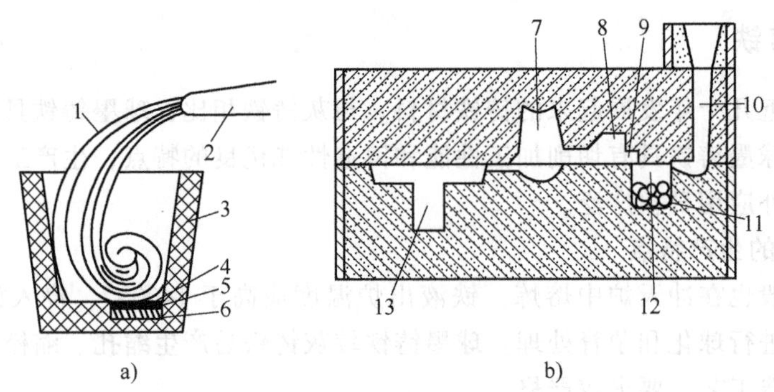


图 2-8 球化处理的方法

a) 冲入法示意图 b) 型内球化法示意图

1—铁液 2—出铁槽 3—铁液包 4—草灰 5—硅铁粉 6—合金球化剂 7—冒口 8—集渣口 9—出口 10—直浇道 11—球化剂 12—反应室 13—型腔

（4）球墨铸铁的热处理 由于球状石墨对基体的割裂作用和应力集中现象大为减轻，基体强度利用率高达 70%~90%，因此改变基体组织可明显改善球墨铸铁的力学性能。钢的多种热处理方法均适用于球墨铸铁，常用的热处理方法有：

1）去应力退火。由于铸件壁厚不均匀，在加热、冷却及相变过程中，会产生热应力。另外大型零件在机加工之后其内部也易残存应力，所有这些内应力都必须消除。去应力退火通常的加热温度为 500~550℃，保温时间为 2~8h，然后炉冷（灰铸铁）或空冷（球墨铸铁）。采用这种工艺可消除铸件内应力的 90%~95%，但铸铁组织不发生变化。去应力退火主要用于 QT400-18 和 QT450-10 的生产。

2）消除铸件白口的高温石墨化退火。铸件冷却时，表层及薄截面处，往往产生白口。白口组织硬而脆、加工性能差、易剥落。因此，必须采用退火（或正火）的方法消除白口组织。退火工艺为：加热到 550~950℃，保温 2~5h，随后炉冷到 500~550℃，再出炉空冷。在高温保温期间，游离渗碳体和共晶渗碳体分解为石墨和奥氏体，在随后炉冷过程中二次渗碳体和共析渗碳体也发生分解，发生石墨化过程。由于渗碳体的分解，使硬度下降，从而提高了切削加工性。

3）正火。正火处理的目的是获得珠光体基体组织，并细化晶粒，均匀组织，以提高铸件的力学性能。有时正火也是球墨铸铁表面淬火在组织上的准备。正火分高温正火和低温正火。高温正火温度一般不超过 950~980℃，低温正火一般加热到共析温度区间 820~860℃。正火之后一般还需进行回火，以消除正火时产生的内应力。正火主要用于珠光体球墨铸铁（QT600-3，QT700-2 和 QT800-2），如各种动力机械曲轴、凸轮轴、连接轴、连杆、齿轮、离合器片、液压缸体等零部件。

4）调质处理。为了提高球墨铸铁的综合力学性能，用于某些要求较高或截面较大的球墨铸铁件（QT800-2），一般铸件加热到 $Ac_1$ 以上 30~50℃（$Ac_1$ 代表加热时奥氏体形成终了温度)，保温后淬入油中，得到马氏体组织。为了适当降低淬火后的残余应力，一般淬火后应进行回火，低温回火组织为回火马氏体加残留贝氏体再加球状石墨。这种组织耐磨性好，用于要求高耐磨性、高强度的零件。中温回火温度为350~500℃，回火后的组织为回火屈氏体加球状石墨，适用于要求耐磨性好、具有一定稳定性和弹性的厚件。高温回火（淬火+高温回火=调质处理）温度为500~600℃，回火后组织为回火索氏体加球状石墨，具有韧性和强度结合良好的综合性能，因此在生产中得到广泛应用。调质处理用于某些要求较高或截面较大的球墨铸铁件（QT800-2)，如大型曲轴、连杆等。

5）等温淬火。等温淬火可获得贝氏体基体，具有高强度或超高强度以及较好的塑性和韧性，主要用于QT900-2。

6）化学热处理。对于要求表面耐磨或抗氧化、耐腐蚀的铸件，可以采用类似于钢的化学热处理工艺，如气体碳氮共渗、渗氮、渗硼、渗硫等处理。

**2. 球墨铸铁的牌号及用途**

球墨铸铁牌号用汉语拼音“QT×××-××”表示，前一组数字表示最低抗拉强度，后一组数字表示最低断后伸长率。球墨铸铁的牌号、性能及用途见表2-3。

**表2-3 球墨铸铁的牌号、性能及用途**（摘自GB/T 1348—2009）

| 铸铁牌号 | 基体组织 | 抗拉强度(≥)/MPa | 0.2%屈服强度(≥)/MPa | 伸长率/% | 硬度(HBW) | 特点及用途 |
|---|---|---|---|---|---|---|
| QT400-18 | 铁素体 | 400 | 250 | 18 | 120~175 | 韧性、焊接及切削加工好，用于承受冲击、振动的零件。如汽车和拖拉机的轮毂、驱动桥壳、离合器和减速器壳、阀盖、压缩机上高低压气缸、电机机壳、齿轮箱、飞轮壳等 |
| QT400-15 | 铁素体 | 400 | 250 | 15 | 120~180 | |
| QT450-10 | 铁素体 | 450 | 310 | 10 | 160~210 | |
| QT500-7 | 铁素体+珠光体 | 500 | 320 | 7 | 170~230 | 中等强度与塑性。如基座、传动轴、飞轮、电动机架、液压泵齿轮、机车瓦轴等 |
| QT600-3 | 珠光体+铁素体 | 600 | 370 | 3 | 190~270 | 中高强度，低塑性，载荷大、受力复杂的零件。如空压机、气压机、冷冻机、制氧机、泵的曲轴、缸体、缸套，汽车、拖拉机的曲轴、连杆、凸轮轴、汽缸套，部分机床主轴、蜗杆、蜗轮，轧钢机轧辊、大齿轮，小型水轮机主轴，汽缸体，起重机大滚轮等 |
| QT700-2 | 珠光体 | 700 | 420 | 2 | 225~305 | |
| QT800-2 | 珠光体或索氏体 | 800 | 480 | 2 | 245~335 | |
| QT900-2 | 回火氏体或回屈氏体+索氏体 | 900 | 600 | 2 | 280~360 | 高强度和耐磨性。如汽车后桥螺旋锥齿轮、大减速器齿轮，内燃机曲轴、凸轮轴等 |

**3. 球墨铸铁的组织与性能**

球墨铸铁原铁液的化学成分为：$w(C)=3.6\%\sim4.0\%$，$w(Si)=1.0\%\sim1.3\%$，$w(Mn)\leqslant0.6\%$，$w(S)\leqslant0.06\%$，$w(P)\leqslant0.08\%$。球墨铸铁的铸态组织由珠光体、铁素体、球状石墨，以及少量自由渗碳体组成，如图2-9所示。控制化学成分，可以得到珠光体占多数的球墨铸铁（称为铸态珠光体球墨铸铁)，或铁素体占多数的球墨铸铁（称为铸态铁素体球墨铸铁)。

球墨铸铁的力学性能显著提高，尤为突出的是屈强比（≈0.7~0.8)，高于碳钢的屈强

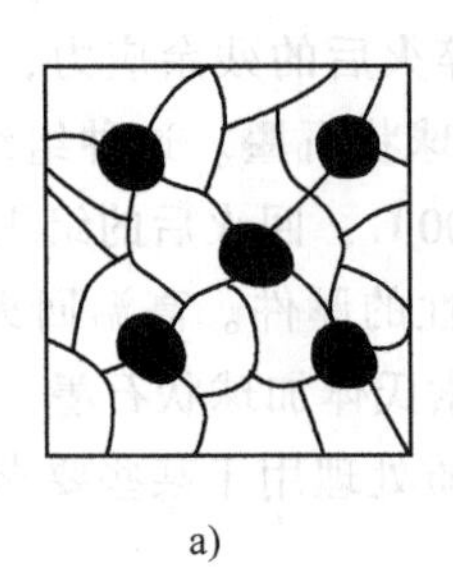

a)　　b)　　c)

图 2-9　球墨铸铁的显微组织

a）铁素体球墨铸铁　b）珠光体-铁素体球墨铸铁　c）珠光体球墨铸铁

比（≈0.6），珠光体球墨铸铁的屈服强度超过了45钢，显然，对于承受冲击载荷不大的零件，用球墨铸铁代替钢是完全可靠的。实验证明，球墨铸铁有良好的抗疲劳性能。如弯曲疲劳强度（带缺口试样）与45钢相近，且扭转疲劳强度比45钢高20%左右，因此，完全可以代替铸钢或锻钢制造承受交变载荷的零件。

球墨铸铁的塑性、韧性虽低于钢，但其他力学性能接近于钢，而且还具有灰铸铁的许多优点，如良好的铸造性能、减振性、切削加工性、耐磨性及低的缺口敏感性等。

此外，球墨铸铁还可以通过热处理来改善其金属基体，以获得所需的组织和性能，这点与灰铸铁不同。球墨铸铁不同热处理后的力学性能见表2-4。

**表 2-4　球墨铸铁不同热处理后的力学性能**

| 球墨铸铁类型 | 热处理 | 抗拉强度/MPa | 伸长率(%) | $a_K$/J·cm$^{-2}$ | 硬度 | 备　注 |
|---|---|---|---|---|---|---|
| 铁素体球墨铸铁 | 退火 | 400~500 | 12~25 | 60~120 | 121~179HBW | 可代替碳素钢，如30钢、40钢 |
| 珠光体球墨铸铁 | 正火<br>调质 | 700~950<br>900~1200 | 2~5<br>1~5 | 20~30<br>5~30 | 229~302HBW<br>32~43HRC | 可代替碳素钢、合金结构钢，如45钢、35CrMo、40CrMnMo |
| 贝氏体球墨铸铁 | 等温淬火 | 1200~1500 | 1~3 | 20~60 | 38~50HRC | 可代替合金结构钢，如20CrMnTi |

球墨铸铁的熔炼及铸造工艺均比铸钢简便，成本低、投产快，在一般铸造车间即可生产。目前球墨铸铁在机械制造中已得到了广泛的应用。它已成功地部分取代了可锻铸铁、铸钢及某些有色金属件。甚至用珠光体球墨铸铁取代了部分载荷较大、受力复杂的锻件。例如，汽车、拖拉机、压缩机上的曲轴等。

球墨铸铁含硅量高，其低温冲击韧性比可锻铸铁差，又因球化处理会降低铁液温度，故在薄壁、小件的生产中，质量不如可锻铸铁稳定。

**4. 球墨铸铁铸造工艺特点**

球墨铸铁的凝固方式、铸造性能和灰铸铁有明显不同，因而铸造工艺也不同。

（1）流动性比灰铸铁差　因为球化和孕育处理使浇注铁液的温度下降，所以球墨铸铁的流动性差。一般球墨铸铁需要较高的浇注温度和较大的浇口尺寸来缓解流动性差的问题。

（2）充型能力比灰铸铁差　因球化过程中表面有一层镁的氧化膜，影响液态金属充满型腔的能力。

（3）收缩比灰铸铁大，产生铸造应力、缩孔和缩松等缺陷　球墨铸铁一般为糊状凝固方式，在浇注后的一定时间内，其铸件凝固的外壳强度很低，而球状石墨析出时的膨胀力却很大，致使初始形成的铸件外壳向外胀大，造成铸件内部液态金属不足，于是在铸件最后凝固部位产生缩孔和缩松。为了防止球墨铸铁件产生缩孔、缩松缺陷，应采用如下工艺措施：

1）增加铸型刚度，阻止铸件向外膨胀。可利用石墨化向内膨胀，产生“自补缩”的效果，以达到防止或减少铸件缩孔或缩松的效果。如生产中常采用增加铸型紧实度，中、小型铸件采用干型或水玻璃快干型，并牢固夹紧砂型等措施来防止铸型型壁移动。

2）在热节处安放冒口或冷铁。

（4）易形成夹杂和皮下气孔　这是由于铁液中残留的镁或硫化镁与型砂中的水分发生下列反应所致：

$$Mg+H_2O \xlongequal{} MgO+H_2\uparrow$$

$$MgS+H_2O \xlongequal{} MgO+H_2S\uparrow$$

球墨铸铁容易出现夹渣（MgS、MgO）和反应气孔（$H_2$、$H_2S$）等缺陷，浇注系统一般用半封闭形式，以保证铁液迅速、平稳地流入型腔，并多采用滤渣网、集渣包等结构加强挡渣措施。为防止气孔产生，除应降低铁液含硫量和残余镁量外，还应限制型砂水分和采用干型。

球墨铸铁件多应用冒口和冷铁，采用顺序凝固原则。在铸型刚度很好的条件下，也可采用同时凝固原则，不用冒口或用较小冒口。为此，球墨铸铁砂型紧实度、透气性应比灰铸铁高，型砂排气能力好。

球墨铸铁中硅含量高，其低温冲击韧性比可锻铸铁差，又因球化处理会降低液体的温度，故在薄壁、小件的生产中，其品质不如可锻铸铁稳定。

### 2.1.6　蠕墨铸铁

蠕墨铸铁是近几十年发展起来的一种新型铸铁材料，是对液态金属出炉后、浇注前进行蠕化处理，使其石墨呈蠕虫状（介于片状和球状之间）的铸铁。

#### 1. 蠕墨铸铁的生产特点

蠕墨铸铁的生产原理与球墨铸铁相似，铁液成分与温度要求也相似，在炉前处理时，向高温、低硫、低磷铁液中先加入蠕化剂进行蠕化处理，再加入孕育剂进行孕育处理。蠕化剂一般采用稀土镁钛、稀土镁钙合金或镁钛合金，加入量为铁液质量的1%~2%。

蠕墨铸铁的铸造性能接近灰铸铁，缩孔、缩松倾向比球墨铸铁小，故铸造工艺简便。

#### 2. 蠕墨铸铁的牌号及应用

蠕墨铸铁的牌号是“蠕铁”两字汉语拼音加一组数字表示，数字表示试样抗拉强度最小值。蠕墨铸铁的牌号、力学性能及用途见表2-5。

表2-5　蠕墨铸铁的牌号、力学性能及用途（摘自JB 4403—1999）

| 牌号 | 力学性能 | | | | 主要基体组织 | 用　　途 |
|---|---|---|---|---|---|---|
| | 抗拉强度（≥）/MPa | 屈服强度（≥）/MPa | 伸长率（≥）/% | 硬度（HBW） | | |
| RuT420 | 420 | 335 | 0.75 | 200~280 | 珠光体 | 活塞环、汽缸套、制动盘、玻璃模具、泵体等 |
| RuT380 | 380 | 300 | 0.75 | 193~274 | 珠光体 | |

（续）

| 牌号 | 力学性能 | | | | 主要基体组织 | 用途 |
|---|---|---|---|---|---|---|
| | 抗拉强度(≥)/MPa | 屈服强度(≥)/MPa | 伸长率(≥)/% | 硬度(HBW) | | |
| RuT340 | 340 | 270 | 1.0 | 170~249 | 珠光体+铁素体 | 带导轨面的重型机床件、大型齿轮箱体、起重机卷筒等 |
| RuT300 | 300 | 240 | 1.5 | 140~217 | 铁素体+珠光体 | 排气管、变速箱体、汽缸盖、液压件、钢锭模等 |
| RuT260 | 260 | 195 | 3 | 121~197 | 铁素体 | 增压器废气进气壳体、汽车与拖拉机的底盘零件等 |

**3. 蠕墨铸铁的组织与性能**

蠕墨铸铁的组织为金属基体上均匀分布着蠕虫状石墨。在光学显微镜下，石墨短而粗，端部圆钝，形态介于片状和球状之间，形似蠕虫。在扫描电子显微镜下，石墨呈相互联系的立体分枝状。

蠕墨铸铁的力学性能介于相同基体组织的灰铸铁与球墨铸铁之间。耐磨性比灰铸铁好，减振性比球墨铸铁好，铸造性能接近灰铸铁，切削性能也不错。蠕墨铸铁突出的优点是导热性和耐热疲劳性好，壁厚敏感性比灰铸铁小得多。当铸铁件的截面由 30mm 增加到 200mm 时，抗拉强度下降 20%~30%。

蠕墨铸铁的力学性能高，导热性和耐热性优良，因而适于制造工作温度较高或具有较高温度梯度的零件，如大型柴油机的汽缸盖、制动盘、排气管、钢锭模及金属型等。又因其断面敏感性小，铸造性能好，故可用于制造形状复杂的大铸件，如重型机床和大型柴油机的机体等。用蠕墨铸铁代替孕育铸铁既可提高强度，又可节省许多废钢。

## 2.1.7 合金铸铁

当铸铁件要求具有某些特殊性能（如高耐磨、耐蚀等）时，可在铸铁中加入一定量的合金元素，制成合金铸铁。常用的合金铸铁有以下几种：

**1. 耐磨铸铁**

普通高磷（$w(\mathrm{P})=0.4\%\sim0.6\%$）铸铁虽可提高耐磨性，但强度和韧性差，故常在其中加入铬、锰、铜、钒、钛、钨等合金元素构成高磷耐磨铸铁。这不仅能强化和细化基体组织，且能形成碳化物硬质点，进一步提高铸铁的力学性能和耐磨性。

除高磷耐磨铸铁外，还有铬钼铜耐磨铸铁、钒钛耐磨铸铁和锰耐磨球墨铸铁等。耐磨铸铁常用作机床导轨，汽车发动机的缸套、活塞环、轴套、球磨机的磨球等零件。

**2. 耐热铸铁**

在铸铁中加入一定量的铝、硅、铬等元素，使铸铁表面形成致密的氧化膜，如 $Al_2O_3$、$SiO_2$、$Cr_2O_3$ 等，以保护铸铁内部不再被继续氧化。另外，这些元素的加入可提高铸铁组织的相变温度，阻止渗碳体的分解，从而使这类铸铁能够耐高温（700~1200℃）。耐热铸铁一般用来制造加热炉底板、炉门、钢锭模及压铸模等零件。

**3. 耐蚀铸铁**

在铸铁中加入硅、铝、铬、铜、钼、镍等合金元素，使铸铁表面形成耐蚀保护膜，并提高铸铁基体的电极电位。根据铸件所接触腐蚀介质的不同，耐蚀铸铁有许多种类可供选择。

它们常用于制造化工设备中的管道、阀门、泵类及盛贮器等零件。

合金铸铁的成分控制严格，铸造困难，其流动性低，易产生缩孔、气孔、裂纹，在铸造工艺上需采用相应的工艺措施进行防止，方能获得合格铸件。

## 2.2　铸钢件生产

铸钢的应用仅次于铸铁，其产量约占铸件总量的15%。铸钢的力学性能高于各类铸铁，不仅有较好的强度，而且有较好的塑性、韧性，适用于制造形状复杂，对强度、塑性、韧性要求较高的零件。如铁路车辆上的摇枕、侧架、车轮及车钩，锻锤机架和座、轧辊等。对于某些合金铸钢具有特殊的耐磨性、耐热性和耐蚀性等，适合制造道岔、牙板、履带、刀片等零件。铸钢的焊接性能好，便于采用铸-焊联合结构制造形状复杂的巨大铸件。

但铸钢的铸造性能、减振性和切口敏感性都比铸铁差，所以又限制了其应用范围。

### 2.2.1　铸钢的种类、牌号与应用

常用铸钢分为碳素铸钢和合金铸钢两大类。

**1. 碳素铸钢**

碳素铸钢的应用最广，其产量约占铸钢总产量的80%。碳素铸钢有较高的强度，较好的塑性、冲击韧性、疲劳强度等，适合于制造受力较复杂、交变应力较大和受冲击的铸件。而且铸钢的焊接性能比铸铁好，便于采用铸-焊组合工艺制造重型零件，如重型水压机的横梁、大型轧钢机机架、大齿轮和形状复杂难以一次铸造成形的复杂件等。

碳素铸钢的牌号以“铸钢”二字的汉语拼音首字母“ZG”加两组数字表示，第一组数字表示厚度为100mm以下铸件室温时屈服强度最小值，第二组数字表示该铸件的抗拉强度最小值。表2-6为一般工程用铸钢牌号、力学性能和应用。

表2-6　一般工程用铸钢牌号、力学性能及用途（摘自GB/T 11352—2009）

<table>
<tr><th rowspan="2">编号</th><th colspan="5">化学成分(≤)/%</th><th colspan="5">力学性能最小值(≥)</th><th rowspan="2">特点及应用</th></tr>
<tr><th>w(C)</th><th>w(Si)</th><th>w(Mn)</th><th>w(P)</th><th>w(S)</th><th>屈服强度/MPa</th><th>抗拉强度/MPa</th><th>伸长率/%</th><th>断面收缩率/%</th><th>$a_K$/J·cm$^{-2}$</th></tr>
<tr><td>ZG200-400</td><td>0.20</td><td rowspan="5">0.60</td><td>0.80</td><td colspan="2" rowspan="5">0.035</td><td>200</td><td>400</td><td>25</td><td>40</td><td>30</td><td>良好的塑性、韧性和焊接性。用于受力不大、要求韧性好的各种机器零件，如机座、变速箱等</td></tr>
<tr><td>ZG230-450</td><td>0.30</td><td rowspan="4">0.90</td><td>230</td><td>450</td><td>22</td><td>32</td><td>25</td><td>有一定强度和较好的塑性、韧性。制造受力不太大，要求韧性好的各种机器零件，如锤座、轴承盖、外壳、犁柱、底板及阀体等</td></tr>
<tr><td>ZG270-500</td><td>0.40</td><td>270</td><td>500</td><td>18</td><td>25</td><td>22</td><td>较好的强度，用于制造轧钢机机架、轴承座、连杆、箱体、横梁、曲拐、缸体等</td></tr>
<tr><td>ZG310-570</td><td>0.50</td><td>310</td><td>570</td><td>15</td><td>21</td><td>15</td><td>强度较高，制造负荷较高的耐磨零件，常用于制作轧辊、缸体、制动轮、大齿轮等</td></tr>
<tr><td>ZG340-640</td><td>0.60</td><td>340</td><td>640</td><td>10</td><td>18</td><td>10</td><td>有高的强度、硬度和耐磨性，用来制造齿轮、棘轮、叉头等</td></tr>
</table>

**2. 合金铸钢**

铸造合金钢牌号为“ZG+数字+合金元素符号+数字”。第一个数字表示平均含碳的质量分数的万分数，当碳的质量分数大于1%时，第一个数字不写；合金元素后的数字，表示该合金元素质量分数的平均百分数，如果铸钢中 Mn 元素的含量为 0.9%~1.4%时，只写元素符号不标数字。

合金铸钢按合金元素的量分为低合金铸钢和高合金铸钢两类。低合金铸钢中合金元素总的质量分数不大于5%，它的力学性能比碳钢高，因而能减轻铸钢质量，提高铸件使用寿命。我国主要采用的是锰系、锰硅系及铬系铸钢系列。如 ZG40Mn、ZG30MnSi、ZG30Cr1MnSi1 等低合金铸钢主要用来制造齿轮、水压机工作缸、水轮机转子及船用零件等；ZG40Cr1 常用作高强度齿轮、轴等重要受力零件。

高合金铸钢中合金元素总的质量分数大于 10%。由于合金元素的质量分数高，这种铸钢一般都具有耐磨、耐热和耐蚀等特殊性能。如 ZGMn13，含 Mn 的质量分数约为 13%，具有特殊耐磨性能，常用来制造铁路道岔、推土机刀片、履带板等耐磨零件。ZG10Cr18Ni9 为铸造不锈钢，常用来制造耐酸泵体等耐蚀零件。

### 2.2.2 铸钢件的生产特点

**1. 铸钢的熔炼**

铸钢的熔炼必须采用炼钢炉，如平炉、电弧炉、感应电炉等。在一般铸钢车间里，广泛采用三相电弧炉来炼钢。

近些年来，感应电炉在我国得到迅速发展。感应电炉能炼各种高级合金钢及含碳量较低的钢，其熔炼速度快、能源消耗少，且钢液质量高，适用于小型铸钢件生产。

**2. 铸钢的铸造工艺**

铸钢的熔点高、流动性差、收缩大，钢液易氧化、吸气，易产生黏砂、冷隔、浇不到、缩孔、气孔、变形、裂纹等缺陷，铸造性能差。因此，在铸造工艺上应采取相应措施，以确保铸钢件质量。

1）对型砂性能如强度、耐火性、透气性和退让性要求更高。原砂一般采用颗粒较大、均匀的石英砂，大铸件往往采用人工破碎的纯净石英砂。为提高铸型强度、退让性，多采用干型或水玻璃砂快干型，近年来也有用树脂硬砂型。为了防止黏砂，铸型表面要涂以耐火度较高的石英粉或锆砂粉涂料。

2）为防止铸件产生缩孔、缩松，铸钢大都采用顺序凝固原则，冒口、冷铁应用较多。如图 2-10 所示的大型铸钢齿轮，由于壁厚不均匀，在最后的中心轮毂处，轮缘与辐板连接的热节处容易形成缩孔，铸造时要对这两部分进行充分的补缩。该工艺在整体上实行由外（辐板）向内（轮毂）的顺序凝固，轮毂部分由一个上（顶）冒口补缩；而轮缘热节部位由于齿轮直径较大，需分段顺序凝固，每段末端放一块冷铁，始端放一空气压力冒口（补缩作用更大），可以有效地防止缩孔。此外，应尽量采用形状简单、截面积较大的底注式浇注系统，使熔融钢液迅速、平稳地充满铸型。

对薄壁或易产生裂纹的铸钢件，应采用同时凝固原则。如图 2-11 所示铸钢件，应开设多个内浇道，让钢液均匀、迅速地充满铸型。

3）必须严格掌握浇注温度，防止温度过高或过低。具体浇注温度应根据钢号和铸件结构来定，一般为1500~1600℃。对低碳钢、薄壁小件或结构复杂不容易浇注的铸件，应取较高的浇注温度；对高碳钢、大铸件、厚壁铸件及容易产生热裂的铸件，应取较低的浇注温度。

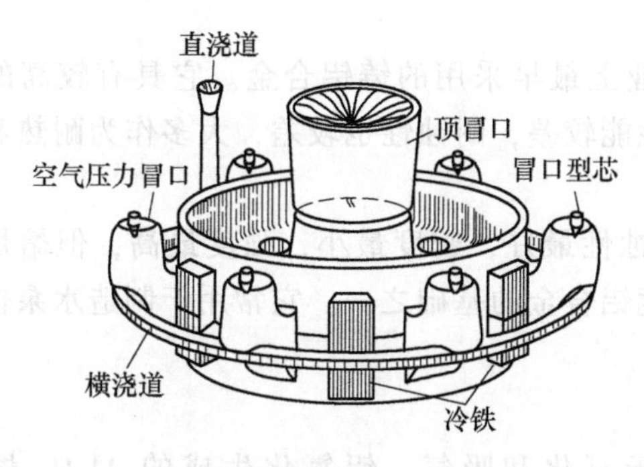


图2-10 铸钢齿轮铸造工艺

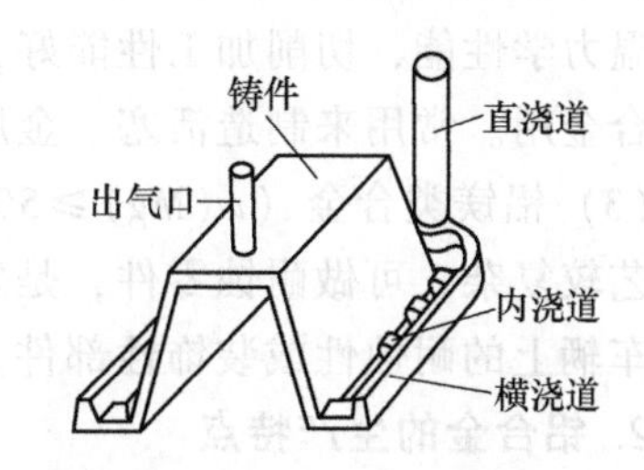


图2-11 薄壁钢铸件的浇注系统

#### 3. 铸钢件的热处理

铸钢件铸后晶粒粗大、组织不均，常出现硬而脆的魏氏组织，有较大的铸造应力，导致铸钢件的塑性下降，冲击韧性降低。为了细化晶粒，消除魏氏组织，消除铸造应力，铸钢件铸后必须进行热处理。

铸钢的热处理通常为退火或正火。退火主要用于碳的质量分数不小于0.35%或结构特别复杂的铸钢件。这类铸钢件塑性差，铸造应力大，铸件易开裂。正火主要用于碳的质量分数小于0.35%的铸钢件，因碳的质量分数低，塑性较好，冷却时不易开裂。正火后的铸钢件力学性能较高，生产效率也较高，但残留内应力比退火后的要大。为进一步提高铸钢件的力学性能，还可采用正火+高温回火热处理以减少铸造残留内应力。铸钢件极少淬火，淬火时极易发生开裂。

## 2.3 铸造有色金属及合金

有色金属及合金具有优越的物理性能和化学性能，因此，也常用来制造机械零件。常用的铸造有色金属有铝合金、铜合金、镁合金、锌合金、钛合金及轴承合金等。铜及合金是应用最早的金属，由于其优良的导电性、导热性、耐蚀性和耐磨性，直到现在应用还是很广，产量仅次于铝及其合金。铝合金的应用比铁、钢、铜合金晚，但它既具有铜合金的某些优点，又有很高的比强度（抗拉强度/相对密度），因此在工业上获得了迅速发展。

### 2.3.1 铸造铝合金

#### 1. 铸造铝合金的分类、性能及应用

铝合金的牌号由“ZAl（铸铝）+主元素符号+主加元素的质量分数（%）”组成。代号中“ZAl”为铸的汉语拼音首字母和铝的元素符号Al，首位数表示合金种类，后两位数是顺序号。

铝合金相对密度小，熔点低，导电性、导热性和耐蚀性好。铸造铝合金按合金成分可分为铝硅合金、铝铜合金、铝镁合金和铝锌合金等。

(1) 铝硅类合金（$w(\mathrm{Si})\geqslant 5\%$） 其又称为硅铝明，合金熔点较低，流动性较好，线收缩率低，热裂倾向小，气密性好，具有优良的力学性能、物理性能和切削加工性能。适用于制造形状复杂的薄壁件或气密性要求较高的零件，如内燃机车上的调速器壳、机油泵体、鼓风机叶轮、滤清器转子等。

(2) 铝铜类合金（$w(\mathrm{Cu})\geqslant 4\%$） 是工业上最早采用的铸铝合金。它具有较高的室温和高温力学性能，切削加工性能好，但铸造性能较差，耐蚀性也较差，大多作为耐热和高强度铝合金用。常用来制造活塞、金属型等。

(3) 铝镁类合金（$w(\mathrm{Mg})\geqslant 5\%$） 其耐蚀性最好，密度最小，强度最高，但熔炼、铸造工艺较复杂，可做耐蚀零件，是发展高强度铝合金的基础之一。它常用于制造水泵体、航空和车辆上的耐蚀性或装饰性部件。

**2. 铝合金的生产特点**

铝是活泼金属元素，熔融状态的铝易于氧化和吸气。铝氧化生成的 $Al_2O_3$ 熔点高（2060℃），密度比铝液稍大，呈固态夹杂物悬浮在铝液中很难清除，容易在铸件中形成夹渣。在冷却过程中，熔融铝液中析出的气体常被表面致密的 $Al_2O_3$ 薄膜阻碍，在铸件中形成许多针孔，影响了铸件的致密性和力学性能。

铸造铝合金熔点低，一般用坩埚炉熔炼（图 2-12），间接加热，使金属料不与燃料直接接触，以减少金属的烧损，保持金属液纯净。为了去除铝液中的氢及 $Al_2O_3$ 杂质，铝液在出炉前要进行精炼。其原理是利用不溶于金属液的外来气泡，将有害气体和夹杂物一并带出液面而去除。例如，用管子向铝液内吹入氯气或氮气（图 2-13），氯气分别与铝和氢气发生如下反应：

$$3Cl_2+2Al=\!=\!=2AlCl_3\uparrow$$
$$Cl_2+H_2=\!=\!=2HCl\uparrow$$

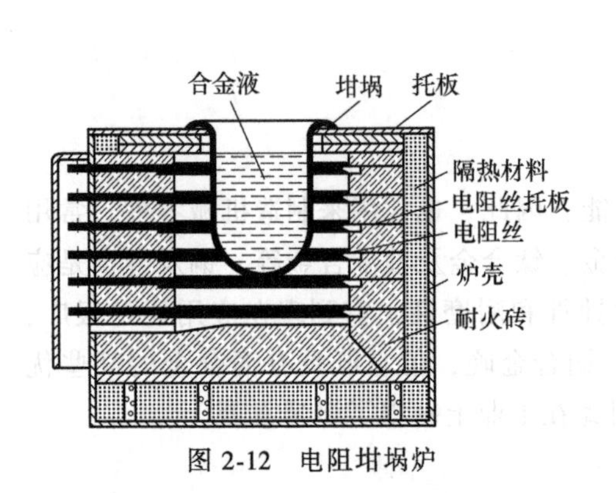

图 2-12 电阻坩埚炉

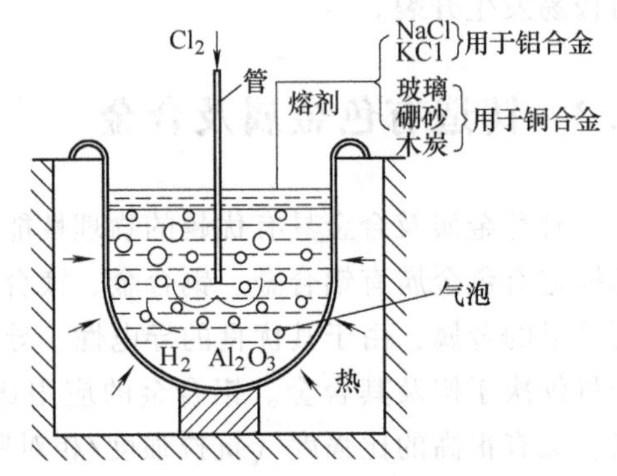

图 2-13 向坩埚炉内金属液通入氯气

生成的 $AlCl_3$、HCl 及过剩的氯气泡中的分压为零，使得铝液中的氢向气泡中扩散，$AlCl_3$ 夹杂物亦附着在气泡上，在气泡上浮过程中一并带出铝液。反应过程中也可向铝液中压入氯化锌（$ZnCl_2$）、六氯乙烷（$C_2Cl_6$）等氯盐或氯化物来产生同样的效果。

砂型铸造时可用细砂造型，以减小铸件表面粗糙度值。为防止铝液在浇注过程中的氧化和吸气，通常采用开放式浇注系统，并多开内浇道。直浇道常用蛇形，使合金液迅速平衡地充满型腔，不产生飞溅、涡流和冲击。

各种铸造方法都可用于铝合金铸造，当生产数量较少时，可用砂型铸造；大量生产或重要的铸件，常采用特种铸造。金属型铸造效率高、质量好；低压铸造只用于要求致密性高的耐压铸件；压力铸造可用于薄壁复杂小件生产。

### 2.3.2　铸造铜合金

#### 1. 铜合金的分类、性能及应用

铸造铜合金的牌号是由“ZCu（铸铜）+主加元素符号+主加元素的质量分数（%）”组成。它分为铸造黄铜和铸造青铜两大类。

铸造黄铜是以锌为主要合金元素的铜基合金。只有铜、锌两个元素构成的黄铜称为普通黄铜。特殊黄铜除铜、锌外，还有铝、硅、锰、铅等合金元素。普通黄铜的耐磨性和耐蚀性很差，工业上用的多为特殊黄铜。

黄铜的力学性能主要取决于锌含量，当 $w(Zn)<47\%$时，随合金中锌的质量分数增加，合金的强度、塑性显著提高，超过 47%仍继续增加锌，将使黄铜的性能下降。锌是很好的脱氧剂，能使合金的结晶温度范围缩小，提高流动性，并避免铸件产生分散的缩松。

特殊黄铜强度和硬度高，耐蚀性、耐磨性或耐热性好，铸造性能或切削加工性能好，故特殊铸造黄铜可用来制造耐磨、耐蚀零件。如内燃机车的轴承、轴套、调压阀座等。

铜与除锌以外的元素所构成的铜合金统称为青铜。以锡为主要元素的青铜称为锡青铜，其他为特殊青铜，如铝青铜、铅青铜等。锡能提高青铜的强度和硬度，锡青铜结晶温度范围宽，以糊状凝固方式凝固，所以合金流动性差、易产生缩松，不适于制造气密性要求较高的零件。但青铜的耐磨性、耐蚀性比黄铜高，常用来制作重要的轴承、轴套和蜗轮、齿轮等。

#### 2. 铜合金的生产特点

铜合金在熔炼时突出的问题也是容易氧化和吸气。氧化生成的氧化亚铜（$Cu_2O$）溶于铜中降低了合金的塑性。熔炼时常加入硼砂或水玻璃等熔剂使铜液与空气隔离。在熔炼锡青铜时，要先加质量分数为 0.3%~0.6%的磷铜对铜液进行脱氧，然后加锡。锌是很好的脱氧剂，熔炼黄铜时一般不再另行脱氧。

铜的熔点低、密度大、流动性好、砂型铸造时一般采用细砂造型。用坩埚炉熔炼铸造黄铜结晶温度范围窄，铸件易形成集中缩孔，铸造时应采用顺序凝固，并设置较大冒口进行补缩。锡青铜以糊状凝固方式凝固，易产生枝晶偏析和缩松，应尽量采用同时凝固方式。在开设浇口时，为使熔融金属流动平稳，防止飞溅，常采用底注式浇注系统。

## 复习思考题

1. 影响铸铁石墨化的主要因素是什么？为什么铸铁牌号不用化学成分来表示？
2. 根据石墨的形状不同，铸铁分为几种？以石墨的存在状态分析灰铸铁的力学性能和其他性能特征。
3. 灰铸铁最适于制造什么样的铸件？举出 5 种以上你所知道的铸铁件名称及它们采用别的材料的原因？
4. 什么是孕育铸铁？它与普通灰铸铁有何区别？如何获得孕育铸铁？
5. 球墨铸铁是如何获得的？为什么说球墨铸铁是“以铁代钢”的好材料？
6. 可锻铸铁是如何获得的？为什么它只适于制作薄壁小铸件？

7. 试叙述铸钢的铸造性能及铸造工艺特点。

8. 铸造铝合金和铜合金熔炼时常采用什么设备？其熔炼和铸造工艺有何特点？

9. 为何铸铁的铸造性能比铸钢好而力学性能比铸钢差？为何普通灰铸铁热处理的效果不如球墨铸铁好？

10. 下列铸件应选用哪类铸造合金？为什么？

车床床身；各种不规则形状的钻头；摩托车发动机壳体；压气机曲轴；火车车轮；三通管件；汽缸套。

11. 识别下列材料名称，并说明其各组成部分的含义：QT600-2，KTH350-10，HT200，RuT260，ZAlSi7Mg，ZG40Mn。

# 第3章　金属的铸造成形工艺方法

铸造方法中应用最多的是砂型铸造。不同于砂型铸造的其他铸造方法，统称为“特种铸造”。特种铸造包括熔模铸造、金属型铸造、陶瓷型铸造、压力铸造等。本章主要介绍砂型铸造及特种铸造方法的工艺过程，重点讲述各种铸造成形工艺的特点及应用。

## 3.1　砂型铸造

砂型铸造是以型砂为造型材料，用模样在型砂中造砂型的一种工艺方法。由于型砂具有优良的透气性、耐热性、退让性和再利用性，适用于各种形状、大小、材料和生产批量，而且原材料来源广泛、价格低廉，因此在机械制造等行业中占有非常重要的地位。

### 3.1.1　砂型铸造过程

砂型铸造过程比较繁琐，一般需要经过制备模样及芯盒，配备型砂及芯砂，用模样造型、用芯盒造型芯，熔炼金属，合箱浇注，落砂清理及检验，去应力处理及耐蚀处理等步骤，整个砂型铸造工艺流程及之间的关系如图 3-1 所示。

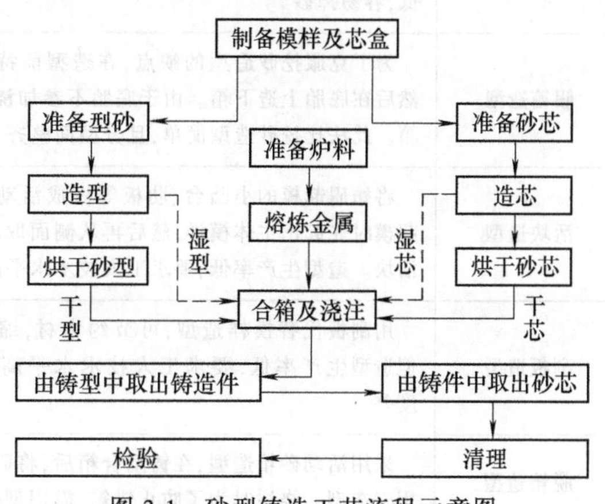

图 3-1　砂型铸造工艺流程示意图

造型工艺的每个环节都会影响铸件的质量，作为零件设计者必须了解工艺过程才能设计性能好、成本低、结构合理的铸件。图 3-2 所示为常用套筒铸件的砂型铸造过程。

砂型造型按使用设备的不同，分为手工造型和机器造型两大类。

### 3.1.2　手工造型

全部用手工或手动工具完成的造型方法称为手工造型。手工造型操作灵活，工艺装备简单，适应性强，生产准备时间短，成本低。但手工造型铸件质量较差，生产率低，劳动强度大，要求工人技术水平高。因此，手工造型主要用于单件、小批量生产，特别是形状复杂铸件的生产。

#### 1. 手工造型方法

手工造型的方法很多，根据铸件形状不同可采取不同的造型方法，而造型方法不同其结

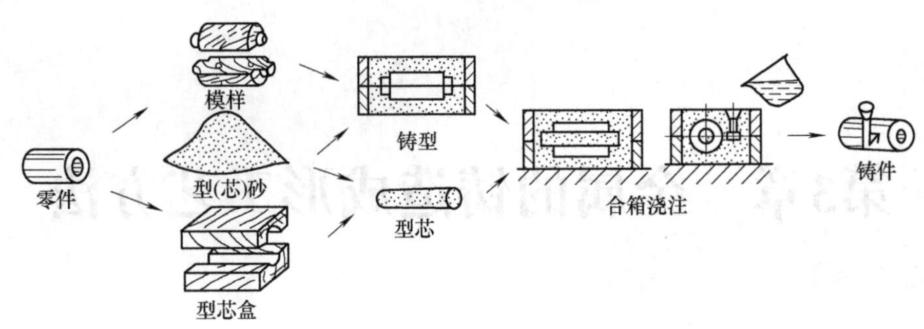


图 3-2　套筒铸件的砂型铸造过程

构的设计也不同，各种手工造型方法的主要特点和适用范围见表 3-1。

**表 3-1　各种手工造型方法的主要特点和适用范围**

| 造型方法名称 | 主要特点 | 适用范围 |
| --- | --- | --- |
| 整模造型 | 模样为整体模，分型面为平面，型腔全部在半个铸型内，造型简单，不会错箱 | 最大截面位于一端且为平面的简单铸件，适用于各种生产批量 |
| 分模造型 | 模样沿最大截面分两半，分型面是平面，型腔位于上、下两砂箱，操作简单，应用广泛 | 适用于最大截面在中部的套类、管类和阀体等形状较复杂的铸件 |
| 三箱造型 | 铸件有两个最大截面，分模、两个分型面且为平面、三个砂箱造型，中箱高度与中箱模样高度相同，所以无法利用机器造型。操作繁琐，容易错箱 | 主要用于手工造型，单件、小批量生产具有两个分型面的中、小型铸件 |
| 挖砂造型 | 最大截面不在一端，而且不是平面。为了取出模样，造型时要人工挖去阻碍起模的型砂。造型费时，生产率低，容易掉砂 | 用于整体模样且分型面为曲面的铸件，只适用于单件、小批量生产 |
| 假箱造型 | 为了克服挖砂造型的缺点，在造型前特制一个底胎，然后在底胎上造下箱。由于底胎不参加浇注，故称为假箱。此法比挖砂造型简单，且分型面整齐 | 适用于成批生产，需挖砂的铸件 |
| 活块造型 | 将妨碍起模的小凸台、肋板等做成活动镶嵌结构，待起模时先起出主体模样，然后再从侧面取出活动的镶嵌活块。造型生产率低，要求工人技术水平高 | 主要用于带有突出部分难以起模的铸件，单件、小批量生产 |
| 刮板造型 | 用刮板代替模样造型，可节约木材，缩短生产周期。但造型生产率低，要求工人技术水平高，铸件尺寸精度差 | 主要用于等截面或回转体大、中型铸件，单件小批量生产。如大的带轮、铸管等 |
| 脱箱造型（无箱造型） | 采用活动砂箱造型，在铸型合箱后，将砂箱脱出，重新用于造型。浇注时为了防止错箱，需用型砂将铸型周围填紧，也可在铸型上加套箱 | 多用于小铸件的生产。砂箱尺寸多小于 400mm×400mm×150mm |
| 地坑造型 | 在地面砂坑中造型，不用砂箱或只用上箱。减少了制造砂箱的投资和时间。操作麻烦，劳动量大 | 生产要求不高的中、大型铸件，或用于砂箱不足时批量不大的中、小铸件生产 |

图 3-3 所示为不同铸件形状所用的不同造型方法。图 3-3a 所示铸件的最大截面只有一个，而且最大截面在一侧，所以适合整模造型。整模造型的模样在一个砂箱中，所以铸件的表面质量比较好，不会出现错箱。图 3-3b 所示铸件虽然最大截面也是一个，但是最大截面不在一侧，而是在中间位置，将模样放入一个砂型无法取模，所以适合分模造型。分模造型

的铸件上有分型面，所以表面质量不好，容易出现错箱。图 3-3c 所示铸件形状和图 3-3b 所示铸件形状相同，但是如果将模样放到一个砂箱中就无法取模，为了取出模样就需要手工挖掉影响起模的砂子，这种铸造方法称为挖砂造型。因挖砂需要人工技术，所以生产效率低，要求铸造技术高。图 3-3d 所示铸件最大截面有两个，要取出模样需要两个分型面、三个砂箱，即三箱造型。为了减少在铸件上的分型面，尽量将分型面移到铸件的一侧。由于三箱造型的中箱高度与一部分模样的高度相同，所以中箱无法使用机器造型压实，不适合大批量生产。图 3-3e 所示铸件形状比较复杂，有凸台，为了起模方便，将这些小凸台与模样分离，取模时先取主体大模样，然后再取分离开的小样，所以仅适用于单件小批量生产。

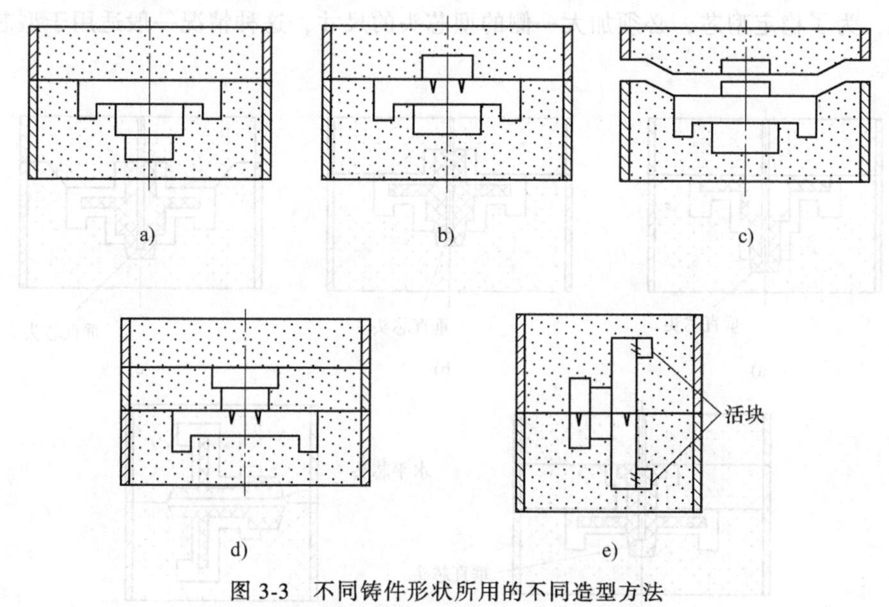


图 3-3　不同铸件形状所用的不同造型方法

a）整模造型　b）分模造型　c）挖砂造型　d）三箱造型　e）活块造型

**2. 型芯的作用**

对于形状复杂的铸件，可采用多种造型方法配合使用，充分发挥型芯的作用，灵活运用各种造型方法，其原则是在保证铸件质量的基础上，尽量使铸造工艺和后续的机加工工艺简单化。

图 3-3d 所示采用的是三箱造型方法，大批量生产是因无法采用机器造型，所以选用三箱造型不合适。通过加环形型芯可以将三箱造型改为两箱造型，如图 3-4 所示。

图 3-3e 所示选用的为活块造型，如果大批量生产，机器造型很难去除活块，通过在侧壁加一个型芯取代活块造型（图 3-5）。因为是大批量生产，所以增加一个型芯也是有必要的。

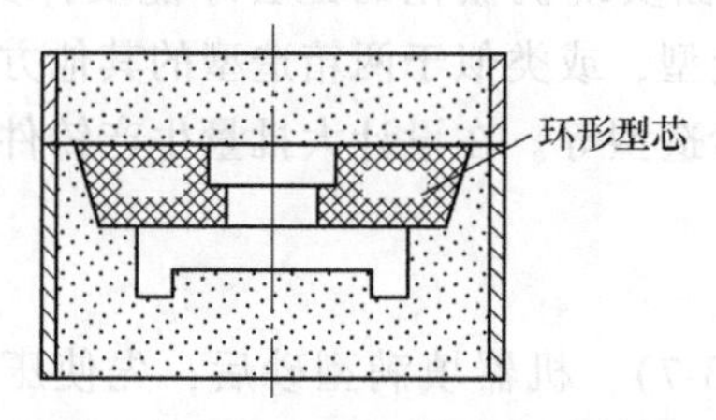


图 3-4　环形型芯将三箱改为两箱造型

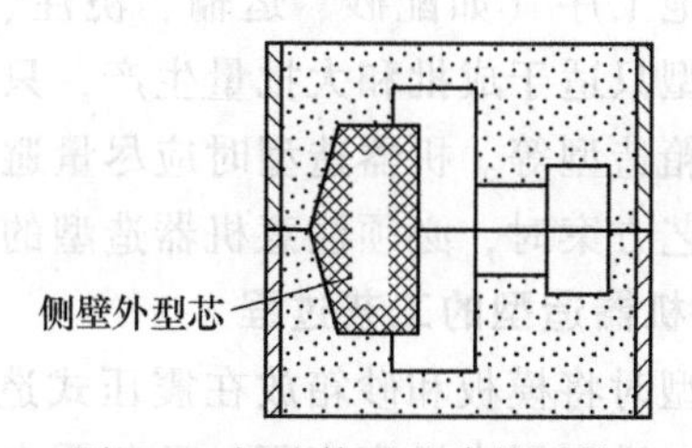


图 3-5　侧壁外型芯代替活块

铸造适合形状复杂尤其是具有复杂内腔的结构，其内部空腔都是通过型芯成形的，所以要掌握型芯的使用方法，合理巧妙地发挥型芯的作用。图 3-6 是在图 3-3 所示外形几何图形的基础上将内部改为空腔的造型，空腔通过型芯造型而成。由于铸件造型时安放位置不同，型芯的形状也各不相同，因为型芯要安稳地安放在铸型中，需要型芯座和型芯头，型芯垂直安放时需要下型芯头支撑和上型芯头固定。如果型芯体积不是很大，而且下型芯头比较大时，可以不加上型芯头，采用通过型芯上部直接触碰在砂箱上来固定型芯的方式，如图 3-6a~d 所示。型芯水平安放时，一般情况下需要两侧型芯头支撑和固定，如图 3-6e 所示的活块造型。也有特殊情况，如图 3-5 所示，在不修改铸件结构的情况下无法加两个型芯头，因此，为了稳定型芯，必须加大一侧的型芯头的尺寸，这种情况一般适用于型芯不是很大的结构。

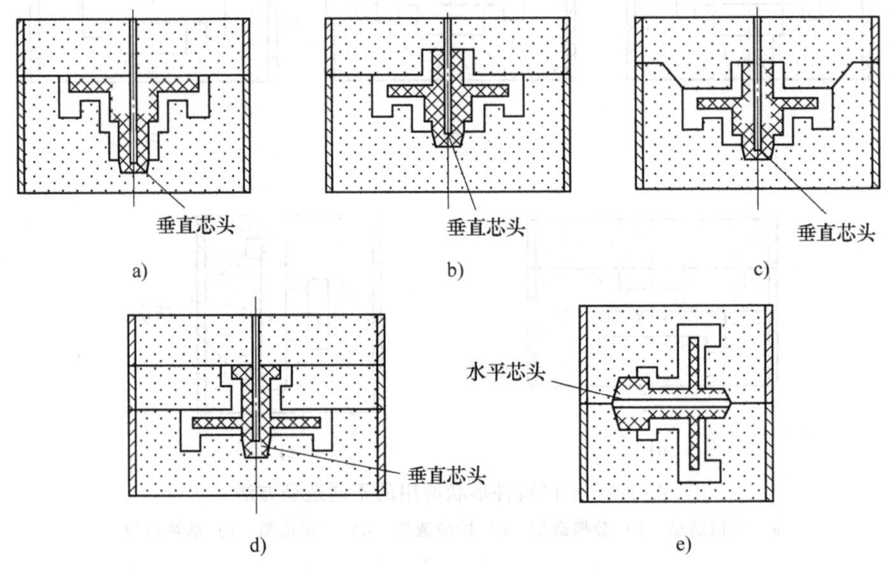


图 3-6　铸件空腔通过型芯造型完成

a）整模造型　b）分模造型　c）挖砂造型　d）三箱造型　e）活块造型

## 3.1.3　机器造型

手工造型劳动强度大、生产效率低，还会出现砂子紧实度不均匀、铸件尺寸精度低、尺寸偏差较大等问题。尤其是大批量生产时，需采用机器造型。通过机器完成装砂、紧砂和起模或至少完成紧砂操作的造型工序称为机器造型。机器造型是现代化铸造生产的基本形式。

机器造型一般都需要专用设备、工艺装备及厂房等，投资大、生产准备时间长，并且还需要其他工序（如配砂、运输、浇注、落砂等）全面实现机械化的配套才能发挥其作用。机器造型只适于成批和大批量生产，只能采用两箱造型，或类似于两箱造型的其他方法，如射砂无箱造型等。机器造型时应尽量避免活块、挖砂造型等。在设计大批量生产铸件和制订铸造工艺方案时，必须注意机器造型的工艺要求。

### 1. 机器造型的工艺过程

造型时将模板和砂箱放在震压式造型机上（图 3-7），机器填满型砂后，先使压缩空气从进气口进入震击活塞底部，顶起震击活塞、模板及砂箱等，并将进气口过道关闭。当活塞上升到排气口以上时，压缩空气被排除。由于底部压力下降，震击活塞等自由下落，与震击气缸顶面发生一次撞击，如此反复多次振动，即可紧实砂型（见图 3-7c）。同时，压缩空气由进气口通入压实气缸底部，顶起压实活塞，震击活塞、模板和砂型，使砂型移到造型机正上方的压板下面，将上部型砂压实（见图 3-7d）。然后，再转动控制阀进行排气，使型砂下落。随后，当压缩空气推动压力油进入下面两个起模液压缸时，使由同步连杆连接在一起的四根起模顶杆平稳同步上升并顶起砂箱，同时振动器产生振动，驱使模样快速与砂型分离，从而完成起模（见图 3-7e）。

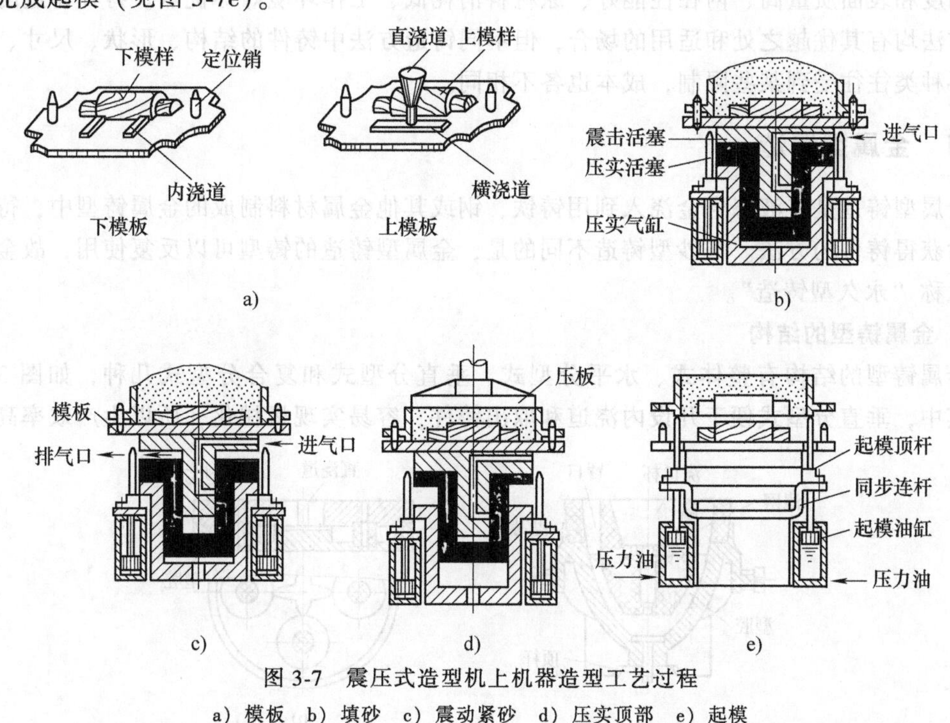


图 3-7　震压式造型机上机器造型工艺过程

a）模板　b）填砂　c）震动紧砂　d）压实顶部　e）起模

## 2. 机器造型工艺特点

机器造型采用模板造型。模板是由模样、浇注系统与底板连接成一体的专用模具。如图 3-8 所示，底板形成分型面，模板形成砂型型腔。小铸件通常采用底板两侧都有模样的双面模板及其配套的砂箱（见图 3-8a），其他大多数情况下则采用上、下模分开装配的单面模板造型，用上模板造上砂箱，用下模板造下砂箱（见图 3-8b）。无论是单面还是双面模板，模板与砂箱之间均装有定位销，所以机器造型的尺寸精度远高于手工造型的铸件。

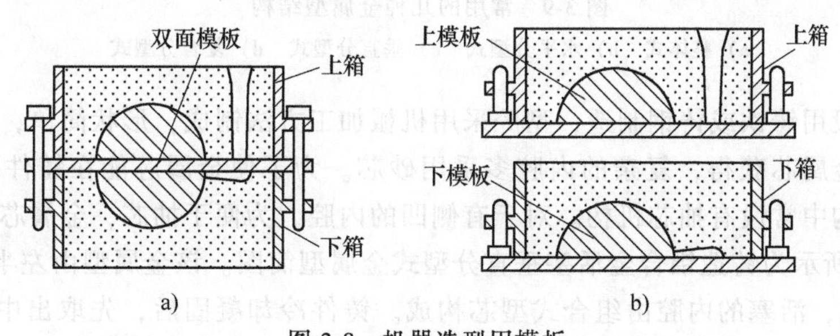


图 3-8　机器造型用模板

a）双面模板造型　b）单面模板造型

## 3.2 特种铸造

随着科学技术的发展、铸造生产工艺的改进，为适应社会的需求，出现了一些与砂型铸造的造型材料和工艺不同的其他铸造方法，统称为特种铸造。如熔模铸造、金属型铸造、压力铸造、离心铸造、壳型铸造、陶瓷型铸造、磁型铸造等。与砂型铸造相比，特种铸造具有铸造精度和表面质量高、内在性能好、原材料消耗低、工作环境好等优点。特种铸造的每个铸造方法均有其优越之处和适用的场合，但不同铸造方法中铸件的结构、形状、尺寸、质量和材料种类往往受到某些限制，成本也各不相同。

### 3.2.1 金属型铸造

金属型铸造是将液态合金浇入到用铸铁、钢或其他金属材料制成的金属铸型中，待冷却凝固后获得铸件的方法。与砂型铸造不同的是，金属型铸造的铸型可以反复使用，故金属型铸造又称“永久型铸造”。

**1. 金属铸型的结构**

金属铸型的结构有整体式、水平分型式、垂直分型式和复合分型式几种，如图 3-9 所示。其中，垂直分型式便于开设内浇道和取出铸件，容易实现机械化，所以生产效率高。

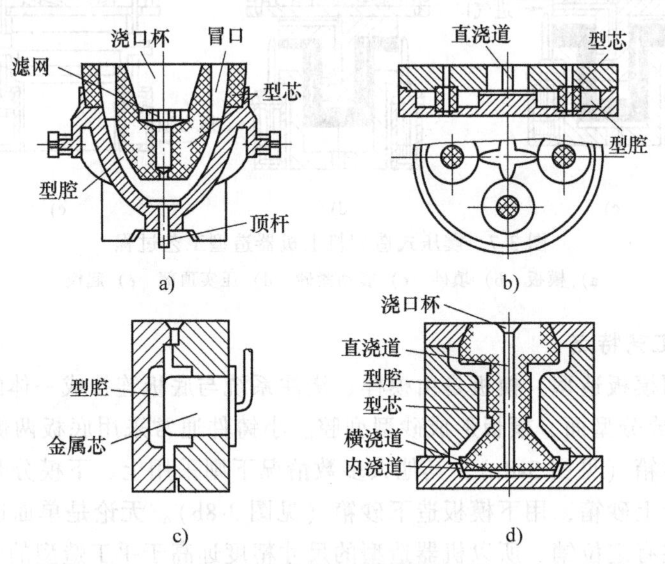


图 3-9 常用的几种金属型结构

a）整体式 b）水平分型式 c）垂直分型式 d）复合分型式

金属型一般用铸铁或铸钢制造，型腔采用机械加工方法制成，形状简单，不妨碍抽芯的铸件内腔可用金属芯获得，复杂的内腔多采用砂芯。为了使金属芯能在铸件凝固后迅速取出，金属型结构中常设有抽芯机构。对于有侧凹的内腔，为便于抽芯，金属芯可由几块组合而成。图 3-10 所示为铸造铝合金活塞垂直分型式金属型简图。该金属型由左半型 1、右半型 5 和底型 7 组成，活塞的内腔由组合式型芯构成。铸件冷却凝固后，先取出中间型芯 3，再取出左、右两侧型芯 2 和 4，然后沿水平方向拔出左、右销孔型芯 8 和 6，最后分开左、右两个半型，即可取出铸件。

由于金属型导热速度快，没有退让性和透气性，铸件结构一定要保证能顺利出型，所以铸件结构斜度要比砂型铸件大。铸件壁厚要均匀，以防止出现缩松和裂纹。同时，为了防止浇不到、冷隔等缺陷，铸件的壁厚不能过薄。铸孔的孔径不能过小、过深，以便于金属型芯的安放和抽出。

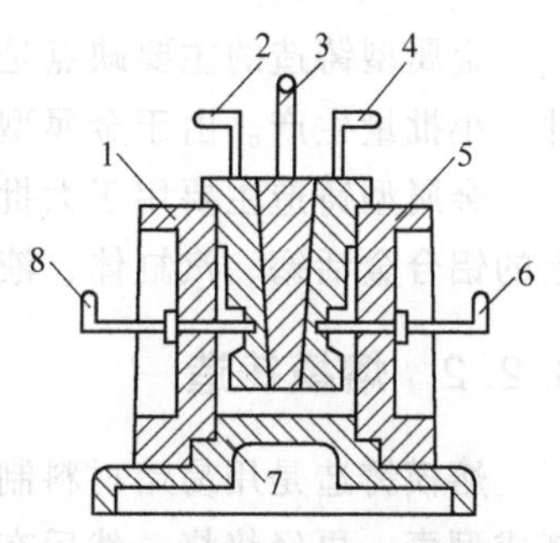

图 3-10 铸造铝合金活塞简图

1—左半型 2,3,4—组合型芯

5—右半型 6,8—销孔型芯

7—底型

**2. 金属型的铸造工艺**

由于金属型没有退让性和透气性，铸型导热快，其生产工艺与砂型铸造有许多不同之处。

(1) 预热金属型 在生产铸铁件时，金属型的工作温度应保持在250~300℃，有色金属铸件应保持在100~250℃。合理的工作温度可减缓铸型冷却速度；减少熔融金属对铸型的“热击”作用，延长金属型使用寿命；提高熔融金属的充型能力，防止产生浇不到、冷隔、气孔、夹杂等缺陷。对于铸铁件，合理的工作温度有利于铸铁的石墨化，防止产生“白口”。为保持合理的工作温度，在浇注前，金属型应进行预热。当铸型温度过高时，必须利用铸型上的散热装置（气冷或水冷）散热。

(2) 喷刷涂料 浇注前必须向金属型型腔和金属芯表面喷刷涂料。其目的是防止高温的熔融金属对型壁直接进行冲击，保护型腔。利用涂层的厚薄，可调整和减缓铸件各部分的冷却速度。同时还可利用涂料吸收和排出金属液中的气体，防止气孔产生。不同合金采用的涂料也不同。铝合金铸件常用氧化锌粉、滑石粉和水玻璃组成的涂料；灰铸铁件常用石墨、滑石粉、耐火黏土、桃胶和水组成的涂料，并在涂料外面喷刷一层重油或乙炔，浇注时可产生还原性隔热气膜，以减小铸件表面粗糙度值。

(3) 控制开型时间 由于金属型没有退让性，铸件应尽早从铸型中取出。通常铸铁件出型温度为780~950℃，有色金属只要冒口基本凝固即可开型。开型温度过低，合金收缩量大，除可能产生较大内应力使铸件开裂外，还可能引起“卡型”导致铸件取不出。而且由于金属型温度升高，延长了冷却金属型的时间，导致生产率下降。但是开型过早，也会因铸件强度低而产生变形。开型时间常常要通过实验来确定。

(4) 加强金属型的排气 例如，在金属型腔上部设排气孔、通气塞（气体能通过，金属液不能通过)，在分型面上开通气槽等。

为防止灰铸铁件产生白口组织，适当地提高浇注温度20~30℃，其壁厚一般应大于15mm；铁液中碳、硅的总质量分数应高于6%，同时还应孕育处理。对于已经产生白口的铸铁件，要利用自身余热及时进行退火处理。

**3. 金属型铸造的特点及应用**

1）实现了一型多铸，省去了配砂、造型、落砂等工序，节约了大量造型材料、造型工时、场地，改善了劳动条件，提高了生产率。而且便于实现机械化、自动化生产。

2）金属型铸件的尺寸精度高，表面质量好，铸件的切削余量小，节约了机械加工的工时，节省了金属。

3）金属型冷却速度快，铸件组织细密，力学性能好。

4）铸件质量较稳定，废品率低。

金属型铸造的主要缺点是：金属型制造成本高、周期长，铸造工艺要求严格，不适于单件、小批量生产。由于金属型冷却速度大，不宜铸造形状复杂和大型薄壁件。

金属型铸造主要用于大批量生产的、形状简单的有色金属铸件和灰铸铁件，如内燃机车上的铝合金活塞、汽缸体、液压泵壳体，铜合金轴瓦和轴套等。

## 3.2.2 熔模铸造

熔模铸造是用易熔材料制成模样，在模样上涂挂若干层耐火材料，硬化后加热熔化模样制成型壳，再经焙烧，然后在型壳温度很高的情况下进行浇注，从而获得铸件的一种方法，也称失蜡铸造。

### 1. 熔模铸造的工艺过程

熔模铸造的工艺过程包括：制造蜡模、制壳、脱蜡、熔烧、浇注等，如图 3-11 所示。

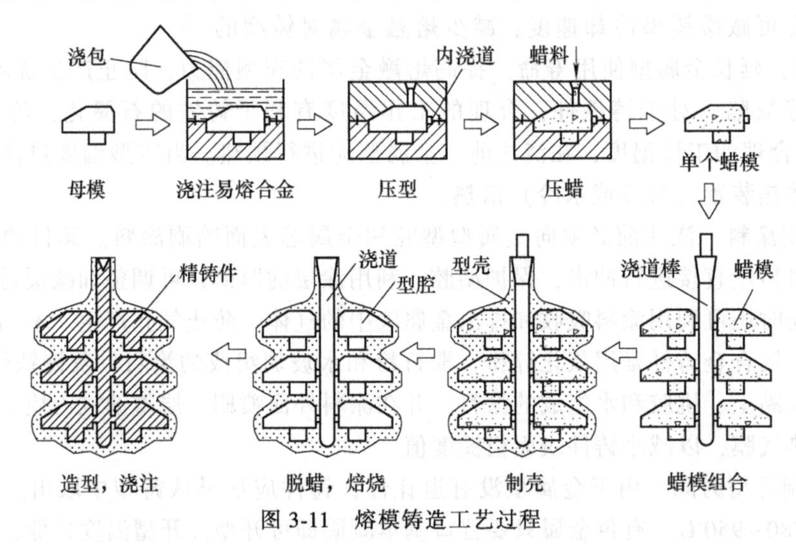

图 3-11　熔模铸造工艺过程

（1）制造蜡模　制造蜡模是熔模铸造的重要过程，它不仅直接影响铸件的精度，且因每生产一个铸件就要消耗一个蜡模，所以铸件成本比较高。蜡模制造步骤如下：

压型是用于压制蜡模的专用模具，常用的有机械加工压型和易熔合金压型两种。要求压型尺寸精确、表面光洁，且压型的型腔尺寸必须包括蜡料和铸造合金的双重收缩量，才能压出尺寸精确、表面光洁的蜡模。

蜡模材料可用蜡料、硬脂酸等配制而成。常用的蜡料是 50%石蜡和 50%硬脂酸，其熔点为 50~60℃。制造蜡模时，先将蜡料熔为糊状，然后以 0.2~0.4MPa 的压力，将蜡料压入压型内，待蜡凝固后取出，修去毛刺，即获得附有内浇道的单个蜡模。

因熔模铸件一般较小，为提高生产率、减少直浇道损耗、降低成本，通常将多个蜡模组焊在一个涂有蜡料的直浇道模上，构成蜡模组，以便一次浇出多个铸件。

（2）制壳　制壳是在蜡模组上涂挂耐火材料层，以制成较坚固的耐火型壳。制壳要经几次浸挂涂料、撒砂、硬化、风干等工序。

1）浸涂料。将蜡模组浸入由细耐火粉料（一般为石英粉，重要件用刚玉粉或锆英粉）和黏结剂（水玻璃或硅溶胶等）配成的涂料中（粉液比约为 1∶1），使蜡模表面均匀覆盖涂料层。

2）撒砂。对浸涂后的蜡模组撒干砂，使其均匀黏附一层砂粒。

3）硬化、风干。将浸涂后并粘有干砂的模组浸入硬化剂（$NH_4Cl$ 体积分数为 20%~25%的水溶液中）浸泡数分钟，使硬化剂与黏结剂产生化学作用，使砂壳迅速硬化。在蜡模组表层形成 1~2mm 厚的薄壳。硬化后的模壳应在空气中风干，然后再进行第二次浸涂料等结壳过程，一般需要重复多次，制成 5~10mm 厚的耐火型壳。

(3）脱蜡。将涂挂完毕粘有型壳的蜡膜组浸泡于 85~90℃的热水中，使蜡料熔化，上浮而脱除（亦可用蒸汽脱蜡），便得到中空型壳。蜡料可经回收、处理后再利用。

(4）熔化和浇注。将型壳送入 800~950℃的加热炉中进行焙烧，以彻底去除型壳中的水分、残余蜡料和硬化剂等。熔模铸件型壳一般从焙烧炉中出炉后，宜趁热浇注，以便浇注薄而复杂、表面清晰的精密铸件。

**2. 熔模铸造的特点及应用**

1）铸件精度高，表面光洁，一般尺寸公差可达 CT4~CT7，表面粗糙度值 *Ra* 为 1.6~12.5μm。

2）可铸出形状复杂的薄壁铸件，如铸件上的凹槽（宽>3mm）、小孔（$\phi \geqslant 2.5$mm）均可直接铸出。

3）铸造合金种类不受限制，钢铁及有色合金均可适用。

4）生产批量不受限制，单件小批、成批、大量生产均可适用。

熔模铸造工序复杂，生产周期长，原材料价格贵，铸件成本高。铸件不能太大，否则蜡模易变形，丧失原有精度。

熔模铸造是少、无切削的先进的精密成形工艺，它最适合 25kg 以下的高熔点、难以切削加工合金铸件的成批大量生产。目前主要用于航天、飞机、汽轮机、燃气轮机叶片、泵轮、复杂刀具、汽车、拖拉机和机床上的小型精密铸件生产。

## 3.2.3　压力铸造

压力铸造是在一定的压力作用下，使液态或半液态金属以一定的速度注入铸型（压铸模具）型腔，并在压力下成形和凝固而获得铸件的方法。按压力大小和加压工艺不同又分为压力铸造、低压铸造等。

**1. 压力铸造**

通常的压力铸造简称压铸，具有高压和高速充填压铸型是压铸的两大特点。所用压力为几到几十兆帕，有时甚至达到 200MPa，充型速度为 0.5~75m/s，充型时间很短，一般为 0.01~0.2s。压铸型常用耐热的合金工具钢制造，内腔要经过精密加工，并需进行热处理。

(1）压力铸造的工艺过程　压力铸造是在压铸机上完成的。压铸机分立式和卧式两种。图 3-12 所示为立式压铸机的工作过程。合型后，将金属注入压室中（见图 3-12a）。压射柱塞向下推进，将金属液压入铸型（见图 3-12b）。金属凝固后，压射柱塞退回，下柱塞上移顶出余料，动型移开，取出压铸件（见图 3-12c）。

(2）压力铸造的特点及应用

1）压力铸造的生产率比其他铸造方法都高，每小时可压铸 50~500 件，操作简便，易实现自动化或半自动化生产。

2）由于熔融金属是在高压下高速充型的，合金充型能力强，能铸出结构复杂、轮廓清

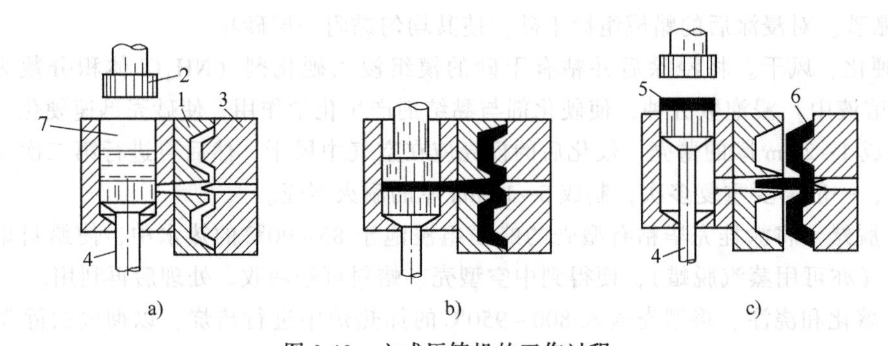


图 3-12　立式压铸机的工作过程

a）浇注　b）压射　c）开型

1—定型　2—压射柱塞　3—动型　4—下柱塞　5—余料　6—压铸件　7—压室

晰的薄壁、精密铸件；可直接铸出各种孔眼、螺纹、花纹和图案等；也可压铸镶嵌件。

3）铸件尺寸精度等级可达 CT4~CT8，表面粗糙度值 $Ra=1.6\sim12.5\mu m$。其精度和表面质量比其他铸造方法都高，可实现少、无切削加工，省工、省料、成本低。

4）金属在压力下凝固，冷却速度快，铸件组织细密、表层紧实，强度、硬度高，抗拉强度比砂型铸造提高 20%~40%。

但是压力铸造设备和压铸型费用高，压铸型制造周期长，一般只适于大批量生产。而且由于金属充型速度高、压力大，气体难以完全排出，在铸件内常有存在于表皮下的小气孔，因而压铸件不能进行大切削余量的加工，以防孔洞外露；也不能进行热处理，否则气体膨胀使铸件表面起泡。

压力铸造目前多用于生产有色金属的精密铸件。如发动机的气缸体、箱体、喇叭壳以及仪表、电器、无线电、日用五金中的中、小型零件等。

**2. 低压铸造**

低压铸造是液态金属在压力作用下由下而上充填型腔，以形成铸件的一种方法。由于所用的压力较低（0.02~0.06MPa），所以称为低压铸造。低压铸造是介于金属型铸造与压力铸造之间的一种铸造方法。

（1）低压铸造的工艺过程　低压铸造的原理如图 3-13a 所示。其下部是一个密闭的保温坩埚炉，用于储存熔炼好的金属液。坩埚炉的顶部紧固着铸型（通常为金属型或砂型），垂直升液管使金属液与朝下的浇注系统相通。

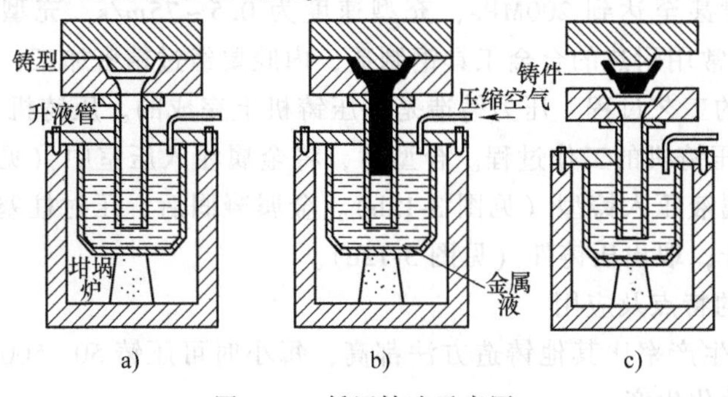


图 3-13　低压铸造示意图

a）合型　b）压铸　c）取出铸件

铸型在浇注前必须预热到工作温度，并在型腔内喷刷涂料。如图 3-13b 所示，先缓慢地向坩埚炉内通入干燥的压缩空气，金属液受气体压力的作用，由下而上沿着液管和浇注系统充满型腔。升压到规定的工作压力，金属液在压力下结晶。当铸件凝固后，坩埚炉内也有大气相通，金属液的压力恢复到大气压，于是升级液管及浇注系统中尚未凝固的金属液因重力作用而流回到坩埚炉中，如图 3-13c 所示，开启铸型，取出铸件。

（2）低压铸造的特点及应用

1）充型压力和速度便于控制，故可适应各种铸型，如金属型、砂型、熔模壳型、树脂壳型等。由于充型平稳，冲刷力小，且液流和气流的方向一致，故气孔、夹渣等缺陷较小。

2）铸件的组织致密，力学性能较好。对于铝合金针孔缺陷的防止和提高铸件的气密性，效果尤为显著。

3）由于省去了补缩冒口，使金属的利用率提高到 90%~98%。

4）由于提高了充型能力，利于形成轮廓清晰、表面质量好的铸件，这对于大型薄壁件的铸造尤为有利。

此外，设备比压铸简易，便于实现机械化和自动化生产。

低压铸造是 20 世纪 60 年代发展起来的新工艺，尽管其历史不长，但因具有上述优越性，已受到国内外的普遍重视。目前主要用来生产质量要求高的铝、镁合金铸件，如气缸体、缸盖、曲轴箱、高速内燃机活塞、纺织机零件等，并已用它成功地制出重达 30t 的铜螺旋桨及球墨铸铁曲轴等。

## 3.2.4　离心铸造

将液态金属浇入高速（转速通常为 250~1500r/min）回转的铸型中，使其在离心力作用下充填铸型并凝固而获得铸件的方法称为离心铸造。离心铸造的铸型可用金属型，也可用砂型、壳型、熔模样壳等。

### 1. 离心铸造的分类

（1）立式离心铸造　在立式离心铸造机（见图 3-14a）上，铸型绕垂直轴回转。由于离心力和液态金属本身重力的作用，铸件的内表面呈抛物面形状，使铸件沿高度方向的壁厚不均匀（上薄、下厚）。铸件高度越大、直径越小、转速越低时，其上、下壁厚差越大。因此，立式离心铸造适用于高度不大的盘、环类铸件。

（2）卧式离心铸造　在卧式离心铸造机（见图 3-14b）上，铸型绕水平轴回转。由于铸件各部分的冷却、成形条件基本相同，所得铸件的壁厚在轴向和径向都是均匀的。因此，卧式离心铸造适用于铸造较长的套筒及管类铸件，如铜衬套、铸铁缸套、水管等。

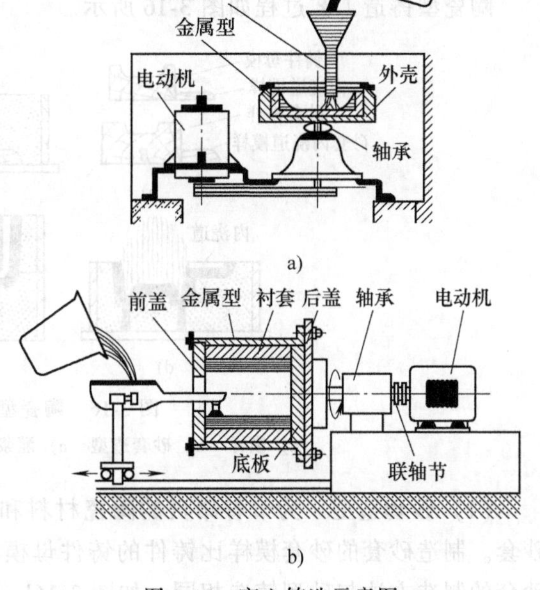


图 3-14　离心铸造示意图
a）立式离心铸造机　b）卧式离心铸造机

(3) 成形件的离心铸造　成形件的离心铸造是将铸型安装在立式离心铸造机上，金属液在离心力作用下充满型腔，提高了合金的流动性，利于薄壁铸件的成形。同时，由于金属是在离心力下逐层凝固的，浇口取代冒口对铸件进行补缩，使铸件组织致密。

**2. 离心铸造的特点及应用**

成形件的离心铸造示意图如图 3-15 所示。

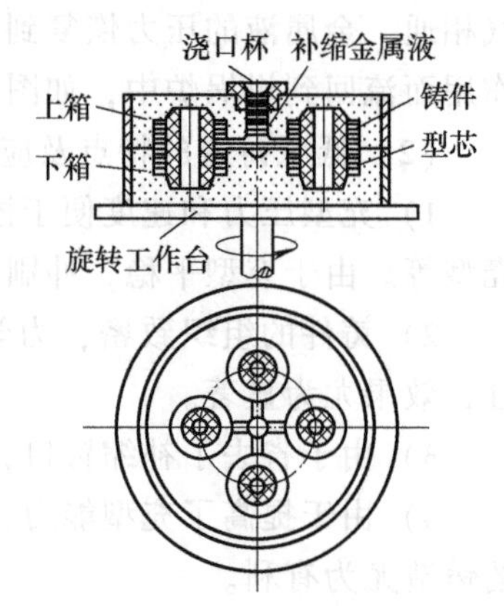


图 3-15　成形件的离心铸造

1）用离心铸造生产空心旋转体铸件时，可省去型芯、浇注系统和冒口。

2）在离心力作用下密度大的金属被推往外壁，而密度小的气体、熔渣向自由表面移动，形成自外向内的顺序凝固。补缩条件好，使铸件致密，力学性能好。

3）便于浇注"双金属"轴套和轴瓦。如在钢套内镶铸一薄层铜衬套，可节省价贵的铜料。

但是离心铸造铸件的内孔自由表面粗糙，尺寸误差大，质量差；不适于铸造相对密度偏析大的合金（如铅青铜等）及铝、镁等轻合金。

离心铸造主要用于大批生产管、筒类铸件，如铁管、铜套、缸套、双金属钢背铜套、耐热钢辊道、无缝钢管毛坯、造纸机干燥滚筒等，还可用于轮盘类铸件，如泵轮、电机转子等。

## 3.2.5　陶瓷型铸造

陶瓷型铸造是在砂型铸造和熔模铸造的基础上发展起来的一种精密铸造方法，将液态金属注入陶瓷型中形成铸件的一种方法。

**1. 工艺过程**

陶瓷型铸造工艺过程如图 3-16 所示。

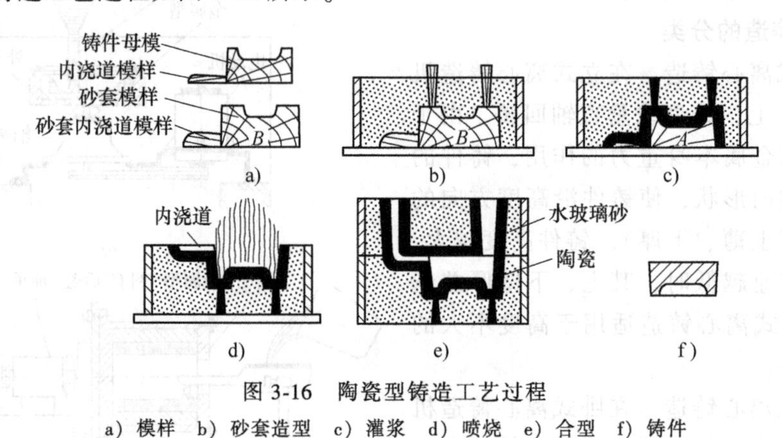


图 3-16　陶瓷型铸造工艺过程

a）模样　b）砂套造型　c）灌浆　d）喷烧　e）合型　f）铸件

(1) 砂套造型　为节省昂贵的陶瓷材料和提高铸型的透气性，通常先用水玻璃砂制出砂套。制造砂套的砂套模样比铸件的铸件母模应增大一个陶瓷料的厚度，如图 3-16a 所示。砂套的制造方法与砂型铸造相同，如图 3-16b 所示。

(2) 灌浆与胶结　灌浆与胶结即制造陶瓷面层。其过程是将铸件母模固定于平板上，刷上分型剂，扣上砂套，将配制好的陶瓷浆由浇注口注满，如图 3-16c 所示，数分钟后，陶瓷浆便开始胶结。陶瓷浆由耐火材料（如刚玉粉、铝矾土等）、黏结剂（硅酸乙酯水解液）、催化剂（如 $Ca(OH)_2$、MgO）和透气剂（双氧剂）等组成。

（3）起模与喷烧　灌浆 5~15min 后，趁浆料尚有一定弹性便可取出模样。为加速固化过程，必须用明火均匀地喷烧整个型腔，如图 3-16d 所示。

（4）焙烧与合箱　陶瓷型要在浇注前加热到 350~550℃，焙烧 2~5h，以烧去残存的乙醇、水分等，并使铸型的强度进一步提高。

（5）浇注　浇注温度可略高，以便获得轮廓清晰的铸件。

**2. 陶瓷型铸造的特点及应用**

1）因为在陶瓷层处于弹性状态下起模，同时陶瓷型高温时变形小，故铸件的尺寸精度可达 CT5~CT8，表面粗糙度值 $Ra=3.2\sim12.5\mu m$。此外，陶瓷材料耐高温，故也可浇注高熔点合金。

2）陶瓷型铸件大小不受限制，从几公斤到数吨。

3）在单件、小批生产条件下，投资少、生产周期短，在一般铸造车间较易实现。

陶瓷型铸造的不足是不适于批量大、重量轻或形状复杂的铸件，且生产过程难以实现机械化和自动化。

目前陶瓷型铸造主要用于生产厚大的精密铸件，广泛用于铸造冲模、锻模、玻璃器皿模、压铸模和模板等，也可用于生产中型铸钢件。

### 3.2.6 实型铸造

实型铸造是采用聚苯乙烯泡沫塑料模样代替普通模样，采用微振加负压紧实造型后不取出模样就浇入金属液，在金属液的作用下，塑料模样燃烧、汽化、消失，金属液取代原来塑料模所占据的空间位置，冷却凝固后获得所需铸件的铸造方法。也称汽化模铸造或消失模铸造。

**1. 实型铸造工艺过程**

实型铸造工艺过程如图 3-17 所示。首先制作泡沫塑料模（见图 3-17a），用泡沫塑料模代替模样砂型造型（见图 3-17b），与砂型铸造不同的是不需要取模，然后浇注，浇注过程中泡沫塑料模汽化（见图 3-17c），冷却凝固后落砂获得铸件（见图 3-17d）。

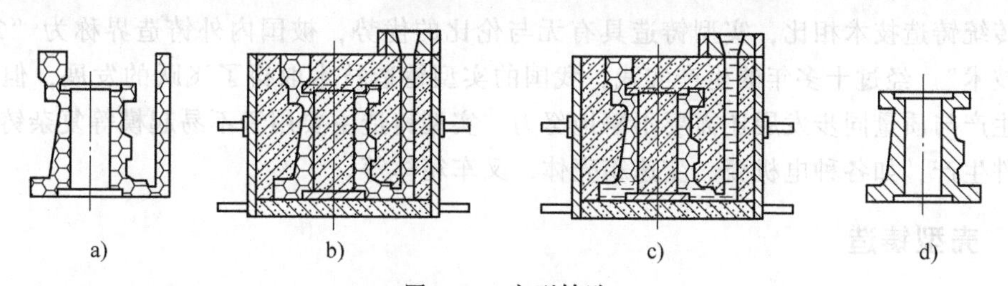


图 3-17　实型铸造

a）泡沫塑料模　b）铸型　c）浇注　d）铸件

具体的工艺流程如下：

（1）预发泡　模型是生产实型铸造工艺的第一道工序，复杂铸件如汽缸盖需要数块泡沫模型分别制作，然后再胶合成一个整体模型，每个分块模型都需要一套模具进行生产。将聚苯乙烯珠粒预发到适当密度，一般通过蒸汽快速加热，此阶段称为预发泡。

（2）模型成形　经过预发泡的珠粒要先进行稳定化处理，然后再送到成形机的料斗中，通过加料口加热，模具型腔充满预发的珠粒后，开始通入蒸汽，使珠粒软化、膨胀、挤满所有空隙并且黏合成一体，这样就完成了泡沫模型的制作，此阶段称为蒸压成形。

成形后，在模具的水冷腔内通过大流量水流对模具进行冷却，然后打开模具取出模型，此时模型温度较高而强度较低，所以在脱模和储存期间必须慎重操作，防止变形和损坏。

（3）模型簇组合　模型在使用之前必须存放适当时间使其熟化稳定，然后对分块模型进行胶粘结合。胶合面接缝处应密封牢固，以减少产生铸造缺陷的可能性。

（4）模型簇浸涂、干燥　为了生产更多的铸件，有时将许多模型胶接成簇，把模型簇浸入耐火涂料中，然后烘干，将模型簇放入砂箱，填入干砂振动紧实，必须使所有模型簇内部孔腔和外围的干砂都得到紧实和支撑。

（5）浇注　模型簇在砂箱内通过干砂振动充填紧实后，抽真空形成负压加强紧实度，铸型就可浇注。熔融金属浇入铸型后，模型汽化被金属取代形成铸件。在实型铸造（消失模铸造）工艺中，浇注速度比传统孔腔铸造更为关键。如果浇注过程中断，砂型就可能塌陷造成废品。因此为减少每次浇注的差别，最好使用自动浇注机。

（6）落砂清理　浇注之后，负压保持一定时间后释放真空，铸件在砂型中凝固和冷却，然后落砂。铸件落砂相当简单，倾翻砂箱，铸件就从松散的干砂中掉出。随后将铸件分离、清理、检查。

**2. 实型铸造的特点及应用**

（1）精度高　由于采用了遇金属液即汽化的泡沫塑料模样，无需起模，无分型面，无型芯，因而无飞边毛刺，铸件的尺寸精度和表面粗糙度接近熔模铸造，但尺寸却可大于熔模铸造。

（2）设计灵活　各种形状复杂铸件的模样均可采用泡沫塑料模黏合，成形为整体，减少了加工装配时间，可降低铸件成本10%~30%，也可为铸件结构设计提供充分的自由度。

（3）降低成本　简化了铸件生产工序，缩短了生产周期，使造型效率比砂型铸造提高2~5倍。

缺点：实型铸造的模样只能使用一次，且泡沫塑料的密度小、强度低，模样易变形，影响铸件尺寸精度；浇铸时模样产生的气体污染环境。

与传统铸造技术相比，实型铸造具有无与伦比的优势，被国内外铸造界称为“21世纪的铸造技术”。经过十多年的生产实践，我国的实型铸造技术取得了飞跃的发展，但要保证技术、生产与质量同步发展还需要不懈地努力。实型铸造主要用于不易起模等复杂铸件的批量及单件生产，如各种电机壳、变速箱壳体、叉车箱体等。

### 3.2.7　壳型铸造

壳型铸造是用酚醛树脂砂制造薄壳砂型或型芯的铸造方法。

**1. 覆膜砂的制备**

（1）覆膜砂的组成　覆膜砂是由原砂（一般采用石英砂）、黏结剂（热塑性酚醛树脂）、硬化剂（六亚甲基四胺）、附加物（硬脂酸钙或石英粉、氧化铁粉）等组成。

（2）覆膜砂的混制　覆膜砂混制工艺有冷地法、温法及热法，其中热法是适合大量制备覆膜砂的方法。混制时，先将砂加热到140~160℃，加入树脂与热砂混合均匀，树脂被加热熔化，包在砂粒表面，当砂温降到105~110℃时，加入六亚甲基四胺水溶液（六亚甲基四胺与水的质量比为1∶1），吹风冷却，再加入硬脂酸钙混匀，经过破碎、筛分，即得到被树脂膜均匀包覆的、像干砂一般的覆膜砂。

**2. 壳型（芯）的制造过程**

制壳方法有翻斗法和吹砂法两种。翻斗法用于制造壳型，吹砂法用于制造壳芯。

（1）翻斗法制造壳型　翻斗法制造壳型过程如图3-18所示。

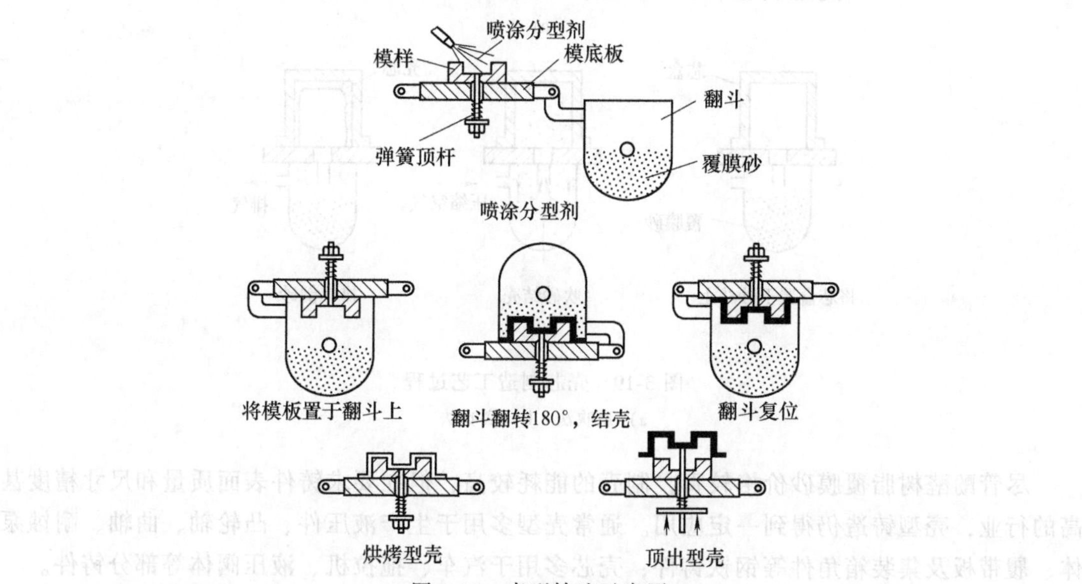


图3-18　壳型铸造示意图

1）将金属模板预热到250~300℃，并在表面喷涂分型剂（乳化甲基硅油）。

2）将热模板置于翻斗上，并紧固。

3）翻斗翻转180°，使翻斗中的覆膜砂落到热模板上，保持15~50s（常称结壳时间），覆膜砂上的树脂软化重熔，在砂粒间接触部位形成连接“桥”，将砂粒黏结在一起，并沿模板形成一定厚度、塑性状态的型壳。

4）翻斗复位，未反应的覆膜砂仍落回翻斗中。

5）将附着在模板上的塑性薄壳移到烘炉中继续加热30~50s（称为烘烤时间）。

6）顶出型壳，得到厚度为5~15mm的壳型。

（2）吹砂法制造壳芯　吹砂法分顶吹法和底吹法两种（见图3-19），一般顶吹法吹砂压力为0.1~0.35MPa，吹砂时间为2~6s；底吹法吹砂压力为0.4~0.5MPa，吹砂时间为15~35s。顶吹法设备较复杂，适合制造复杂的壳芯，底吹法设备较简单，常用于制造小壳芯。

**3. 壳型铸造的特点及应用**

1）覆膜砂可以较长期储存（三个月以上），且砂的消耗量少。

2）无需捣砂，能获得尺寸精确的壳型及壳芯。

3）壳型（芯）强度高，质量轻，易搬运。

4）壳型（芯）透气性好，可用细原砂得到光洁的铸件表面。

5）无需砂箱，壳型及壳芯可长期存放。

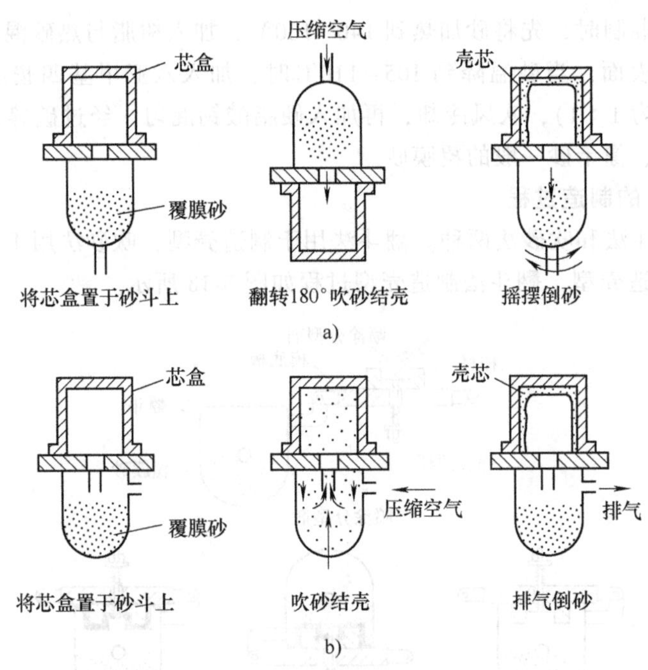


图 3-19　壳芯制造工艺过程

a）顶吹法　b）底吹法

尽管酚醛树脂覆膜砂价格较贵，制壳的能耗较高，但在要求铸件表面质量和尺寸精度甚高的行业，壳型铸造仍得到一定应用。通常壳型多用于生产液压件、凸轮轴、曲轴、耐蚀泵体、履带板及集装箱角件等钢铁铸件；壳芯多用于汽车、拖拉机、液压阀体等部分铸件。

在实际生产中，应根据铸件合金的种类、铸件结构和生产条件选用合理的铸造方法。同时应注意到，铸造生产对环境污染较大，铸造生产的环境污染主要包括铸造车间的空气污染，铸造生产的废物污染、废水污染及铸造车间的噪声污染等。其中比较突出的是空气污染和废物污染，在生产中应采取一定措施加以治理。

## 3.2.8　挤压铸造

挤压铸造简称挤铸，挤铸能够铸造大型薄壁件，如汽车门、机罩及航空与建筑工业中所用的薄板等。

### 1. 挤压铸造原理

最简单的挤压铸造法如图 3-20 所示。其主要特征是挤压铸造的压力较小（2~10MPa），其工艺过程是在铸型中浇入一定量液态金属，上箱随即向下运动，使液态金属自下而上充型，且挤压铸造的压力和速度（0.1~0.4m/s）较低，无涡流飞溅现象，因此铸件致密而无气孔。

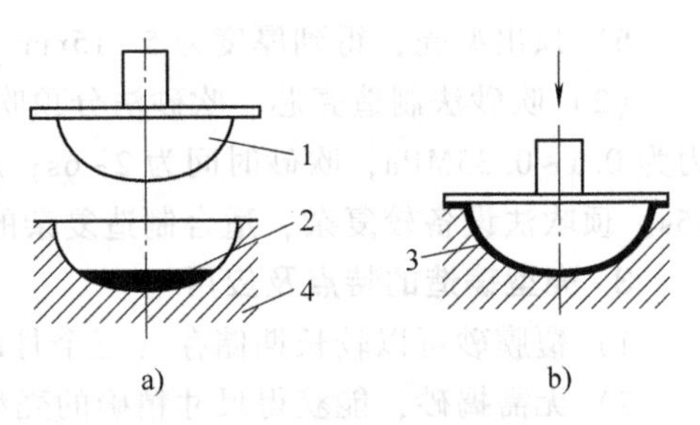


图 3-20　挤压铸造示意图

a）浇入定量液体金属　b）上箱向下挤压

1—上箱　2—金属液　3—铸件　4—下箱

### 2. 挤压铸造的特点及应用

挤压铸造与压力铸造及低压铸造的共同点是，压力的作用是使铸件成形并“压实”，使铸件致密。其不同点是，挤铸时没有浇口，且铸件的尺寸较大、较厚时，液流所受阻力较小，所需的压力远比压力铸造小，挤铸的压力主要用于使铸件压实而致密。

但因挤铸时液体金属与铸型接触较紧密，且高温液体在铸型中停留的时间较长，故应采用水冷铸型；并在型内壁上涂刷涂料，提高铸型寿命；采用垂直分型的铸型，以利于开型取件和方便上涂料。

挤压铸造可以铸出大面积的高质量薄壁铝铸件及复杂空心薄壁件，如空调压缩机上、下缸体，上、下盖板，活塞，斜盘，涡旋压缩机缸体、涡旋盘；空气压缩机连杆，液压泵壳体，空气过滤器罐体、罐盖；铝及铝基复合材料活塞、发动机缸体、发动机支架、滤清器支架、变速箱体、燃料分配器等。

## 复习思考题

1. 为什么手工造型是目前的主要造型方法？机器造型有哪些特点？
2. 金属型铸造有何特点？适用于何种铸件？
3. 陶瓷型铸造有何特点？为什么在模具制造中陶瓷成形更为重要？
4. 压力铸造有何特点？适用于何种铸件？
5. 低压铸造的工作原理与压力铸造有何不同？为什么铝合金常采用低压铸造？
6. 什么是离心铸造？它在圆筒形铸件的铸造中有哪些优越性？圆盘状铸件及成形铸件应采用什么形式的离心铸造？
7. 试叙述熔模铸造成形工艺的主要工序、生产特点和适用范围。
8. 壳型铸造与普通砂型铸造有何区别？它适合应用在什么零件的生产中？
9. 试确定下列零件在大批量生产条件下最适宜采用的工艺：缝纫机头、汽轮机叶片、铝活塞、大口径铸铁污水管、柴油机缸套、车床床身、大模数齿轮滚刀、汽车喇叭主体、家用煤气炉加压阀阀体、暖气片、下水道井盖、复杂刀具、变速箱壳体。

# 第4章　铸造工艺与铸件结构设计

铸造工艺设计就是根据铸造零件的结构特点、技术要求、生产批量和生产条件等，确定铸造工艺方案和工艺参数，绘制铸造工艺图，编制工艺卡等技术文件的过程。

本章以砂型铸造为例，重点讲述铸造工艺设计和对铸件结构设计的要求。

## 4.1　砂型铸造工艺设计

铸造工艺图是在零件图上用各种工艺符号表示铸造工艺方案的图形。它包括：铸件的造型方法、浇注位置，铸型分型面，型芯的数量、形状及其固定方法，加工余量，拔模斜度、收缩率、浇注系统，冒口、冷铁的尺寸和布置等。

绘制铸造工艺图是设计工作的重要内容之一，而绘制铸造工艺图的基础是掌握铸造工艺。

图 4-1 所示是典型支架铸件的零件图、铸造工艺图和模样图及铸型合箱图。零件图的结构设计也是根据技术要求和铸造工艺而定的，如图 4-1a 所示零件图外侧的斜度等，就是既要考虑取模方便而又不影响零件使用性能而设计的。

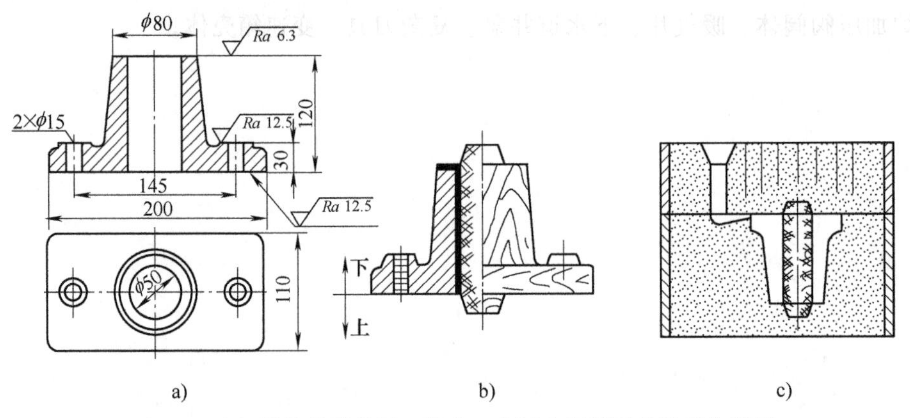


图 4-1　支架铸件的零件图、铸造工艺图和模样图及铸型合箱图

a）零件图　b）铸造工艺和模样图　c）铸型合箱图

### 4.1.1　造型方法的选择

选择不同的造型方法，铸件的铸造工艺和结构都将发生变化。所以要根据铸件的结构要求，合理的选择工艺简单、成本低的最佳造型方法。

**1. 形状简单铸件的造型方法**

图 4-2 所示为套筒铸件五种不同的造型方法，可根据不同使用要求和尺寸大小分析选择合理的造型方法。

(1) 整模两箱造型　当套筒内孔精度要求不高或筒高 $h$ 与直径 $d$ 相差不大时，可采用两种整模自带型芯造型。图 4-2b、c 均为自带型芯整模造型，但是铸件一个放在上砂箱，一个放在下砂箱，具体如何选择要根据铸件尺寸和技术要求选定。

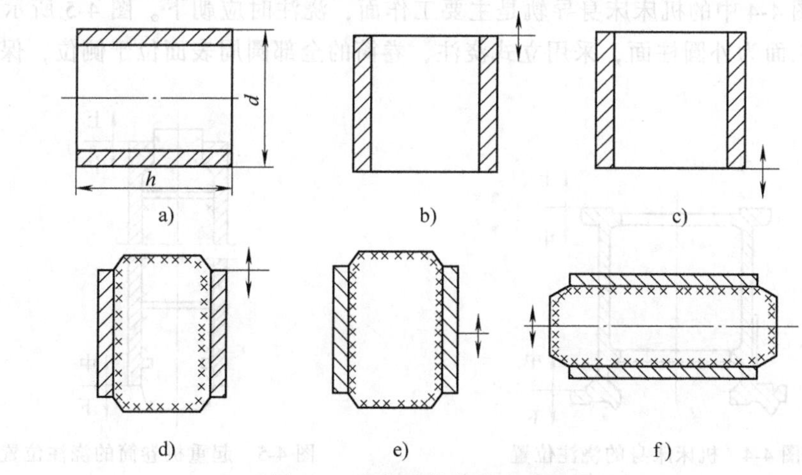


图 4-2　套筒铸件各种造型方法

(2) 分模造型　当套筒内孔精度要求较高时，自带型芯造型困难，要通过型芯造内腔。图 4-2d 所示为套筒高度 $h$ 和直径 $d$ 尺寸差距不大时，可以采用垂直型芯分模造型，分模面在套筒的一端。图 4-2e 所示为套筒高度 $h$ 大于直径 $d$ 时，依然可以采用垂直型芯分模造型。但型芯细长，如果分模面在一端，则型芯难以安放稳定，分模面则需设置在垂直套筒轴线的中间部位。图 4-2f 所示为套筒高度 $h$ 远大于直径 $d$ 时，型芯垂直难以稳定安放，所以采用水平型芯分模造型，分模面选在轴中心线的最大截面上。

**2. 分型面为曲面的造型方法**

图 4-3 所示为分型面为曲面的三种造型方法。最大分型面为曲面的铸件结构，根据其生产量不同，采取不同的造型方法。单件、小批量生产时，选用挖砂造型（见图 4-3b），节省了造型芯等工艺过程。大批量生产时，挖砂造型效率低，而且无法用机器造型，所以应选用假箱造型（见图 4-3c）。然而假箱造型仍有掉砂现象，无法保证质量。图 4-3d 所示为采用型芯块造型，将铸件曲面分型面改为水平分型面，不仅可省去烦琐的挖砂工艺，还可避免上箱掉砂造成的铸造缺陷，提高了生产效率。

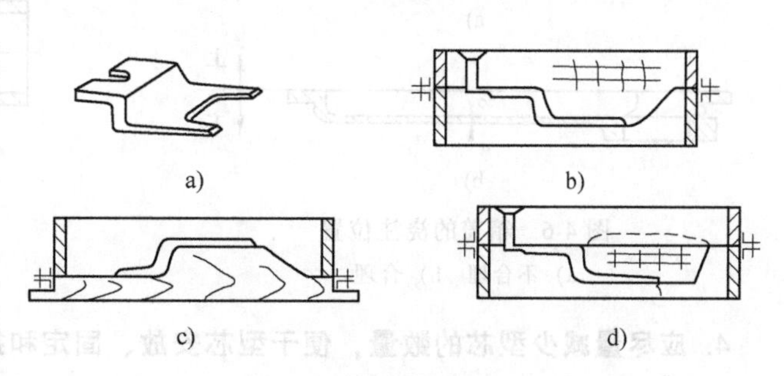


图 4-3　分型面为曲面造型方法

a) 铸件　b) 挖砂造型　c) 假箱造型　d) 型芯块造型

## 4.1.2　浇注位置的选择

浇注位置是指浇注时铸件在铸型中所处的空间位置。浇注位置选择正确与否，对铸件质量和生产效率影响很大。选择时应考虑以下原则：

**1. 铸件的重要加工面应朝下或位于侧面**

这是因为铸件上部凝固速度慢，晶粒较粗大，易形成缩孔、缩松，而且气体、非金属夹杂物密度小，易在铸件上部形成砂眼、气孔、渣气孔等缺陷。铸件下部的晶粒细小、组织致密、缺陷少，质量优于上部。当铸件有几个重要加工面或重要面时，应将主要的和较大的加工面朝下或侧立。无法避免在铸件上部出现的加工面，应适当加大加工余量，以保证加工后铸件的质量。图 4-4 中的机床床身导轨是主要工作面，浇注时应朝下。图 4-5 所示为起重机卷筒，主要加工面为外圆柱面，采用立式浇注，卷筒的全部圆周表面位于侧位，保证质量均匀一致。

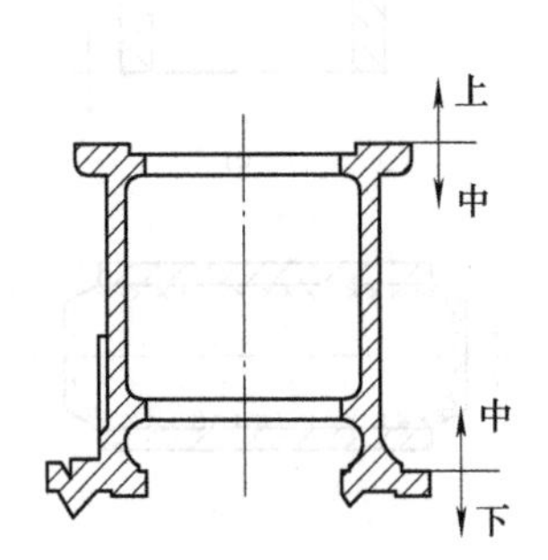

图 4-4 机床床身的浇注位置

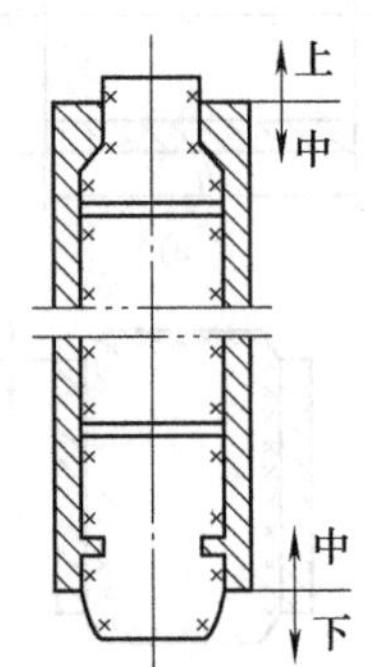

图 4-5 起重机卷筒的浇注位置

**2. 面积较大的薄壁部分应置于铸型下部或垂直、倾斜位置**

图 4-6a 所示的箱盖铸件，将薄壁部分置于铸型上部，易产生浇不到、冷隔等缺陷。另外，熔融金属对型腔上表面具有强烈热辐射，容易使上表面型砂急剧膨胀产生拱起或开裂，在铸件表面造成夹砂结疤缺陷。改置于图 4-6b 所示位置，薄壁部分置于铸型下部，可避免出现上述缺陷。

**3. 将截面较厚、易形成缩孔的部位放在分型面附近的上部或侧面**

铸件截面较厚的部分放在分型面附近的上部或侧面，便于安放冒口，使铸件自下而上顺序凝固。图 4-7 所示为卷筒铸件，厚大凸缘处放到上面，容易安放明冒口，有利于补缩，防止产生缩孔。若铸件存在两个最大截面无法顺序凝固时，则考虑加冷铁或三箱造型。

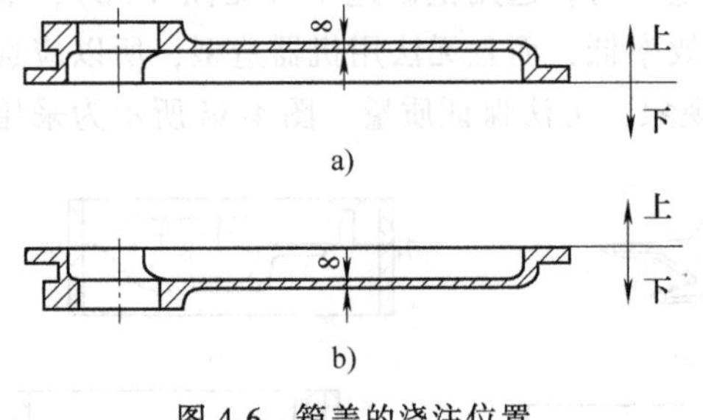

图 4-6 箱盖的浇注位置

a）不合理 b）合理

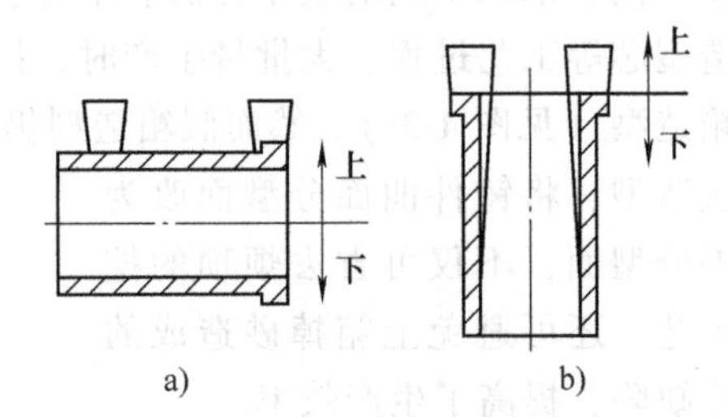

图 4-7 卷筒浇注位置

a）不正确 b）正确

**4. 应尽量减少型芯的数量，便于型芯安放、固定和排气**

图 4-8 所示为床腿铸件，若采用图 4-8a 所示方案，中间空腔需要做一个很大的型芯，增加了制芯的工作量。而采用图 4-8b 所示方案，则中间空腔形成自带型芯，简化了造型工艺。

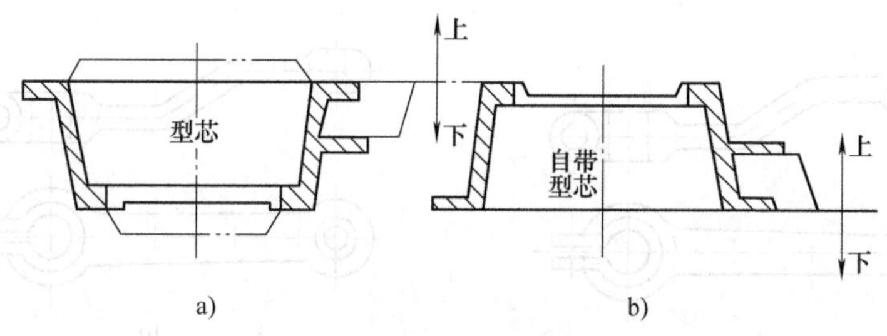


图 4-8　床腿铸件的浇注位置
a) 不正确　b) 正确

## 4.1.3　铸型分型面的选择

分型面一般是根据零件的形状结构特征、技术要求、生产批量，并结合浇注位置来选择的。分型面选择是否合理，对铸件质量影响很大。选择不当还将使制模、造型、合型、甚至切削加工等工序复杂化。因此，分型面的选择应在保证铸件质量的前提下，使造型工艺尽量简化，从而节省人力、物力。

分型面的选择与浇注位置的选择密切相关，一般是先确定浇注位置，然后选择分型面；比较各种分型面的利弊之后，再调整浇注位置。分型面选择应考虑以下原则：

**1. 便于起模，使造型工艺简化**

1) 为了便于起模，分型面应选在铸件的最大截面处（见图 4-9）。

2) 分型面的选择应尽量减少型芯和活块的数量，以简化制模、造型、合型等工序。

图 4-10 所示支架分型方案是避免活块的例子。若按图中方案Ⅰ，凸台必须采用四个活块制出，而下部两个活块的部位很深，取出困难。当改用方案Ⅱ时，可省去活块，仅在 A 处稍加挖砂即可。

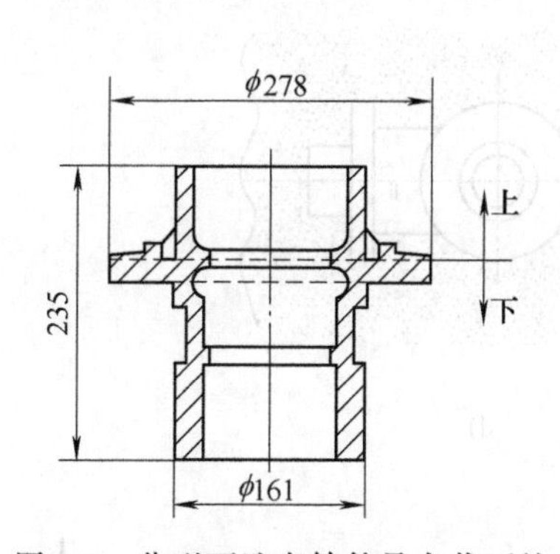


图 4-9　分型面选在铸件最大截面处

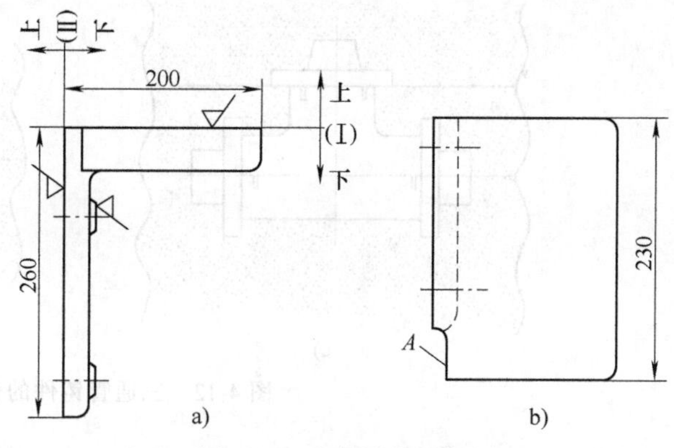


图 4-10　支架的分型方案
a) 主视图　b) 俯视图

3) 分型面应尽量平直。图 4-11 所示为起重臂分型面的选择。按图 4-11a 所示方案分型，必须采用挖砂或假箱造型。而采用图 4-11b 方案分型，则可采用分模造型，使造型工艺简化。

4) 尽量减少分型面，特别是机器造型时，只能有一个分型面。图 4-12 所示的三通管铸

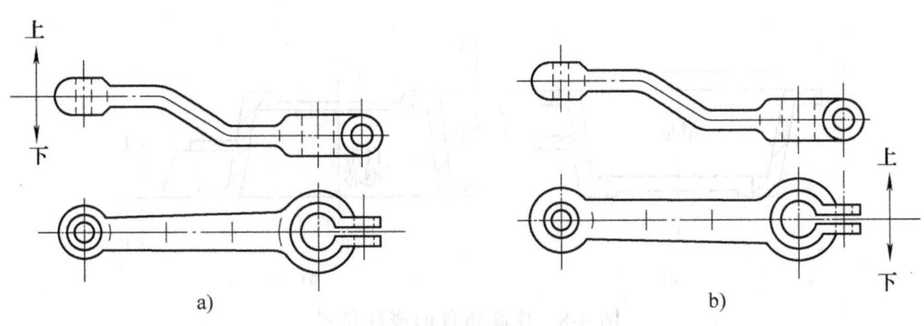


图 4-11　起重臂分型面的选择

a）不合理　b）合理

件，其内腔必须采用一个 T 字形型芯来形成，但不同的分型方案，其分型面数量不同。当中心线 *ab* 呈垂直时，铸型必须有三个分型面才能取出模型，即用四箱造型，如图 4-12b 所示。当中心线 *cd* 呈垂直时，铸型有两个分型面，必须采用三箱造型，如图 4-12c 所示。当中心线 *ab* 与 *cd* 都呈水平位置时，因铸型只有一个分型面，采用两箱造型，如图 4-12d 所示。

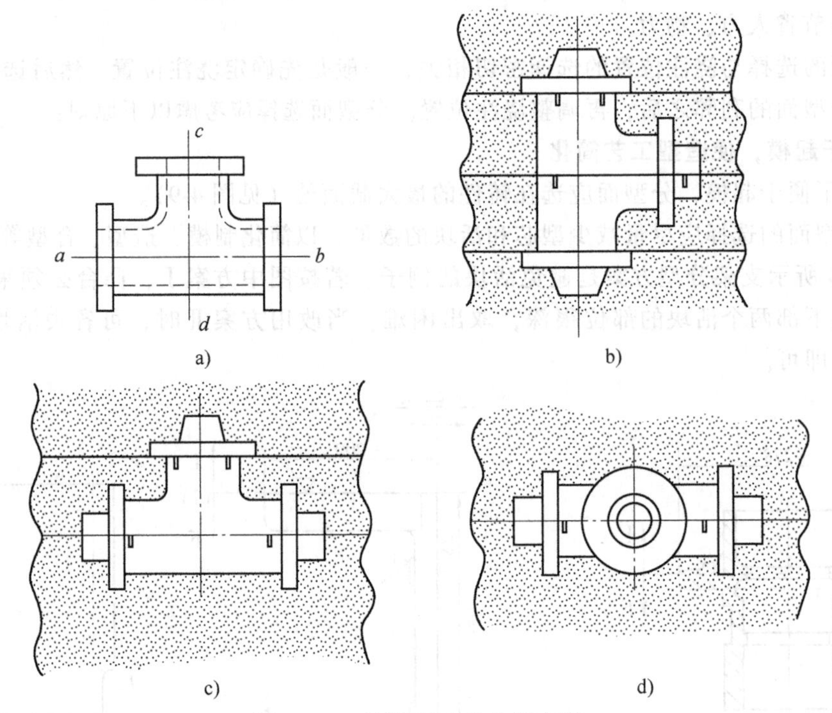


图 4-12　三通管铸件的分型方案

当铸件不得不采用两个或两个以上的分型面时，可以利用外芯等措施减少分型面，如图 4-13 所示。

**2. 尽量将铸件重要加工面或大部分加工面、加工基准面放在同一个砂箱中**

铸件放在同一个砂箱中，可以避免产生错箱和毛刺，保证铸件精度和减少清理工作

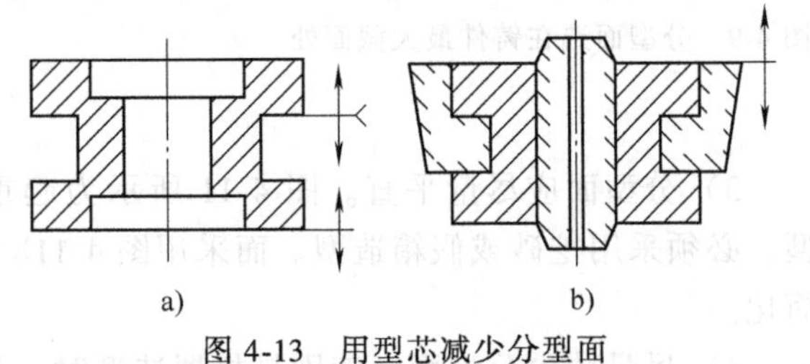


图 4-13　用型芯减少分型面

a）两个分型面、三箱造型　b）一个分型面、两箱造型

量。图 4-14 所示为床身铸件，其顶部平面为加工基准面。如图 4-14a 所示，分型面在铸件一侧，保证了铸件在一个砂箱中，保证了加工面、加工基准面在一个砂箱，且都在下砂箱。两箱整模造型，一个型芯，适合大批量生产，并保证了铸件质量。同样的铸件，若采用图 4-14b 所示分型方案，分型面将铸件分为两部分，容易错箱。所以选择图 4-14a 所示方案更合理。

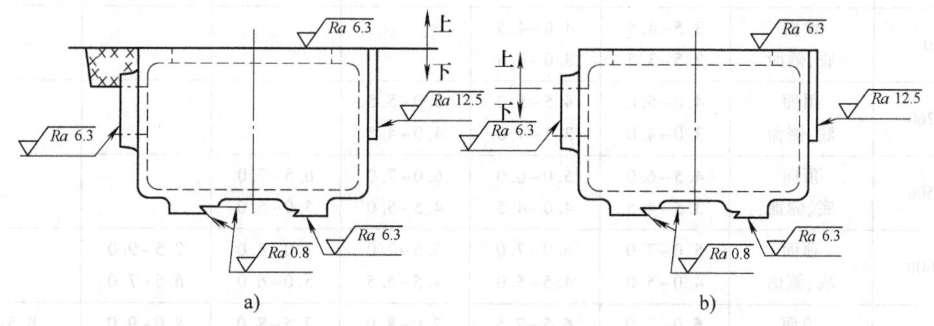


图 4-14　铸件分型面

**3. 应使型腔和主要型芯位于下箱，便于下芯、合型和安放稳固**

图 4-15 所示为工作台铸件。如图 4-15a 所示，分型面选在最上端较合理，铸件和型芯都在下砂箱，便于下芯，安放稳定，而且不需要上型芯头。如图 4-15b 所示，分型面选在中间部位，不仅将铸件分开放置在两个砂箱，无法保证铸件质量，而且型芯无法固定，安放不稳定。

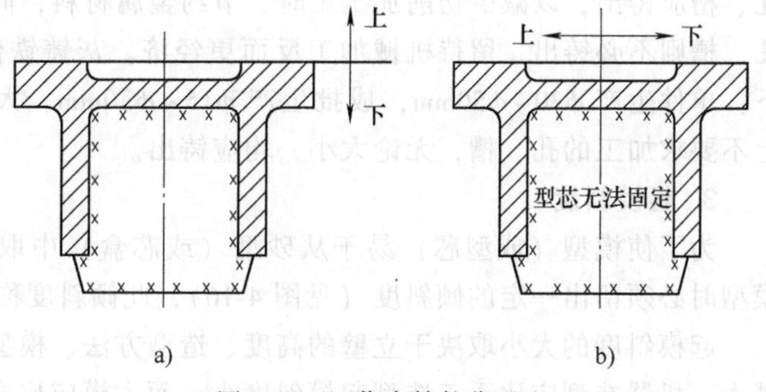


图 4-15　工作台铸件分型面

a) 正确　b) 不正确

## 4.1.4　其他工艺参数的选择

铸造工艺参数是与铸造工艺过程有关的某些工艺参数，包括铸件的机械加工余量、起模斜度、收缩率、型芯头尺寸等。这些工艺参数应根据零件的形状、尺寸和技术要求，结合铸件材料和铸造方法等决定。因铸造工艺参数直接影响模样、芯盒的尺寸和结构，选择不当会影响铸件的精度、生产率和成本。

**1. 机械加工余量**

在铸件上，为了切削加工而加大的尺寸称为机械加工余量。加工余量过大，切削加工费工时，且浪费金属材料；加工余量过小，零件会因残留黑皮而报废，或者因铸件表层过硬而加速刀具磨损。所以加工余量要合适。

机械加工余量的具体数值取决于铸件生产批量、合金种类、铸件大小、加工面与基准面的距离及加工面在浇注时的位置等。大量生产时，因采用机器造型，铸件精度高，故加工余量可减小；反之，手工造型误差大，加工余量应加大。铸钢件因表面粗糙，加工余量应加大；有色合金铸件价格昂贵，且表面质量好，所以加工余量应比铸铁小。铸件的尺寸越大或加工面与基准面的距离越大，铸件的尺寸误差也越大，故加工余量也应随之加大。此外，浇注时朝上的表面因产生缺陷的概率较大，其加工余量应比底面和侧面大。表4-1列出灰铸铁件的机械加工余量。

**表4-1 灰铸铁件的机械加工余量** (mm)

| 铸件最大尺寸 | 浇注时位置 | 加工面与基准面的距离 | | | | | |
|---|---|---|---|---|---|---|---|
| | | <50 | 50~120 | 120~260 | 260~500 | 500~800 | 800~1250 |
| <120 | 顶面 | 3.5~4.5 | 4.0~4.5 | | | | |
| | 底、侧面 | 2.5~3.5 | 3.0~3.5 | | | | |
| 120~260 | 顶面 | 4.0~5.0 | 4.5~5.0 | 5.0~5.5 | | | |
| | 底、侧面 | 3.0~4.0 | 3.5~4.0 | 4.0~4.5 | | | |
| 260~500 | 顶面 | 4.5~6.0 | 5.0~6.0 | 6.0~7.0 | 6.5~7.0 | | |
| | 底、侧面 | 3.5~4.5 | 4.0~4.5 | 4.5~5.0 | 5.0~6.0 | | |
| 500~800 | 顶面 | 5.0~7.0 | 6.0~7.0 | 6.5~7.0 | 7.0~8.0 | 7.5~9.0 | |
| | 底、侧面 | 4.0~5.0 | 4.5~5.0 | 4.5~5.5 | 5.0~6.0 | 6.5~7.0 | |
| 800~1250 | 顶面 | 6.0~7.0 | 6.5~7.5 | 7.0~8.0 | 7.5~8.0 | 8.0~9.0 | 8.5~10 |
| | 底、侧面 | 4.0~5.5 | 5.0~5.5 | 5.0~6.0 | 5.5~6.0 | 5.5~7.0 | 6.5~7.5 |

注：加工余量数值中，下限用于大批量生产，上限用于单件小批量生产。

**2. 最小铸出孔与槽**

铸件的孔和槽是否铸出，应根据铸造工艺性和使用的必要性来决定。一般来说，较大的孔、槽应铸出，以减少切削加工工时、节约金属材料，同时也可减小铸件上的热节；较小的孔、槽则不必铸出，留待机械加工反而更经济。灰铸铁件的最小铸孔（毛坯孔径）推荐如下：单件生产 $\phi30 \sim \phi50$mm，成批生产 $\phi15 \sim \phi30$mm，大量生产 $\phi12 \sim \phi15$mm。对于零件图上不要求加工的孔、槽，无论大小，均应铸出。

**3. 起模斜度**

为了使模型（或型芯）易于从砂型（或芯盒）中取出，凡垂直于分型面的立壁，制造模型时必须留出一定的倾斜度（见图4-16)，此倾斜度称为起模斜度或铸造斜度。

起模斜度的大小取决于立壁的高度、造型方法、模型材料等因素。立壁越高，起模斜度越大；机器造型应比手工造型起模斜度小；而木模应比金属型起模斜度大。

为使型砂便于从模型内腔中脱出，以形成自带型芯，铸孔内壁的起模斜度应比外壁大，通常外壁为 $0.25° \sim 3°$，内壁为 $3° \sim 10°$。

在铸造工艺图中，加工表面上的起模斜度应结合加工余量直接标出，而不加工表面上的起模斜度仅需用文字注明即可。

**4. 线收缩率**

由于合金的线收缩，铸件冷却后的尺寸将比型腔尺寸略为缩小，以保证铸件的应有尺寸。模型尺寸必须比铸件放大一个该合金的收缩量。

收缩余量的大小与铸件尺寸大小、结构的复杂程度和铸造合金的线收缩率有关，常以铸件线收缩率 $\varepsilon$ 表示，即：

$$\varepsilon = \frac{L_{模} - L_{铸件}}{L_{模}} \times 100\%$$

式中，$L_{模}$、$L_{铸件}$ 分别表示同一尺寸在模样与铸件上的长度。

在铸件冷却过程中，其线收缩不仅受铸型和型芯的机械阻碍，同时，还存在铸件各部分之间的相互制约。因此，铸件的线收缩率除因合金种类差异外，还随铸件的形状、尺寸而定。通常，灰铸铁为 0.7%～1.0%（质量分数，余同），铸造碳钢为 1.3%～2.0%，铝硅合金为 0.8%～1.2%，锡青铜为 1.2%～1.4%。

**5. 型芯头**

型芯头是根据铸型装配工艺的要求，在型芯两端多出的锥体部分，它的形状和尺寸影响型芯的装配工艺性和稳定性。型芯头可分为垂直芯头和水平芯头两大类。

垂直型芯如图 4-17a 所示，一般由上、下芯头组成，但短而粗的型芯也可省去上芯头。垂直芯头的高度主要取决于型芯头直径。芯头必须留有一定的斜度 $\alpha$。下芯头的斜度为 5°～10°，高度应大些，以便增强型芯在铸型中的稳定性；上芯头的斜度为 6°～15°，高度应小些，以便于合型。

水平芯头如图 4-17b 所示，水平芯头的长度取决于型芯头直径及型芯的长度。为便于下芯及合型，铸型上型芯座的端部也应留出一定斜度 $\alpha$。悬壁型芯头必须长而大，以平衡支持型芯，防止合型时型芯下垂或被金属液抬起。

型芯头与铸型型芯座之间应留有 1～4mm 的间隙 $S$，以便于铸型的装配。

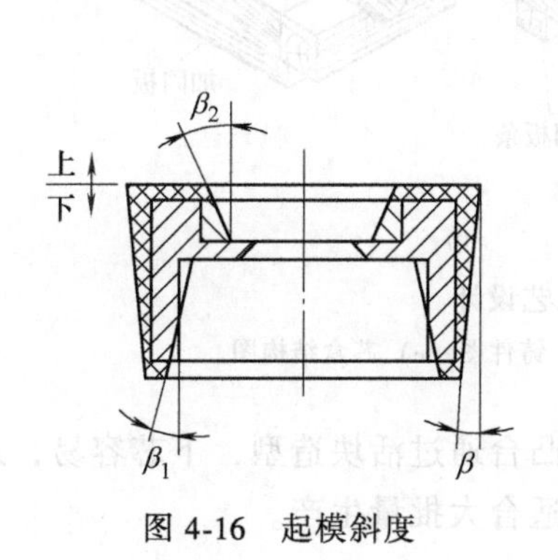


图 4-16　起模斜度

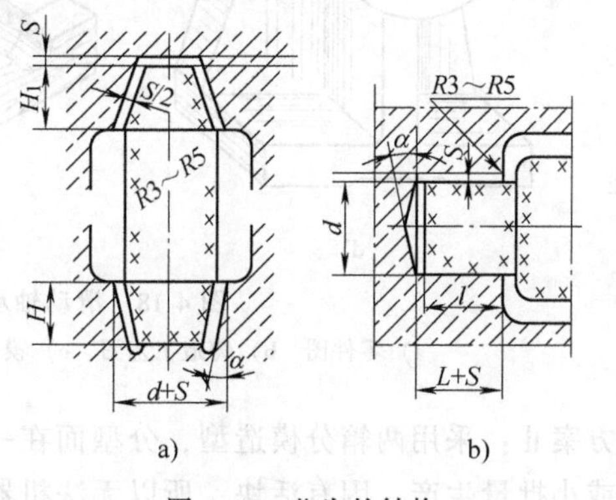


图 4-17　芯头的结构

a）垂直芯头　b）水平芯头

## 4.2 铸造工艺方案及工艺图

铸造工艺图是表示铸造工艺内容的图样，是指导铸造操作人员制作铸型的依据。

**1. 滑动轴承座铸造工艺设计**

材料：HT200。

生产批量：单件、小批或大批量生产。

工艺分析：滑动轴承支座（图 4-18）的主要作用是支撑滑动轴承，内孔与轴承接触要求加工精度；轴承座底平面也有一定的加工及装配要求；底板上有几个小螺丝孔，该孔直径小，可不铸出，留待以后钻削加工。

方案Ⅰ：采用两箱整模造型，分型面在底板下端，铸件在下砂箱，最上端的凸台不允许活块造型，适合单件、小批量或大批量生产。该方案的不足是无法下型芯，所以很难造型。

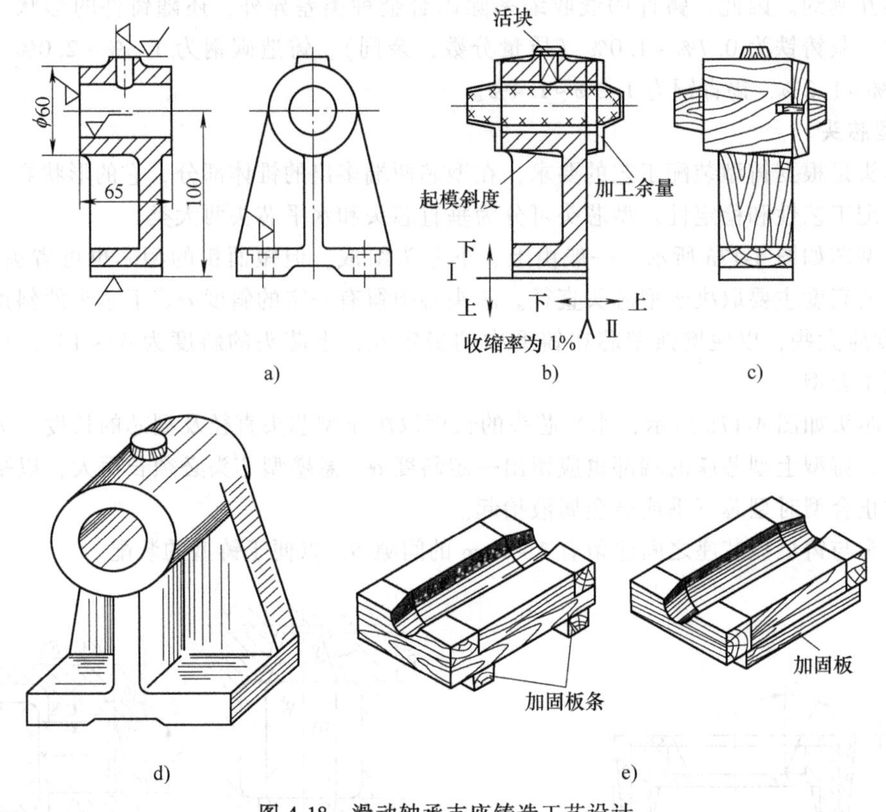


图 4-18　滑动轴承支座铸造工艺设计
a）零件图　b）铸造工艺图　c）模样结构图　d）铸件图　e）芯盒结构图

方案Ⅱ：采用两箱分模造型，分型面在一侧，顶部凸台通过活块造型，下芯容易，适合单件或小批量生产。因有活块，所以无法机器造型，不适合大批量生产。

**2. 轴架**

材料：HT200。

生产批量：小批量生产。

工艺分析：如图 4-19a 所示，一轴架零件的两端面及 $\phi$60mm、$\phi$70mm 内孔需进行机械加工，而且 $\phi$60mm 孔表面加工要求较高；$\phi$80mm 孔无需加工，必须用砂芯铸出。承受轻载荷，可用湿砂型，手工分模造型。可供选择的主要铸造工艺方案有以下两种。

方案Ⅰ：采用分模造型，水平浇注，如图 4-19b 所示。铸件轴线为水平位置，过中心轴线的纵剖面为分型面，使分型面与分模面一致，有利于下芯、起模以及砂芯的固定、排气和检验等。两端的加工面处于侧壁，加工余量均取 4mm，起模斜度取 1°，铸造圆角 $R3\sim R5$mm，内孔采用整体型芯。横浇道开在上型分型面上，内浇道开在下型分型面上，熔融金属从两端法兰的外圆中间注入。该方案由于将两端加工面置于侧壁位置，质量较易得到保证；内孔表面虽有一侧位于上面，但对铸造质量影响不大。此方案浇注时熔融金属充型平稳；但由于分模造型，易产生错型缺陷，铸件外形精度较差。

方案Ⅱ：采用三箱造型，垂直浇注，如图 4-19c 所示。铸件两端面均为分型面，上凸缘的水平面为分模面。上端面加工余量取 5mm，下端面取 4mm。采用垂直式整体型芯。在铸件上端面的分型面开一内浇道，切向导入，不设横浇道。该方案的优点是整个铸件位于中箱，外形精度较高。但是，上端面质量不易保证；没有横浇道，熔融金属对铸型冲击较大。由于采用三箱造型，多用一个砂箱，型砂耗用量和造型工时增加；上端面加工余量加大，金属耗费和切削工时增加，费用明显高于方案Ⅰ。相比之下，方案Ⅰ更为合理。

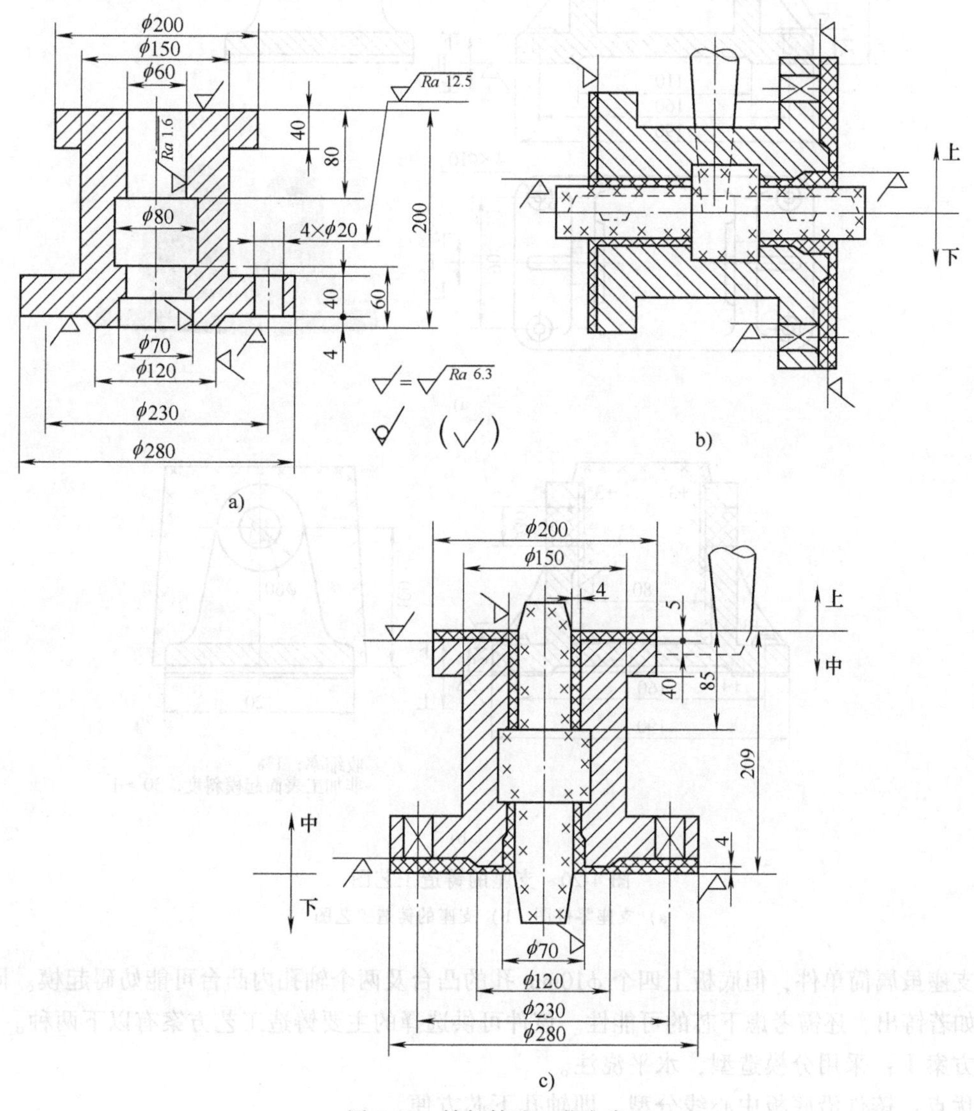


图 4-19 轴架铸造工艺方案

a）轴架零件图 b）轴架铸造工艺方案Ⅰ c）轴架铸造工艺方案Ⅱ

### 3. 支座

材料：HT150。

生产批量：单件、小批或大批量生产。

工艺分析：图 4-20a 所示为一普通支座支承件，没有特殊质量要求的表面，同时，它的材料为铸造性能优良的灰铸件（HT150），无需考虑补缩。因此，在制订铸造工艺方案时，不必考虑浇注位置要求，主要着眼于工艺上的简化。

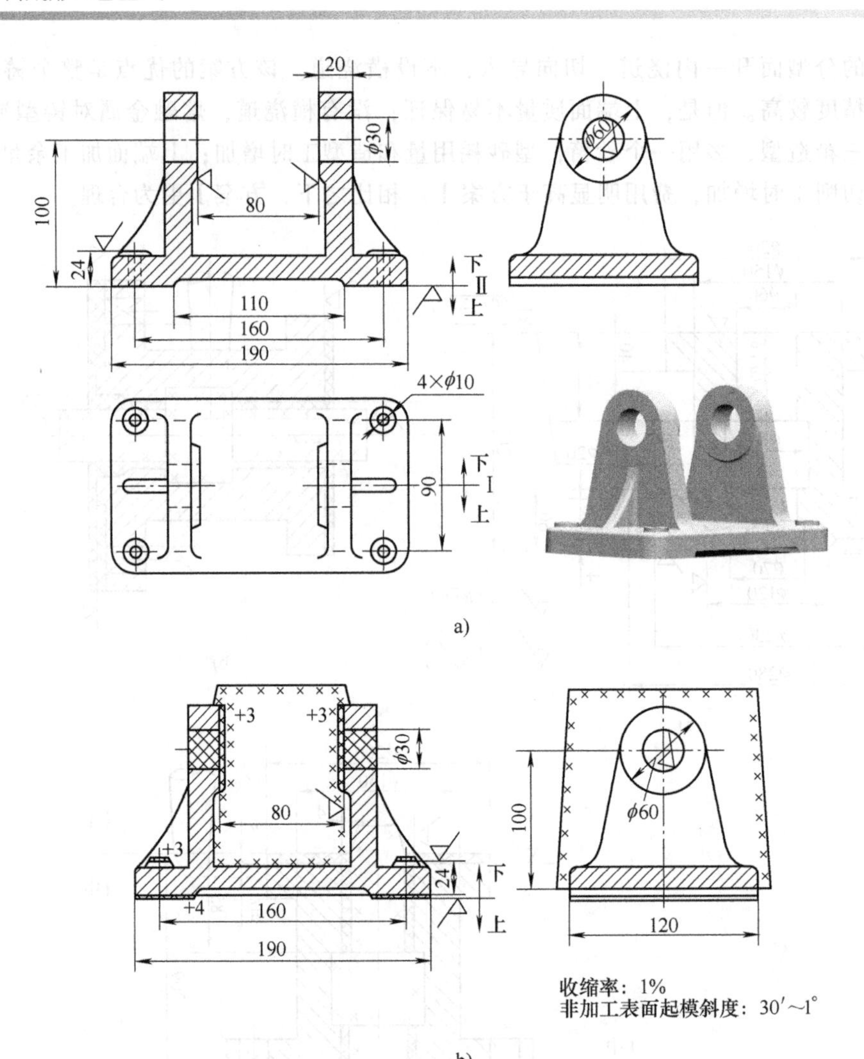


图 4-20　支座的铸造工艺图

a）支座零件图　b）支座的铸造工艺图

支座虽属简单件，但底板上四个 φ10mm 孔的凸台及两个轴孔内凸台可能妨碍起模。同时，轴孔如若铸出，还需考虑下芯的可能性。该件可供选择的主要铸造工艺方案有以下两种。

方案Ⅰ：采用分模造型，水平浇注。

优点：铸件沿底板中心线分型，即轴孔下芯方便。

缺点：底板上四个凸台必须采用活块。同时，铸件的上、下箱各半，容易产生错箱缺陷，飞边的清理工作量较大。

方案Ⅱ：采用整模造型，顶部浇注。

优点：铸件沿底面分型，铸件全部在下箱，不会产生错箱缺陷，铸件清理简便。

缺点：轴孔内凸台妨碍起模，必须采用活块或下芯来克服；当采用活块时，φ30mm 轴孔难以下芯。

相比之下，上述两个方案在单件、小批生产时，由于轴孔直径较小，无需铸出，因此，采用方案Ⅱ已不存在下芯难的缺点。所以采用方案Ⅱ进行活块造型较为经济合理。在大批量生产中，由于机器造型难以进行活块造型，所以宜采用型芯克服起模的困难。其中方案Ⅱ下芯简便，型芯数量少，若轴孔需要铸出，采用一个组合型芯便可完成。

综上所述，方案Ⅱ适于各种批量生产，是合理的工艺方案。支座铸造工艺简图如图 4-20b 所示，轴孔不铸出。它是采用型芯使铸件形成内凸台，而型芯的宽度大于底板是为使上箱压住该型芯，以防浇注时上浮。

## 4.3 铸件结构设计

设计铸件结构时，不仅要保证其力学性能和工作要求，还必须考虑铸造工艺和铸造性能对铸件结构的要求。合理的铸件结构不仅能保证铸件质量、满足使用要求，还应该工艺简单、生产率高、成本低。另外，铸造方法不同对其结构要求也有所不同。大批量生产时，应使铸件结构便于采用机器造型；单件、小批量生产时，则应考虑所设计铸件结构的生产效率问题。需采用熔模铸造、金属型铸造或压力铸造等特种铸造方法时，还必须考虑特殊方法对铸件结构的特殊要求。所以要设计合理的铸件结构，必须了解影响铸件结构的因素。

### 4.3.1 铸造工艺对铸件结构的要求

#### 1. 铸件外形应便于取出模型

铸件外形在能满足使用要求的前提下，应从简化铸造工艺的要求出发，使其便于制造模样、造型、造芯、起模、合型、浇注和清理等工序，尽量避免操作费时的三箱造型、挖砂造型、活块造型及不必要的外部型芯。

(1) 铸件外部尽量避免侧凹　在起模方向铸件若侧凹，必将增加分型面的数量，这不仅使造型费工，而且增加了错箱的可能性，使铸件的尺寸误差增大。如图 4-21a 所示的端盖，由于存有法兰凸缘，铸件产生了侧凹，使铸件具有两个分型面，所以常需采用三箱造型；或者，增加环状外型芯，使造型工艺复杂。图 4-21b 所示为改进设计后，取消了上部法兰凸缘，使铸件仅有一个分型面，因而便于造型。还有一些为了起吊方便而设计出来的凸台或吊钩等，设计不当也会增加铸造工艺的烦琐性。

(2) 铸件分型面尽量平直　平直的分型面可避免操作费时的挖砂或假箱造型，同时，铸件的毛边少、便于清理，因此，应尽量避免弯曲的分型面。如图 4-22a 所示的托架，原设计时忽略了分型面尽量平直的要求，在分型面上增加了外圆角，结果只好采用挖砂（或假箱）造型；图 4-22b 所示为改进后的结构，便可采用简易的整模造型。

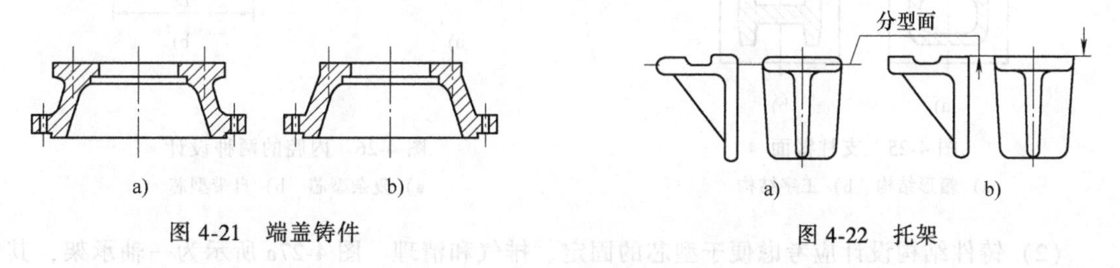


图 4-21　端盖铸件

图 4-22　托架

(3) 合理设计铸件的凸台和筋条　凸台和筋条是铸件结构的一大特点，但要设计合理，应考虑便于造型。如图 4-23a、b 所示凸台均妨碍起模，需采用活块或增加型芯来造型。改成图 4-23c、d 的结构后，避免了活块和砂芯，起模方便，简化了造型工艺。

如图 4-24a 所示，四条筋的设计位置妨碍了填砂、舂砂和起模。改成图 4-24b 所示方案后，克服了上述困难，简化了铸造工艺。

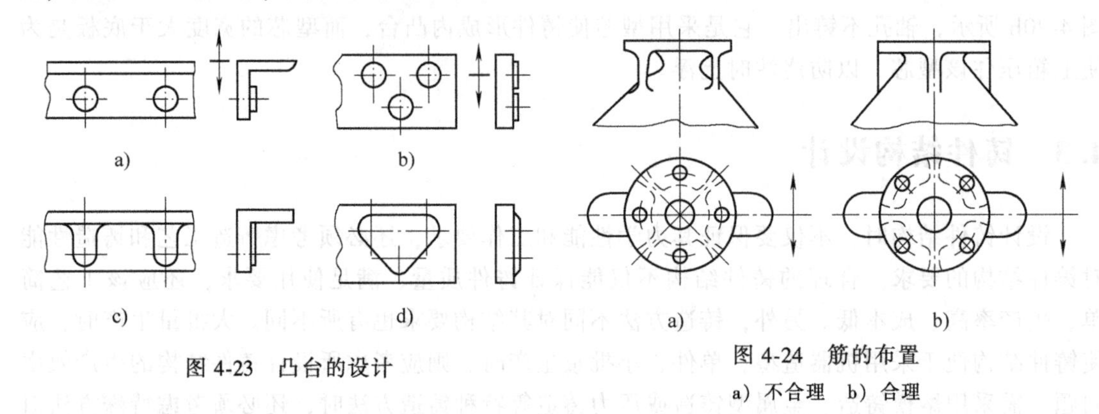


图 4-23 凸台的设计

图 4-24 筋的布置

a）不合理 b）合理

**2. 铸件内腔结构设计**

铸件内腔多用型芯来完成，但是过于复杂的型芯制造困难，且在合型和浇注过程中容易损坏。所以良好的内腔设计，既要减少型芯的数量，又要有利于型芯的固定、排气和清理，防止偏芯、气孔等铸件缺陷的产生。

（1）铸件结构的设计应尽量减少型芯数量 在铸件设计中，尤其是设计批量很小的产品时，应考虑尽量避免或减少型芯数量。图 4-25a 所示为一支柱，采用中空结构，必须用型芯来形成，这种型芯需用芯撑加固，下芯费工。当改为图 4-25b 所示的工字结构后，省去了型芯，降低了成本，而且不影响其使用性能和技术要求。图 4-26a 所示的内腔设计因出口处直径小，需采用型芯造空腔；而图 4-26b 所示的结构，因内腔直径 $D$ 大于其高度 $h$，可直接用自带型芯（又称砂垛，上箱的砂垛称为吊砂）的方法造空腔，减少了制造型烦的烦琐工艺。

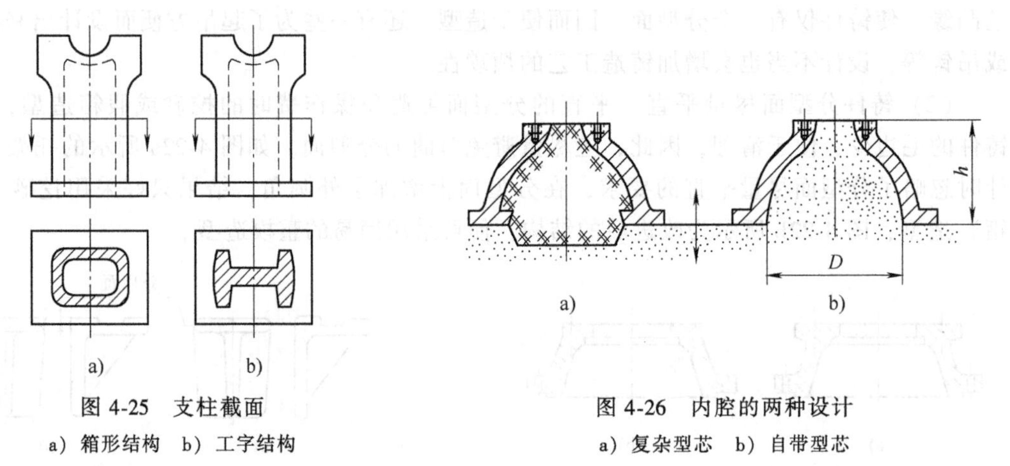


图 4-25 支柱截面

a）箱形结构 b）工字结构

图 4-26 内腔的两种设计

a）复杂型芯 b）自带型芯

（2）铸件结构设计应考虑便于型芯的固定、排气和清理 图 4-27a 所示为一轴承架，其内腔需采用两个型芯，其中较大的一个型芯呈悬臂状，无法固定，需要型芯撑来加固。若改成图 4-27b 所示的整体型芯结构，既不影响使用性能，又减少了一个型芯的数量，而且下芯简便、易于排气，型芯的稳定性得以提高。

对于因型芯头不足而难以固定型芯的铸件，在不影响使用功能的前提下，为增加型芯头的数量，可设计出适当大小和数量的工艺孔。如图 4-28a 所示铸件，如果水平浇注，则型芯悬空无法固定。改为图 4-28b 所示的结构，在铸件底面增设了两个工艺孔，这样不仅可以固定型芯，也便于排气和清理。如果零件上不允许有此孔，以后则可用螺钉或柱塞堵住。

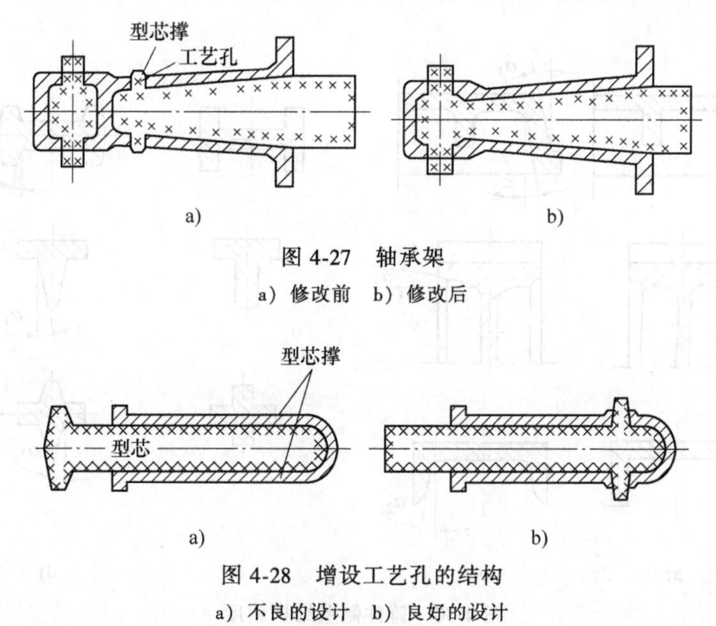


图 4-27 轴承架

a）修改前 b）修改后

图 4-28 增设工艺孔的结构

a）不良的设计 b）良好的设计

### 3. 铸件要有结构斜度

垂直于分型面的不加工表面最好设计出结构斜度，这样起模省力，铸件精度高，还便于自带型芯。

铸件的结构斜度与起模斜度不可混淆。结构斜度直接在零件图上示出，且斜度值较大；起模斜度是在绘制铸造工艺或模型图时使用，铸造后一般通过机加工去掉起模斜度。对零件图上要求加工精度，没有结构斜度的立壁应给予一定的加工余量和很小的起模斜度（0.5°~3.0°）。

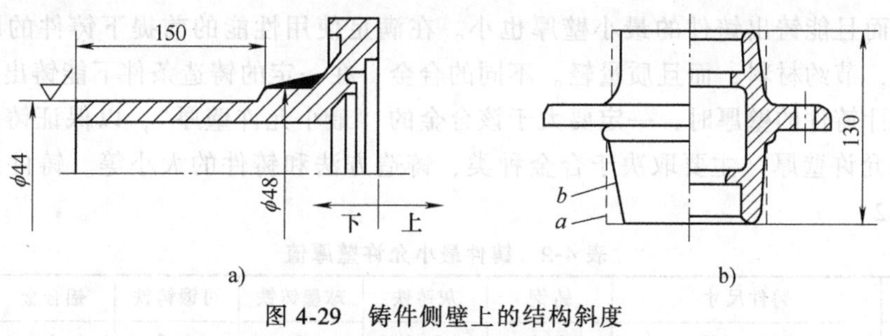


图 4-29 铸件侧壁上的结构斜度

a）汽油机轴承盖 b）拖拉机轮壳

图 4-29a 所示为汽油机轴承盖铸件，确定分型面和浇注位置后，垂直于分型面的立壁，$\phi$44mm 外圆要求加工精度，所以铸造工艺中需要留有加工余量和起模斜度。而 $\phi$48mm 外圆不需要加工精度，所以设计铸件结构时要设计出结构斜度。图 4-29b 所示为拖拉机轮壳，分

型面在中间最大截面处，垂直于分型面的立壁为非加工表面，所以需要设计结构斜度，即将虚线 $a$ 表示的原铸件斜度改为实线 $b$ 表示的有结构斜度的铸件。

图 4-30a、c 所示铸件无结构斜度，不合理；而图 4-30b、d 则为合理结构。结构斜度的大小取决于模样材料、造型方法和金属性能。一般木模为 1°～3°；金属模手工造型为 1°～2°，机器造型为 0.5°～1.0°。内侧结构斜度应比外侧大，并随铸件高度增加而结构斜度减小。

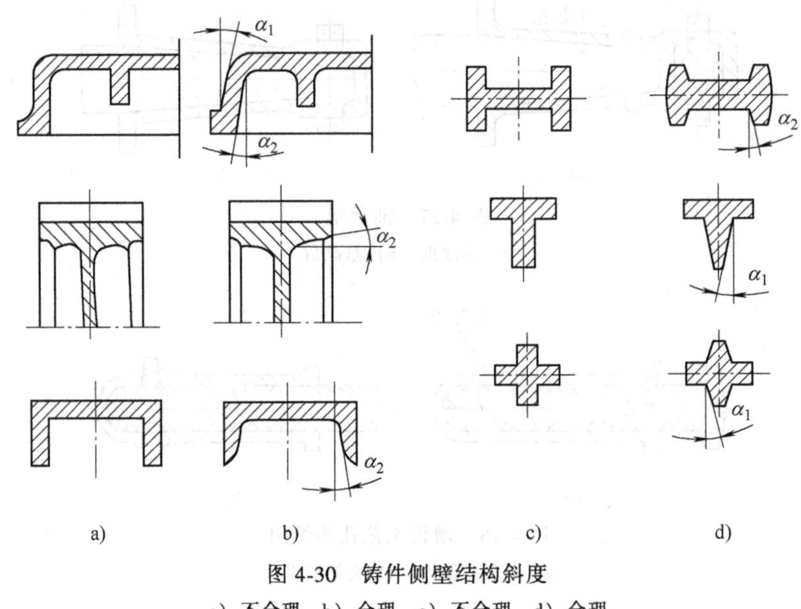


图 4-30　铸件侧壁结构斜度

a）不合理　b）合理　c）不合理　d）合理

## 4.3.2　铸造性能对铸件结构的要求

铸件结构如果不能满足合金铸造性能的要求，容易产生浇不足、冷隔、缩孔、缩松、气孔、裂纹和变形等缺陷，因此必须合理设计铸件壁厚和连接结构等。

### 1. 铸件壁的设计

（1）铸件壁厚应合理　流动性好的合金，充型能力强，铸造时就不易产生浇不足、冷隔等缺陷，而且能铸出铸件的最小壁厚也小。在满足使用性能的前提下铸件的厚度越小越好，厚度小，节约材料，而且质量轻。不同的合金，在一定的铸造条件下能铸出的最小壁厚也不同。设计铸件的壁厚时，一定要大于该合金的“最小允许壁厚”，以保证铸件质量。铸件的“最小允许壁厚”主要取决于合金种类、铸造方法和铸件的大小等。铸件最小允许壁厚值见表 4-2。

表 4-2　铸件最小允许壁厚值　（mm）

| 铸型种类 | 铸件尺寸 | 铸钢 | 灰铸铁 | 球墨铸铁 | 可锻铸铁 | 铝合金 | 铜合金 |
|---|---|---|---|---|---|---|---|
| 砂　型 | <200×200 | 6～8 | 5～6 | 6 | 4～5 | 3 | 3～5 |
| | 200×200～500×500 | 10～12 | 6～10 | 12 | 5～8 | 4 | 6～8 |
| | >500×500 | 15～20 | 15～25 | — | — | 5～7 | — |
| 金属型 | <70×70 | 5 | 4 | — | 2.5～3.5 | 2～3 | 3 |
| | 70×70～150×150 | — | 5 | — | 3.5～4.5 | 4 | 4～5 |
| | >150×150 | 10 | 6 | — | — | 5 | 6～8 |

厚壁铸件晶粒粗大，组织疏松，易产生缩孔和缩松，力学性能下降。铸件承载能力并不是随截面积增大而成比例增加。为了提高铸件承载能力而不增加壁厚，则铸件的结构设计应选用合理的截面形状。常用铸件的截面形状如图 4-31 所示。

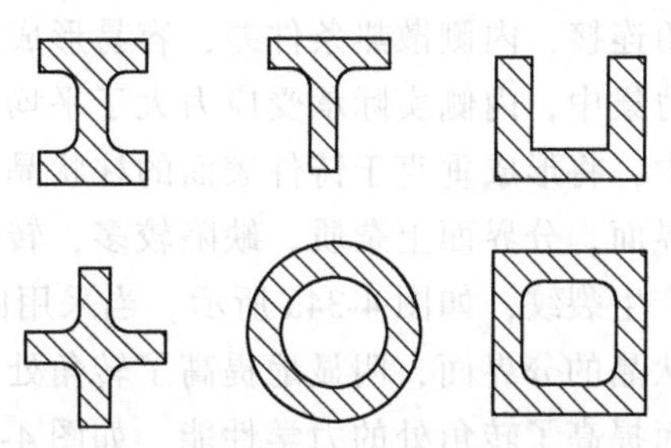
图 4-31　常用铸件的截面形状

此外，铸件内部的筋或壁，散热条件比外壁差，冷却速度慢。为防止内壁的晶粒变粗和产生内应力，一般内壁的厚度应小于外壁。铸铁件外壁、内壁和加强筋的最大临界壁厚值见表 4-3。

表 4-3　铸铁件外壁、内壁和加强筋的最大临界壁厚值

| 铸铁件 | | 最大临界壁厚/mm | | | 零件举例 |
|---|---|---|---|---|---|
| 质量/kg | 最大尺寸/mm | 外壁 | 内壁 | 加强筋 | |
| <5 | 300 | 7 | 6 | 5 | 盖，拨叉，轴套，端盖 |
| 6~10 | 500 | 8 | 7 | 5 | 挡板，支架，箱体，门，盖 |
| 11~60 | 750 | 10 | 8 | 6 | 箱体，电动机支架，溜板箱体，托架 |
| 61~100 | 1250 | 12 | 10 | 8 | 箱体，液压缸体，溜板箱体 |
| 101~500 | 1700 | 14 | 12 | 8 | 油盘，带轮，镗模架 |
| 501~800 | 2500 | 16 | 14 | 10 | 箱体，床身，盖，滑座 |
| 801~1200 | 3000 | 18 | 16 | 12 | 小立柱，床身，箱体，油盘，床鞍 |

（2）铸件壁厚应均匀　铸件各部分壁厚若相差过大，厚壁处会产生金属局部积聚形成热节，凝固收缩时在热节处易形成缩孔、缩松等缺陷，如图 4-32a 所示。此外，各部分冷却速度不同，易形成热应力，致使铸件薄壁与厚壁连接处产生裂纹。因此在设计铸件时，在满足使用性能及要求的前提下，尽可能使壁厚均匀，以防止上述缺陷产生，如图 4-32b 所示。

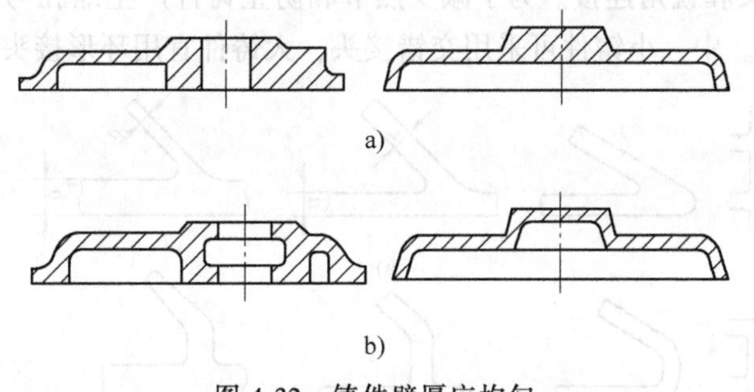

图 4-32　铸件壁厚应均匀

a）两种结构壁厚不均、设计不合理　b）两种结构壁厚均匀、设计合理

（3）按顺序凝固原则设计铸件结构　对于收缩大的合金材料，壁厚分布应符合顺序凝固原则，将厚大部位布置在容易加冒口的上部或外侧，便于合金的补缩，防止产生缩孔与缩松缺陷。

（4）铸件壁的连接　铸件壁的连接须考虑以下几方面：

1）结构圆角。铸件壁间的转角处一般应设计出结构圆角，避免直角连接。如果采用直

角连接，内侧散热条件差，容易形成缩孔和缩松。在载荷的作用下，直角处内侧往往产生应力集中，内侧实际承受应力大于平均应力（见图 4-33）。另一方面，在一些合金的结晶过程中，将形成垂直于铸件表面的柱状晶，因结晶的方向性，在转角的对角线上形成了整齐的分界面，分界面上杂质、缺陷较多，转角处成了铸件的薄弱环节，在集中应力作用下，很容易产生裂纹，如图 4-34a 所示。当采用圆角结构时，消除了转角的热节和应力集中，破坏了柱状晶的分界面，明显地提高了转角处的力学性能；同时防止了缩孔、裂纹等缺陷的产生，从而提高了转角处的力学性能，如图 4-34b 所示。

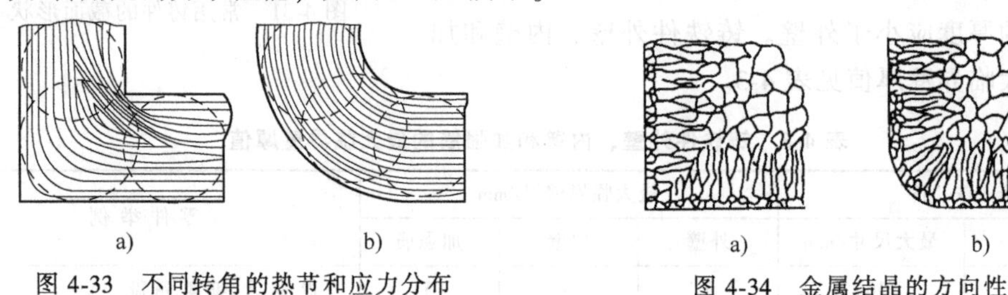


图 4-33　不同转角的热节和应力分布

图 4-34　金属结晶的方向性

此外，结构圆角还有利于造型，浇注时避免了熔融金属对铸型的冲刷，减少了砂眼和黏砂等缺陷。铸件的外圆角还可美化铸件外形，防止尖角对人体的划伤。

铸件内圆角的大小应与铸件的壁厚相适应，过大则会增加缩孔倾向，一般应使转角处的内接圆直径小于相邻壁厚的 1.5 倍。铸件内圆角半径 $R$ 值见表 4-4。

**表 4-4　铸件的内圆角半径 $R$ 值**　（mm）

| | $\frac{a+b}{2}$ | ≤8 | 8~12 | 12~16 | 16~20 | 20~27 | 27~35 | 35~45 | 45~60 |
|---|---|---|---|---|---|---|---|---|---|
| $R$ 值 | 铸铁 | 4 | 6 | 6 | 8 | 10 | 12 | 16 | 20 |
| | 铸钢 | 6 | 6 | 8 | 10 | 12 | 16 | 20 | 25 |

2）避免十字交叉和锐角连接。为了减少热节和防止铸件产生缩孔与缩松，铸件壁应避免交叉连接和锐角连接。中、小铸件可采用交错接头，大铸件宜用环形接头，如图 4-35 所示。

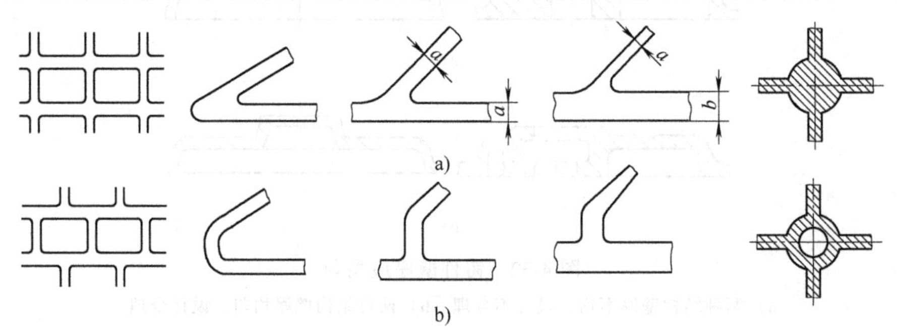


图 4-35　铸件接头结构

a）不合理　b）合理

3）厚壁与薄壁间连接要逐步过渡。为了减少铸件中的应力集中现象，防止裂纹产生，铸件的厚壁和薄壁连接时，应采取逐步过渡的方法，防止壁厚突变。几种不同铸件壁厚的过渡形式及尺寸见表 4-5。

表 4-5　几种不同铸件壁厚的过渡形式及尺寸　　(mm)

| 图例 | 尺寸 | | |
|---|---|---|---|
| 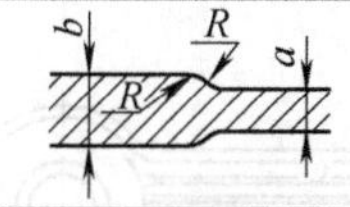 | $b\leqslant 2a$ | 铸铁 | $R\geqslant(1/6\sim1/3)a+b/2$ |
| | | 铸钢 | $R\approx a+b/4$ |
| 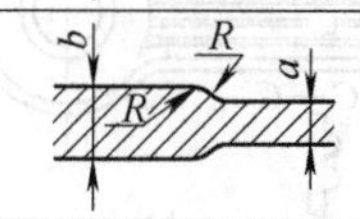 | $b>2a$ | 铸铁 | $L\geqslant 4(b-a)$ |
| | | 铸钢 | $L\geqslant 5(b-a)$ |
| 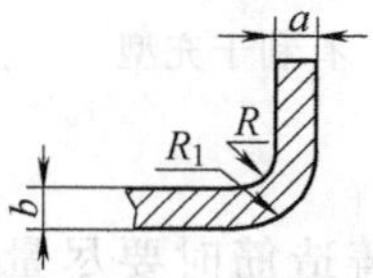 | $b\leqslant 2a$ | $R\geqslant(1/6\sim1/3)a+b/2;R_1\geqslant R+a+b/2$ | |
| 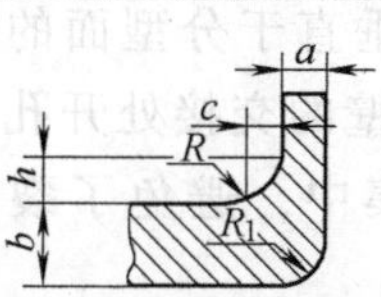 | $b>2a$ | $R\geqslant(1/6\sim1/3)a+b/2;R_1\geqslant R+a+b/2$<br>$c\approx 3\sqrt{b-a}$；对于铸铁，$h\geqslant 4c$；对于铸钢，$h\geqslant 5c$ | |

## 2. 铸件筋的设计

(1) 筋的作用

1) 增加铸件的刚度和强度，防止铸件变形。如图 4-36a 所示薄而大的平板，收缩时易发生翘曲变形，加上几条筋之后便可避免翘曲变形，如图 4-36b 所示。

2) 消除铸件厚大截面，防止铸件产生缩孔、裂纹等。图 4-37a 所示的铸件壁较厚，容易出现缩孔；铸件厚薄不均，易产生裂纹。采用加强筋后，可防止以上缺陷，如图 4-37b 所示。

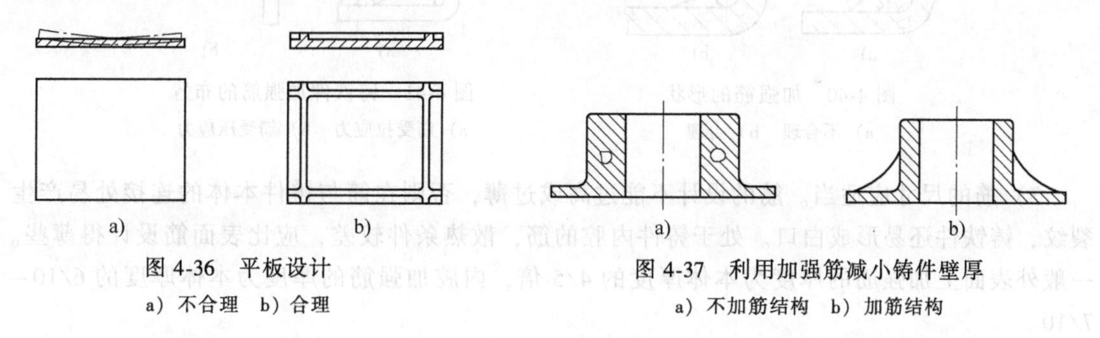

图 4-36　平板设计
a) 不合理　b) 合理

图 4-37　利用加强筋减小铸件壁厚
a) 不加筋结构　b) 加筋结构

3) 防止铸件产生裂纹。为了防止热裂，可在铸件易裂处设计防裂筋，如图 4-38 所示。防裂筋的方向与收缩应力方向一致，而且筋的厚度应为连接壁厚的 1/4~1/3。由于防裂筋很薄，在冷却过程中迅速凝固，冷却至弹性状态，具有防裂效果。防裂筋通常用于铸钢、铸铝等易发生热裂的合金。

4) 改善合金充型，防止夹砂缺陷。在具有大平面的铸件上设筋，可以改善合金充型和防止夹砂缺陷。图 4-39a 所示的壳体浇注时，平面 A 处铸型表面在熔融金属烘烤下，易“起皮”引起夹砂缺陷。若在该处增设一些矮筋，如图 4-39b 所示，铸型表面呈波浪形，浇注时不易“起皮”，防止了夹砂产生。这种筋也有利于合金充型。

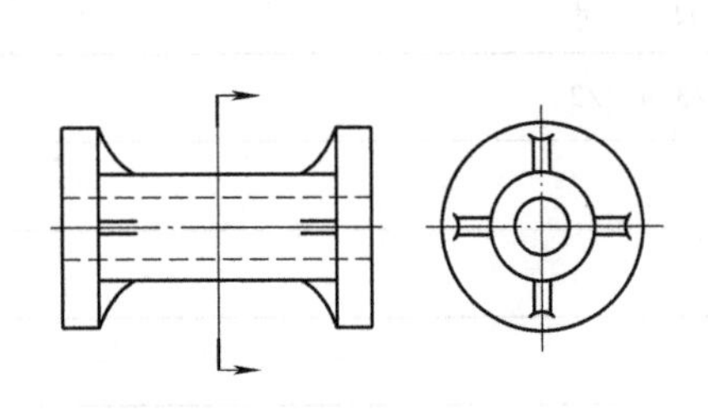

图 4-38　防裂筋的应用

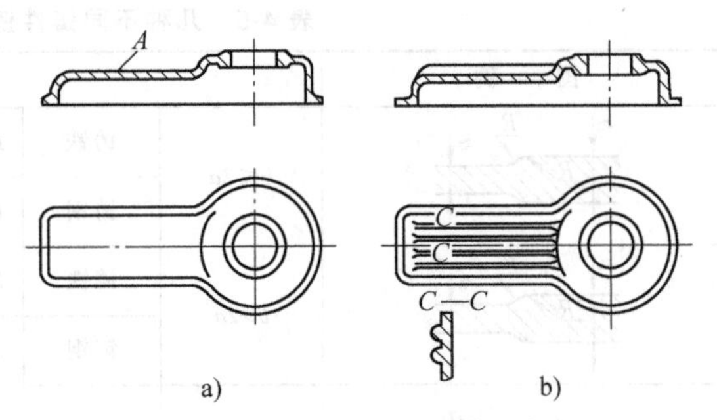


图 4-39　防止夹砂，有利于充型

（2）铸件筋的设计

1）筋的设计应尽量分散和减少热节。与设计铸件壁一样，设计铸造筋时要尽量分散和减少热节点，避免多条筋互相交叉，筋与壁的连接处要有圆角，垂直于分型面的筋应有斜度。受力加强筋设计成曲线形（见图 4-40），必要时还可在筋与壁的交接处开孔，减少热节，防止缩孔产生。筋的两端与壁的交接处由于消除了应力集中，避免了裂纹的产生。

2）设计铸铁件的加强筋时，使用时应使筋处于受压状态。铸铁的抗压强度比抗拉强度高得多，接近于铸钢。因此，在设计铸铁件的加强筋时应尽量使筋在工作时承受压应力（见图 4-41）。

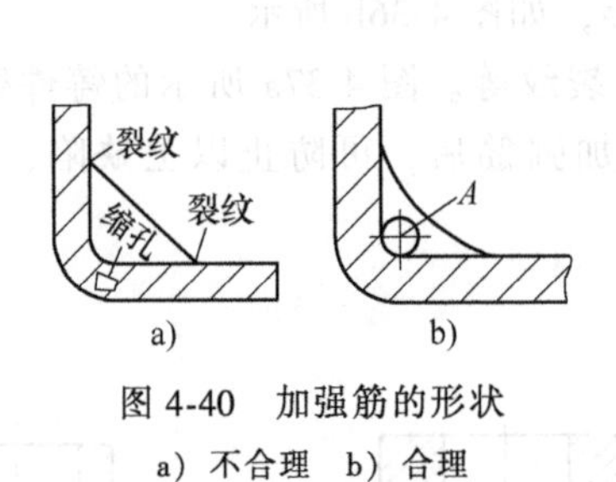


图 4-40　加强筋的形状

a）不合理　b）合理

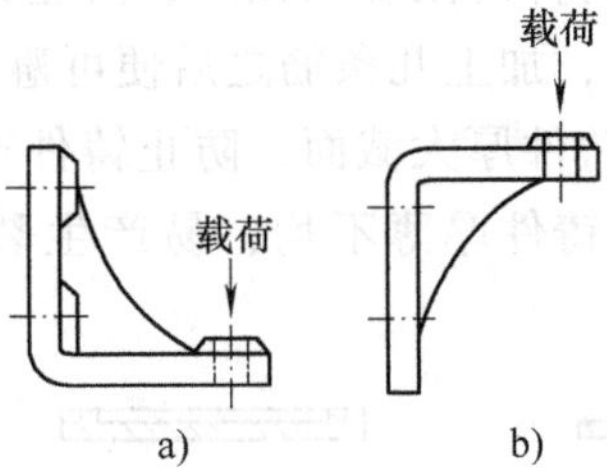

图 4-41　铸铁件加强筋的布置

a）筋受拉应力　b）筋受压应力

3）筋的尺寸应适当。筋的设计不能过高或过薄，否则在筋与铸件本体的连接处易产生裂纹，铸铁件还易形成白口。处于铸件内腔的筋，散热条件较差，应比表面筋设计得薄些。一般外表面上加强筋的厚度为本体厚度的 4/5 倍，内腔加强筋的厚度为本体厚度的 6/10~7/10。

（3）铸件结构应尽量减少铸件收缩受阻，防止变形和裂纹

1）尽量使铸件能自由收缩。铸件的结构应使其在凝固过程中尽量减小铸造应力。图 4-42 所示为轮辐的设计。图 4-42a 所示为偶数轮辐，由于收缩应力过大，易产生裂纹。改成图 4-42b 所示的弯曲轮辐或图 4-42c 所示的奇数轮辐后，利用弯曲轮辐或轮缘的微量变形，可明显减小铸造应力，避免产生裂纹。

2）采用对称结构，防止铸件变形。如图 4-43a 所示的 T 形铸钢梁，由于受较大热应力，产生了变形。改成工字截面后（见图 4-43b），虽然壁厚仍不均匀，但热应力相互抵消，变形大大减小。

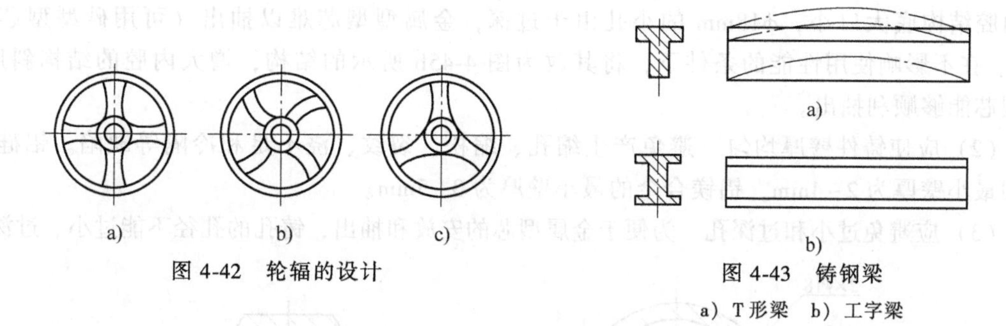


图 4-42　轮辐的设计

图 4-43　铸钢梁
a）T形梁　b）工字梁

(4) 铸件结构应尽量避免过大的水平壁　铸件出现较大水平壁时，熔融金属上升较慢，不利于合金的充型，易产生浇不到、冷隔缺陷；同时水平壁型腔的上表面长时间受灼热的熔融金属烘烤，极易产生夹砂缺陷；而且大的水平壁也不利于气体、非金属杂物的排出，使铸件产生气孔、渣气孔等。将水平壁改成倾斜壁，就可防止上述缺陷产生，如图 4-44 所示。

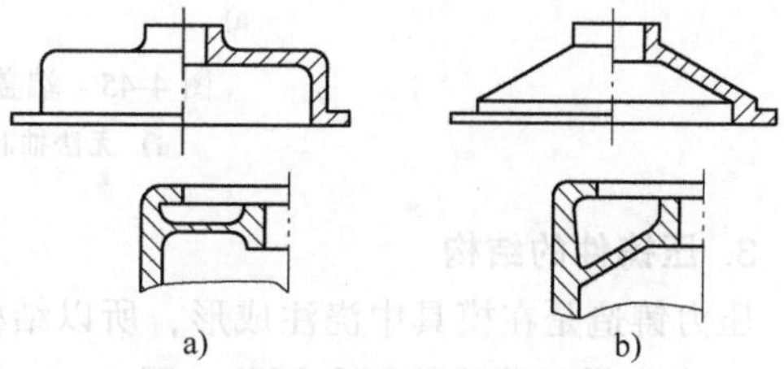

a)　b)

图 4-44　避免较大水平壁的铸件结构
a）不合理　b）合理

### 4.3.3 铸造方法对铸件结构的要求

铸造方法不同对铸件结构的要求也不同，尤其是特种铸造。特种铸造一般生产出来的铸件质量比较高，对铸件的结构要求也比较严格。所以要考虑不同铸造方法对铸件结构的特殊要求。

#### 1. 熔模铸件结构

熔模铸造的特点是形状复杂，表面粗糙度值小。一般通过熔模铸造成形的铸件，铸造后很少进行机加工，设计结构时要考虑如下几个因素：

(1) 应便于取出蜡模和型芯　蜡模是在压型中形成的，待石蜡固化后要把压型卸下，所以要考虑便于取出组成压型的蜡模和型芯。

(2) 应避免过小或过深孔槽　为便于蜡模表面浸渍和撒砂，通常孔径应大于 2mm，对于薄壁铸件，孔径应大于 0.5mm；若是通孔，孔深与孔径的比值应为 4~6；若是不通孔，孔深与孔径之比应不大于 2；槽宽应大于 2mm，槽宽应为槽深的 2~6 倍。

(3) 应避免壁厚有分散热节　设计壁厚时，应尽可能满足顺序凝固要求，避免有分散的热节，以便能用浇口直接进行补缩。

(4) 应避免大平面　为了防止变形尽量避免有过大的平面，若必须采用大平面时，可在大平面上开设工艺孔、工艺筋，以增加型壳的刚度。

(5) 应避免有过薄结构　为了防止浇不足和冷隔等缺陷，铸件的壁厚不易过薄，一般应为 2~8mm。

#### 2. 金属型铸件的结构

金属型造型，因为铸型多为金属，所以取模比较困难，对其结构要考虑如下因素：

(1) 应便于出型和抽芯　图 4-45 所示为金属型造型的铝合金端盖铸件，图 4-45a 所示的内腔结构底大口小，$\phi$18mm 的小孔由于过深，金属型型芯难以抽出（可用砂型型芯代替）。在不影响使用性能的条件下，将其改为图 4-45b 所示的结构，增大内腔的结构斜度，使型芯能够顺利抽出。

(2) 应使铸件壁厚均匀　避免产生缩孔、缩松、裂纹、浇不足和冷隔等缺陷。铝硅合金的最小壁厚为 2~4mm，铝镁合金的最小壁厚为 3~5mm。

(3) 应避免过小和过深孔　为便于金属型芯的安放和抽出，铸孔的孔径不能过小、过深。

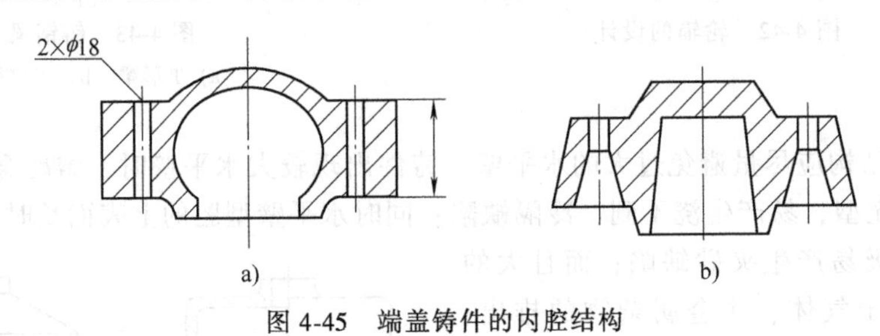


图 4-45　端盖铸件的内腔结构

a) 无法抽芯　b) 便于抽芯

**3. 压铸件的结构**

压力铸造是在模具中浇注成形，所以结构不能过于复杂，应考虑如下因素：

(1) 应尽量消除侧凹和深腔　图 4-46a 中侧凹部分向内，铸件无法取出，若将其改为图 4-46b 所示结构，则侧凹部分向外，先将右侧外型芯从压型右侧面抽出，然后可将铸件从压型内顺利取出。

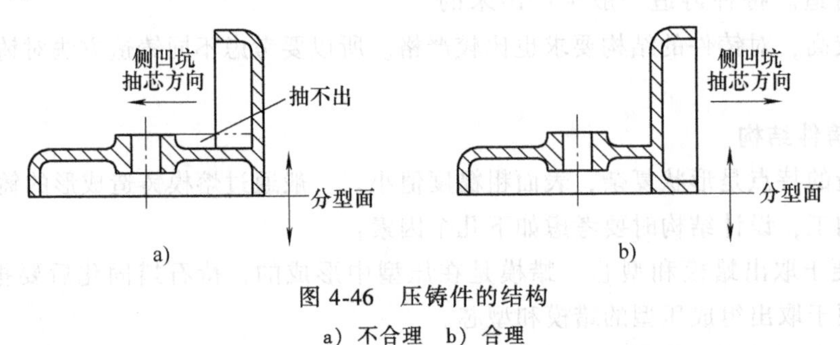


图 4-46　压铸件的结构

a) 不合理　b) 合理

(2) 应合理设计壁厚和加强筋　压铸件的表层组织虽然细密，但随着壁厚的增加，气孔、缩孔等缺陷也逐渐增多。所以，在保证铸件强度和刚度足够的前提下，应尽量减小壁厚，并保持壁厚均匀。

(3) 应合理设计镶嵌件　为使镶嵌件在铸件中联系可靠，可通过镶嵌件的合理设计，制成复杂件，改善压铸件局部性能和简化装配工艺。

对于一些大型复杂机架、床身及支架类铸件，可分别铸造成形，然后通过各种连接方式，如焊接、螺钉连接等方式组合铸件，简化铸造工艺，完成复杂件的成形过程。

## 复习思考题

1. 铸造工艺图与零件图有哪些不同？为什么？

2. 在设计外形和内腔时，应考虑哪些因素？

3. 试确定图 4-47 所示铸件在单件和大批量生产时的浇注位置及分型面。

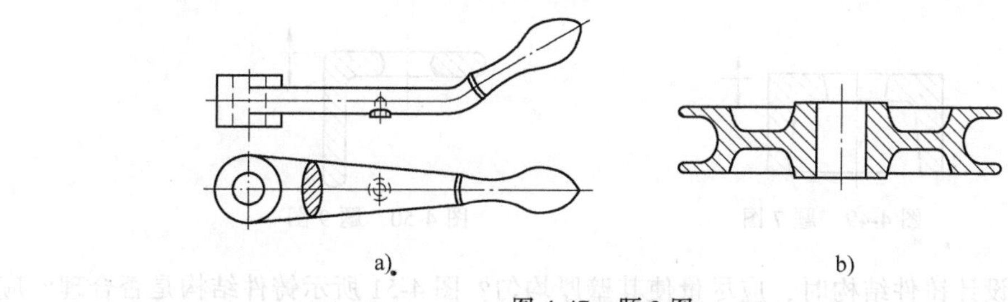


图 4-47　题 3 图

a）手柄　b）槽轮

4. 图 4-48a、b 所示的支座和套筒，铸件材料为 HT150，砂型铸造，请按照下列要求拟定铸造工艺方案。

(1) 按单件、小批量和大量生产两种条件分析最佳方案。

(2) 按所选方案绘制铸造工艺图（包括浇注位置、分型面、分模面、型芯、芯头及其他各种铸造工艺参数等）。

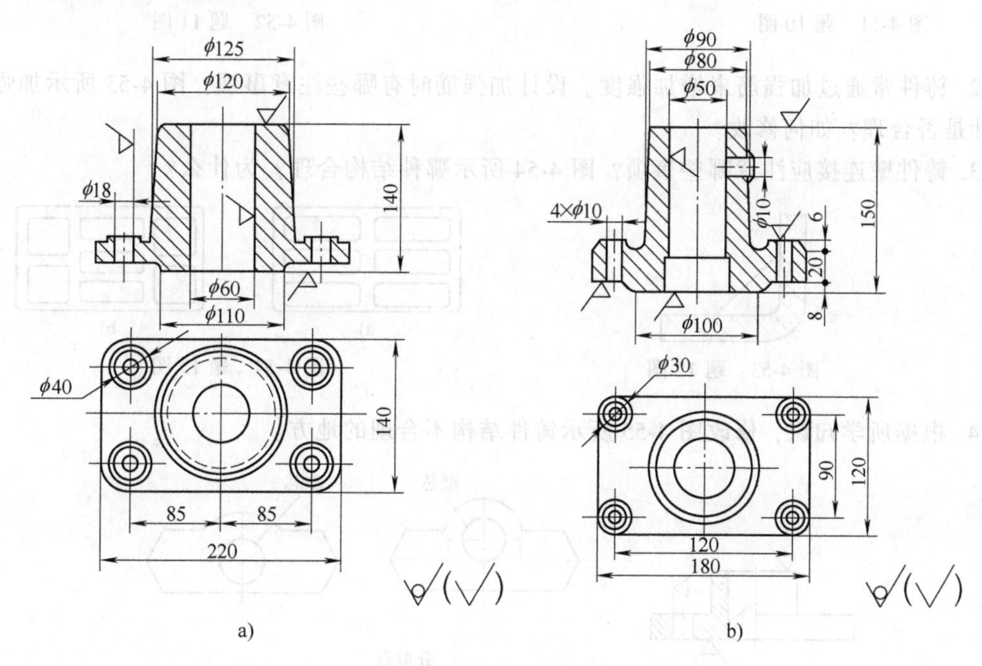


图 4-48　题 4 图

a）支座　b）套筒

5. 铸件的浇注位置对铸件质量有什么影响？应按什么原则选择？

6. 试叙述分型面与分模面的概念，以及分型面选择的原则。

7. 什么是铸件的结构斜度？它与起模斜度有何不同？图 4-49 所示结构是否合理？应如何改正？

8. 为什么空心球难以铸出？需要采取什么措施才能铸出？试用图说明。

9. 为何铸件要有结构圆角？什么位置无法设计铸造圆角？图 4-50 所示铸件上哪些圆角不合理？应如何修改？

图 4-49　题 7 图　　　图 4-50　题 9 图

10. 为何在设计铸件结构时，应尽量使其壁厚均匀？图 4-51 所示铸件结构是否合理？应如何修改？

11. 如图 4-52 所示为一个铸铁顶盖，哪种结构合理？为什么？

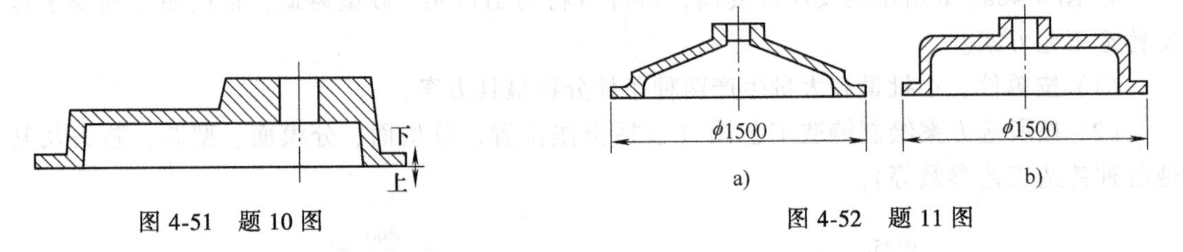


图 4-51　题 10 图　　　图 4-52　题 11 图

12. 铸件常通过加强筋来增加强度。设计加强筋时有哪些注意事项？图 4-53 所示加强筋的设计是否合理？如何修改？

13. 铸件壁连接应注意哪些事项？图 4-54 所示哪种结构合理？为什么？

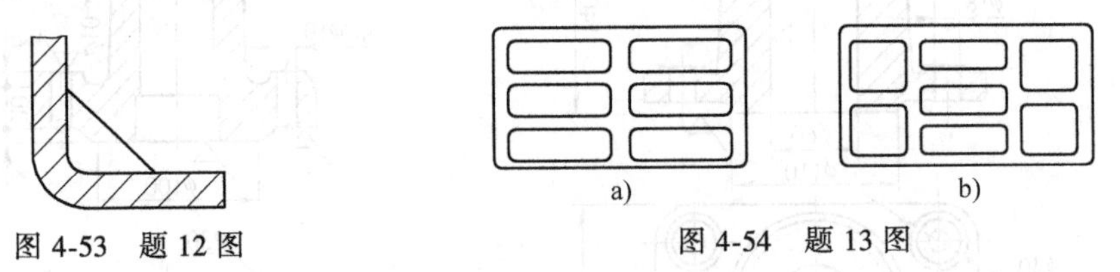


图 4-53　题 12 图　　　图 4-54　题 13 图

14. 根据所学知识，修改图 4-55 所示铸件结构不合理的地方。

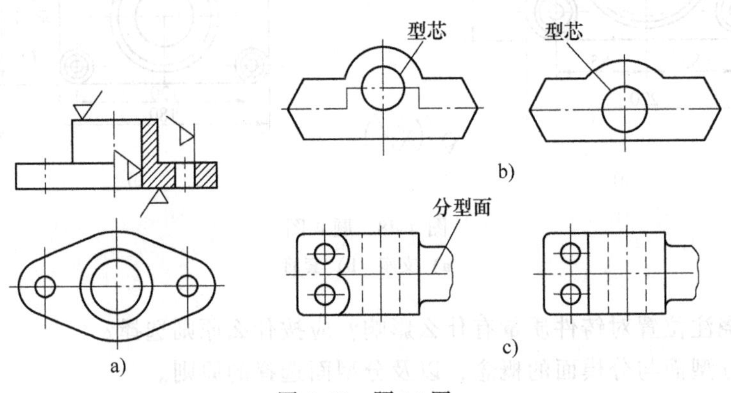


图 4-55　题 14 图

# 第5章　金属塑性成形理论基础

利用金属在外力作用下产生的塑性变形，来获得具有一定形状、尺寸和力学性能的原材料、毛坯或零件的生产方法，称为金属塑性成形（也称为压力加工）。

塑性成形可分为体积成形和板料成形两大类，体积成形是将金属块料、棒料、厚板等在高温或室温下加工成形，主要包括自由锻、模锻、轧制、挤压、拉拔等（见图5-1）；板料成形是对较薄的金属板料在室温下加工成形。与其他成形方法比具有如下优点：

1）改善组织的致密性，提高金属的力学性能。铸造钢锭经塑性变形后能消除铸造内部的气孔、缩孔和树枝状晶体等缺陷，由于金属的塑性变形和再结晶，可使粗大晶粒细化，得到致密的金属组织，从而提高金属的力学性能。合理设计零件的受力与纤维组织方向性，也可以提高零件的力学性能，如机床主轴和齿轮、连杆、吊钩等。

2）对于直接成形件，可提高材料的利用率。金属塑性成形主要靠金属塑性变形时改变形状，而不需要切除金属，因而材料利用率得到提高。如冲压件：汽车外壳、仪表、电器及日用品的生产。

3）具有较高的生产效率。对于模锻和冲压成形等用模具直接成形的工艺，生产效率高，适合大批量生产。如利用冷镦工艺加工内六角螺钉，生产效率远高于用棒材进行切削加工的工艺。

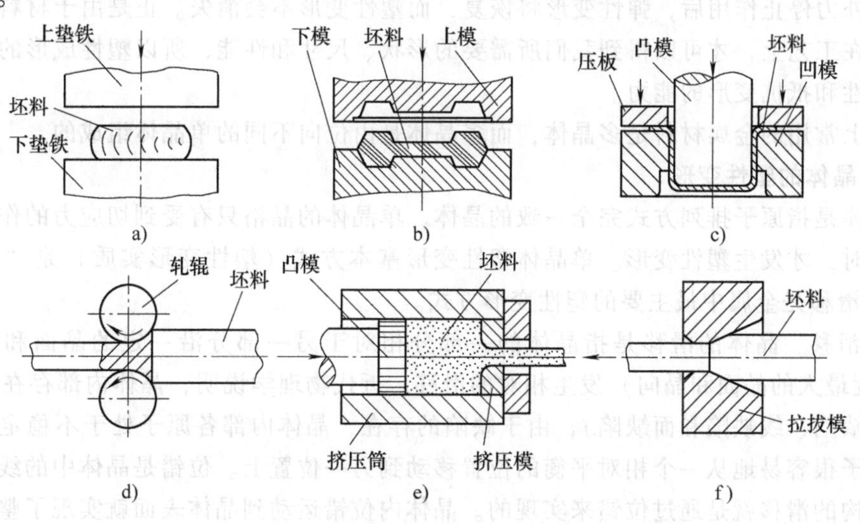


图5-1　金属塑性加工的主要类型

a）自由锻　b）模段　c）板料冲压　d）轧制　e）挤压　f）拉拔

4）可获得精度较高的毛坯或零件。应用先进的精密仪器可获得较高精度的零件，如精密锻造的伞齿轮齿形部分可不经切削加工直接使用；复杂曲面形状的叶片精密锻造后只需磨削便可达到所需精度；板料冲压可以冲压出无需加工且精度很高的精密件。

但塑性成形也存在以下不足：

1）零件的结构工艺性要求高，不能直接锻造成形状较复杂的零件，尤其是具有内腔结构的零件无法直接锻造成形。

2）塑性成形一般需要重型的机器设备和较复杂的工模具。对于厂房地基基础要求高，成本较高。

3）生产现场劳动条件较差，尤其大型锻造成形设备，噪声大。

4）对材料限制比较严格，要求成形材料具有一定的塑性，如铸铁则无法塑性成形。

塑性成形具有独特的优越性，在机械制造生产过程中占有举足轻重的地位，从而获得广泛的应用。如国防工业，飞机上的塑性成形件质量约占85%。交通运输业中塑性成形件质量占60%~80%。机械行业中，一般对于受力较大、承受冲击力的重要机械零件，多用塑性成形方法。塑性成形生产能力和工艺水平，对国家的工业、国防和科学技术所能达到的技术发展水平影响很大。

近几年，塑性成形技术发展很快，特别是交通业的迅速发展对我国塑性成形技术起了相当程度的推动作用。提高劳动生产效率，改善劳动条件，生产机械化、自动化，提高零件质量，大力推广少、无切削工艺，发展高效精密锻件，解决大型锻件和合金钢锻件的质量问题，降低成本等是目前和今后的发展方向。

本章将简要分析金属塑性变形的实质，重点讲述金属塑性变形后的组织与性能。

## 5.1 金属塑性变形的实质

金属受外力作用后，首先产生弹性变形，当外力超出该金属的屈服强度后，开始产生塑性变形。外力停止作用后，弹性变形将恢复，而塑性变形不会消失。正是由于材料的塑性变形特征，在工艺上，才可以得到我们所需要的形状、尺寸和性能，所以塑性成形的条件是材料具有塑性和抵抗变形的能力。

工业上常用的金属材料是多晶体，而多晶体是由位向不同的单晶体组成的。

**1. 单晶体的塑性变形**

单晶体是指原子排列方式完全一致的晶体。单晶体的晶格只有受到切应力的作用，并达到临界值时，才发生塑性变形。单晶体塑性变形基本方式（塑性变形实质）是“滑移”与“孪生”。滑移是金属中最主要的塑性变形方式。

（1）滑移　晶体的滑移是指晶体的一部分相对于另一部分沿一定的晶面和一定晶向（原子密度最大的晶面和晶向）发生相对的滑移。近代物理学说明，晶体内部存在缺陷（其类型有点缺陷、线缺陷和面缺陷），由于缺陷的存在，晶体内部各原子处于不稳定状态，高位能的原子很容易地从一个相对平衡的位置移动到另一位置上。位错是晶体中的线缺陷，实际晶体结构的滑移就是通过位错来实现的。晶体内位错运动到晶体表面就实现了整个晶体的塑性变形。图5-2所示为位错运动引起塑性变形示意图。

（2）孪生　孪生是晶体在外力作用下，晶格的一部分相对另一部分沿孪晶面发生相对

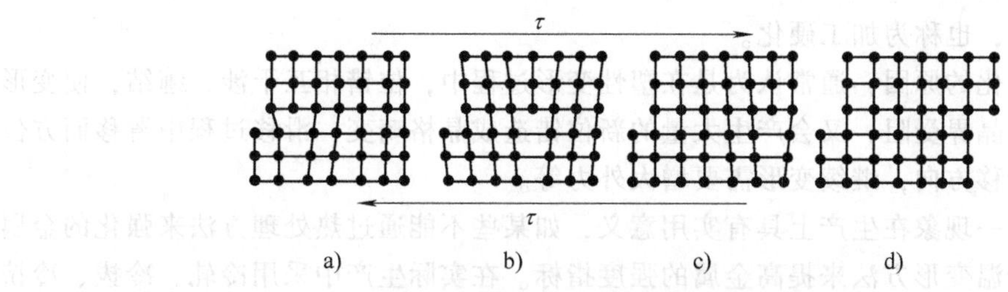


图 5-2　位错运动引起塑性变形示意图
a）未变形　b）、c）位错运动　d）塑性变形

转动的结果，转动后以孪生晶面 $a$-$a$ 为界面，形成镜像对称，如图 5-3 所示。孪生变形所需要的切应力一般高于产生滑移变形所需的切应力，发生在晶格中滑移面少的某些金属中。虽然孪生变形量很小，但是由于改变了晶格的位向，因此有利于进一步产生滑移变形。具有六方晶格的金属产生孪生变形的倾向大，增加变形速度会促使孪生的发生，在冲击力作用下容易产生孪生。孪生和滑移相互促进，协调进行。

**2. 多晶体的塑性变形**

多晶体的塑性变形是由于晶界的存在和各晶粒晶格位向的不同，其塑性变形过程比单晶体的塑性变形复杂得多。图 5-4 所示为多晶体塑性变形过程示意图。在外力作用下，多晶体的塑性变形首先在晶格方向有利于滑移的晶粒 A 开始，然后，才在晶格方向较为不利的晶粒 B、C 内滑移。由于多晶体中各晶粒的晶格位向不同，滑移方向不一致，各晶粒间势必相互牵制阻挠。为了协调相邻晶粒之间的变形，使滑移得以继续进行，便会出现晶粒彼此相对的移动和转动。因此，多晶体的塑性变形，除晶粒内部的滑移和转动外，晶粒与晶粒之间也存在滑移和转动。

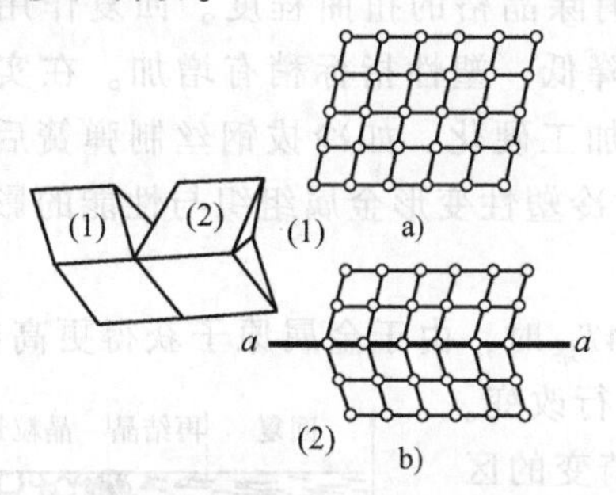


图 5-3　孪生变形示意图
a）孪生变形前　b）孪生变形后

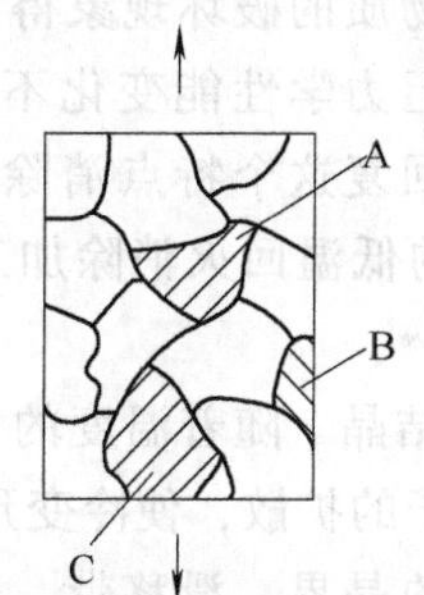


图 5-4　多晶体塑性变形过程示意图

## 5.2　金属塑性变形后的组织和性能

由于在不同温度下金属变形后的组织与性能不同，根据变形温度不同，金属的塑性变形分为冷变形和热变形两种。

### 5.2.1　冷变形强化与再结晶

**1. 金属的冷变形强化**（加工硬化）

金属在低温下进行塑性变形时，发生金属的强度和硬度升高，而其塑性和韧性下降的现象称为冷变形强化，也称为加工硬化。

产生冷变形强化的原因，通常认为是在塑性变形过程中，位错相互干涉、缠结，使变形困难。位错滑移到晶界受阻，又会产生大量的新位错造成晶格畸变，滑移过程中滑移面方位改变、偏离有利滑移方向，继续变形需要增大外力等。

冷变形强化这一现象在生产上具有实用意义，如某些不能通过热处理方法来强化的金属材料，可以利用低温变形方法来提高金属的强度指标。在实际生产中采用冷轧、冷拔、冷挤和滚压等工艺，提高低碳钢、纯铜、防锈铝、镍铬不锈钢等所制型材和锻压件的强度和硬度。还可以用喷丸的方法提高铸件的疲劳强度。

目前研究冷变形强化的方法有很多，尤其是近十年，人们研究了通过高强度冷变形强化，将组织细化到纳米级别的科研成果，极大地提高了金属的各种性能。如高强度喷丸、超声喷丸、表面机械研磨、超声速微粒轰击、表面纳米化及硬化等表面纳米化方法。

但是这种冷变形强化给机械加工带来了困难。

**2. 回复与再结晶**

要消除冷变形强化，降低因塑性变形而产生的残余应力，必须对冷态下的塑性变形金属加热。因为在低温下原子活动能力较低，当温度升高时，金属原子获得能量，有利于原子回复到原来的稳定状态，消除晶格畸变和降低残余应力。随着温度的升高，可分为回复、再结晶和晶粒长大三个阶段。

（1）回复　回复阶段需要的加热温度较低。对于纯金属，当加热到 $T_{回}=(0.25\sim0.30)T_{熔}$时，就有回复现象产生。其中，$T_{回}$为金属的绝对回复温度，$T_{熔}$为金属的绝对融化温度。

回复作用不改变晶粒的形状及晶粒变形时带来的方向性，也不能使晶粒内部的破坏现象及晶界间物质的破坏现象得到恢复，只是逐渐消除晶格的扭曲程度。回复作用可降低残余应力，但力学性能变化不大，强度指标略有降低，塑性指标稍有增加。在实际生产中，可利用回复这个特点消除机械加工过程中的加工硬化，如冷拔钢丝制弹簧后，采用250~300℃的低温回火消除加工硬化。加热温度对冷塑性变形金属组织与性能的影响如图5-5所示。

（2）再结晶　随着温度的升高，超过 $T_{再}=0.4T_{熔}$时，由于金属原子获得更高的热能，通过金属原子的扩散，使冷变形强化的结晶构造进行改变。在变形晶粒的晶界、滑移带、孪晶带等晶格严重畸变的区域，形成新的晶核，这种以新的晶粒代替原变形晶粒的重新结晶的过程称为金属的再结晶。

再结晶通常是以塑性变形过程中产生的小晶块或破碎物作为核心，在结晶核心周围的那些被畸变了的晶格中的原子，往往处于势能高的地带，这时再向再结晶核心聚集，从不稳定的状态向稳定状态过渡，而形成新的具有正常晶格结构的晶粒，直至新晶粒完全形成，再结晶过程结束。回复和再结晶示意图如图5-6所示。

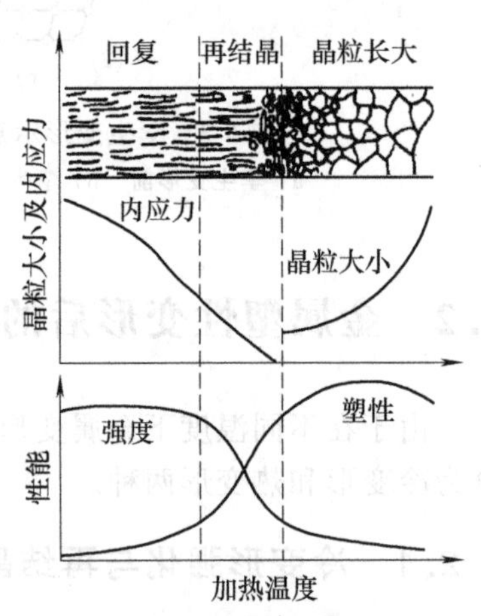

图5-5　加热温度对冷塑性变形金属组织与性能的影响

（3）晶粒长大　再结晶退火后的金属组织一般为细小均匀的等轴晶。如果温度继续升高，或延长保温时间，则再结晶后的晶粒又会长大而形成粗大晶粒，从而使金属的

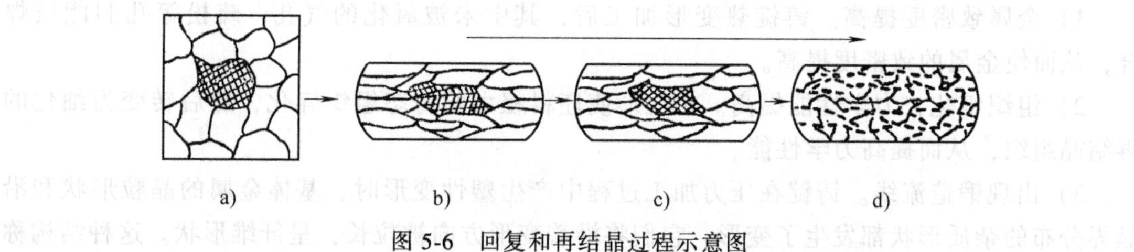


图 5-6　回复和再结晶过程示意图

a）变形前　b）变形后　c）回复阶段　d）再结晶

强度、硬度和塑性降低。所以要正确选择再结晶温度和加热时间的长短。

### 5.2.2　冷变形和热变形后金属的组织与性能

金属在再结晶温度以下进行的塑性变形称为冷变形，在再结晶温度以上进行的塑性变形称为热变形。

**1. 冷变形**

经过冷变形的金属组织、性能如下：

1）晶粒沿变形方向被拉长，性能趋于各向异性。金属在外力作用下，随着外形的改变（压扁或拉长），其内部晶粒形状也随之改变（压扁或拉长）。当变形量很大时，晶界将变得模糊不清，形成纤维组织，其性能具有明显的方向性。

2）晶粒破碎，位错密度增加，产生冷变形强化。冷变形时，随着塑性变形的增大，晶粒破碎为碎晶块，晶体中原子排列偏离平衡位置，出现严重的晶格歪扭，同时内能升高，滑移阻力增大。因此，随着变形程度的增加，金属材料的所有强度和硬度指标都有所提高，但塑性下降，这种现象称为冷变形强化或加工硬化。实际生产中经常利用这一现象来强化金属材料，特别是一些不能用热处理方法强化的金属。

3）晶粒择优取向，形成变形织构。随着变形程度的增加，各晶粒的晶格位向会沿着变形方向发生转动，当变形量很大时，金属中每个晶粒的晶格位向大体趋于一致，此种现象称为择优取向，所形成的结构称为变形织构。变形织构使金属具有各向异性。例如，用结构板材冲制筒形零件时，由于不同方向上的塑性变形能力不同，导致变形不均匀，使零件边缘不齐，即出现"制耳"，如图 5-7 所示。

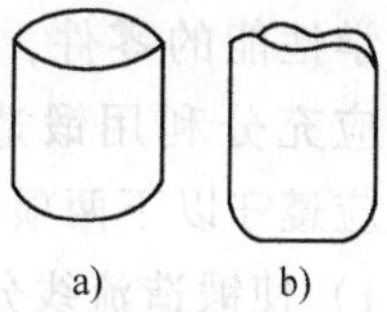

4）存在残余内应力。残余内应力是指去除外力后，残留在金属内部的应力，它主要是由于金属在外力作用下变形不均匀而造成的。残余内应力的存在，使金属原子处于一种高能状态，具有自发恢复到平衡状态的倾向。在低温下，原子活动能力较低，这种恢复现象难以觉察。但是，当温度升高到某一程度后，金属原子获得热能而加剧运动。金属组织和性能将会发生一系列变化。

a)　b)

图 5-7　冲压件的制耳

a）无制耳　b）有制耳

锻压生产中常用的冷加工有冷轧、冷拔、冷镦、冷冲压和冷挤压等。

**2. 热变形**

金属在热变形过程中，同时存在冷变形强化和再结晶两个过程，但其冷变形强化效应被高温下的再结晶（称动态再结晶）行为所消除。因而在热变形过程中表现不出冷变形强化，但金属的组织与性能将发生如下变化：

1）金属致密度提高。铸锭热变形加工后，其中未被氧化的气孔、疏松等孔洞能被焊合，从而使金属的致密度提高。

2）组织细化，力学性能提高。热变形使坯料粗大的铸态组织碎化，然后转变为细化的再结晶组织，从而提高力学性能。

3）出现锻造流线。铸锭在压力加工过程中产生塑性变形时，基体金属的晶粒形状和沿晶界分布的杂质形状都发生了变形，它们将沿着变形方向被拉长，呈纤维形状。这种结构称为锻造流线。

## 5.2.3 锻造比和锻造流线

### 1. 锻造比

锻造比是锻造生产中代表金属变形程度的一个参数，一般是用锻造过程中的典型工序的变形程度来表示（$Y$）。如拔长时，锻造比 $Y_{拔}=F_0/F$；镦粗时，锻造比 $Y_{镦}=H_0/H$（式中，$H_0$、$F_0$ 分别为坯料变形前的高度和横截面积，$H$、$F$ 分别为坯料变形后的高度和横截面积）。

一般情况下增加锻造比，可使金属组织致密化，提高锻件的力学性能。但是当锻造比过大时，金属组织的紧密程度和晶粒细化程度都已达到了极限状况，锻件的力学性能不再升高，而是增加各向异性。

### 2. 锻造流线

（1）锻造流线的形成　金属晶界上常分布着塑性和脆性夹杂物。在金属变形时，晶粒沿变形方向伸长，塑性夹杂物也随着晶粒一起被拉长，脆性夹杂物被打碎呈链状分布。通过再结晶，晶粒细化，而夹杂物却依然呈条状和链状而被保留下来，形成了锻造流线，如图 5-8 所示。

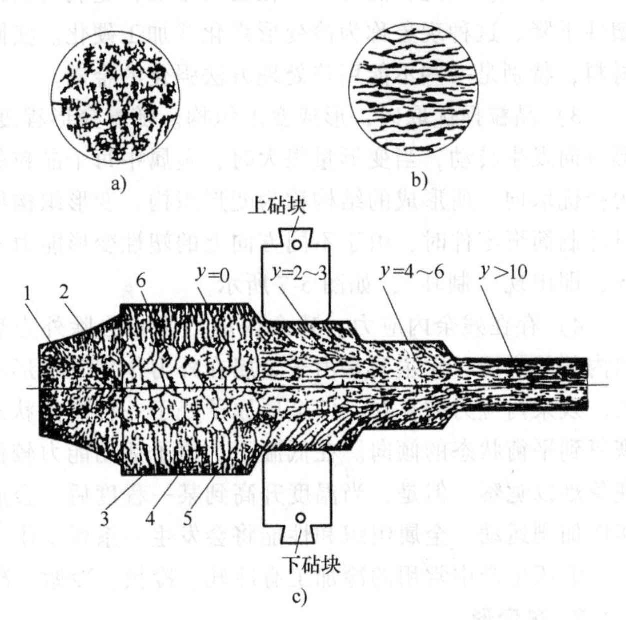


图 5-8　钢锭热变形后的组织变化

a）树枝状晶图　b）纤维晶图　c）钢锭

1—缩孔　2—气泡　3—缩松　4、5—柱状晶粒区　6—中心等轴晶粒区

（2）锻造流线的作用　随着锻造比的增加，锻造流线的形成愈加明显。由于锻造流线的形成使锻件的力学性能呈方向性。因此，为了获得具有最好力学性能的零件，在设计制造零件时，应充分利用锻造流线的方向性。一般应遵守以下两项原则：

1）使锻造流线分布与零件的轮廓相符合而不被切断。

2）使零件所受的最大拉应力与锻造流线平行，最大切应力与锻造流线垂直。

如图 5-9a 所示，曲轴的锻造流线不被切断且连贯性好，锻造流线方向也较为有利，质量较好。如图 5-9b 所示，曲轴部分锻造流线被切断，不能连贯起来，局部切应力平行于锻造流线方向，故曲轴局部承载能力较弱。

(3) 消除锻造流线的措施　锻造流线的化学稳定性强，通过热处理是不能消除的，只能通过不同方向上的锻压才能改变锻造流线的方向和分布状况。

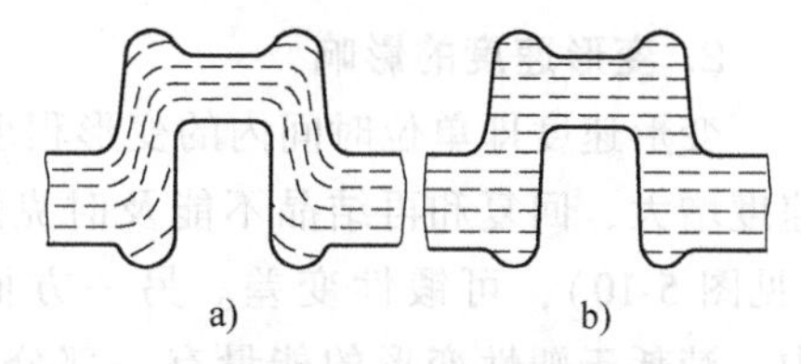


图 5-9　曲轴中的锻造流线

a）锻造后成形　b）切削加工成形

由于锻造流线的存在对力学性能有影响，特别是对冲击韧性的影响较大。因此在设计和制造易受冲击载荷的零件时，尤其要注意锻造流线的分布，尽可能使锻造流线的形状与零件的外形轮廓相吻合，而不被切断。

## 5.3　金属的可锻性及其影响因素

金属的可锻性一般用来衡量金属材料利用锻压加工方法成形的难易程度，是金属的工艺性能指标之一。可锻性的优劣是以金属的塑性和变形抗力来综合评定的。塑性反映了金属塑性变形的能力，而变形抗力反映了金属塑性变形的难易程度。金属塑性高、变形抗力小，则金属可承受较大的变形而且锻压时会比较省力。

金属的可锻性取决于材料的性质（内因）和加工条件（外因）。

### 5.3.1　材料性质的影响

#### 1. 化学成分的影响

不同化学成分的材料其可锻性不同。一般来说，纯金属的可锻性比合金的可锻性好；而钢中由于合金元素含量高、合金成分复杂，因此其塑性差、变形抗力大。因此，纯铁、低碳钢和高合金钢，它们的可锻性是依次下降的。

#### 2. 金属组织与相结构的影响

金属内部组织和相结构对金属可锻性影响很大。铸态柱状组织和粗晶粒结构不如晶粒细小而又均匀的组织的可锻性好。纯金属及固熔体（奥氏体）的可锻性好，而碳化物（如渗碳体）的可锻性差。

### 5.3.2　加工条件的影响

#### 1. 变形温度的影响

在一定的变形温度范围内，随着温度升高，原子动能升高，从而塑性提高，变形抗力减小，有效改善了可锻性。

但是加热要控制在一定的温度范围内。若加热温度过高，晶粒急剧长大，材料力学性能降低，这种现象称为“过热”。若加热温度更高，接近熔点，晶界氧化破坏了晶粒间的结合，使金属失去了塑性，则坯料报废，这一现象称为“过烧”。金属锻造加热时允许的最高温度称为始锻温度。在锻压过程中，金属坯料温度不断降低，当温度降低到一定程度，塑性变差，变形抗力增大，不能再锻，否则引起加工硬化甚至开裂，此时停止锻造的温度称为终锻温度。始锻温度与终锻温度之间的区间，称为锻造温度范围。

**2. 变形速度的影响**

变形速度即单位时间内的变形程度。它对金属可锻性的影响是矛盾的。一方面由于变形速度增大，回复和再结晶不能及时克服加工硬化，金属则表现出塑性下降、变形抗力增大（见图 5-10），可锻性变差。另一方面，金属在变形过程中，消耗于塑性变形的能量有一部分转化为热能，使金属温度升高（称为热效应现象）。变形速度越大，热效应现象越明显，从而使金属的塑性提高，变形抗力下降，可锻性变好。但热效应现象只有在高速锤上锻造时才能实现，在一般设备上都不可能超过 $a$ 点的变形速度，故塑性较差的材料（如高速钢等）或大型锻件，还是应采用较小的变形速度为宜。

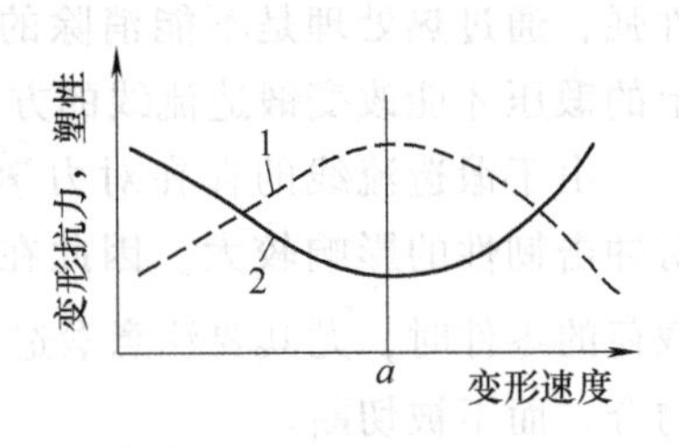


图 5-10　变形程度对塑性及变形抗力的影响

1—变形抗力曲度　2—塑性变化曲线

**3. 应力状态的影响**

金属在经受不同方向的变形时，所产生的应力大小和性质（压应力或拉应力）是不同的。例如，挤压变形时（见图 5-11）为三向受压状态；而拉拔时（见图 5-12）则为两向受压一向受拉的状态。

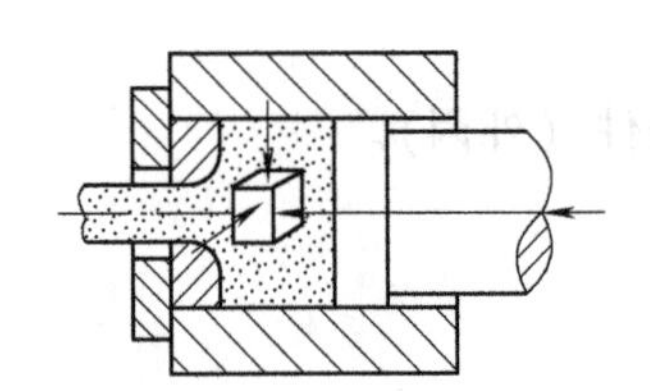

图 5-11　挤压时金属应力状态

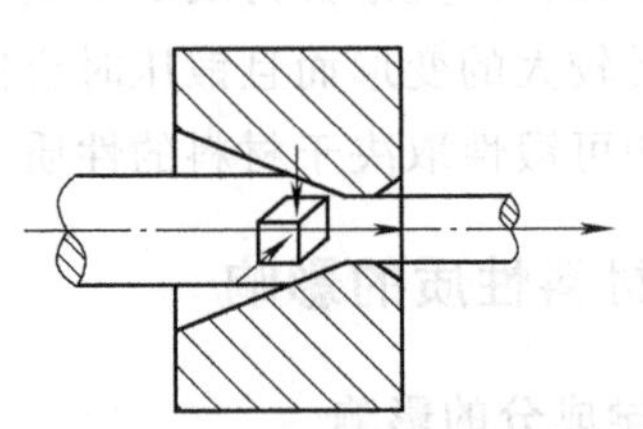

图 5-12　拉拔时金属应力状态

理论和实践证明：在三向应力状态图中，压应力的数量越多，其塑性越好；拉应力的数量越多，其塑性越差。其理由是，在金属材料的内部或多或少总是存在着微小的气孔或裂纹等缺陷，在拉应力作用下，缺陷处会产生应力集中，使得缺陷扩展甚至达到破坏程度，从而使金属失去塑性。而压应力使金属内部原子间距减小，又不易使缺陷扩展，故金属塑性会提高。但压应力同时又使金属内部摩擦增大，变形抗力也随之增大，为了实现变形加工，就要相应增加设备吨位，以增加变形力。

在选择具体加工方法时，应考虑应力状态对金属可锻性的影响。对于塑性较差的金属，应尽量在三向压应力下变形，以免产生裂纹。对于本身塑性较好的金属，变形时出现拉应力是有利的，可以减少变形能量的消耗。

**4. 坯料表面质量的影响**

金属坯料表面质量主要影响其塑性，在冷变形过程中尤为显著。因为表面过于粗糙，有划痕、微裂纹和粗大杂质时，易在受力过程中产生应力集中，引起开裂。因此，表面粗糙度也可影响其可锻性。随着表面粗糙度值的降低，金属的可锻性变好。

综上所述，影响金属塑性变形的因素是很复杂的。在压力加工中，要综合考虑所有的因素，根据具体情况采取相应的有效措施，力求创造最有利的变形条件，充分发挥金属塑性大的特点，降低变形抗力，降低设备吨位，减少能耗，使变形进行得更充分，达到优质低耗的要求。

## 复习思考题

1. 金属塑性变形的实质是什么？

2. 什么是冷变形？什么是热变形？冷、热变形的组织与性能有何不同？

3. 冷变形强化对金属组织和性能有何影响，在实际生产中怎样运用其有利因素？

4. 再结晶对金属组织和性能有何影响，在实际生产中怎样运用其有利因素？

5. 锻造流线是怎样形成的？对金属的力学性能有何影响，在零件设计中应注意哪些问题？

6. 锻造为什么要在加热后进行？如何选择锻造温度范围？加热温度过高或过低可能使锻件产生哪些缺陷？

# 第6章　常用锻压成形工艺

本章主要介绍自由锻、胎模锻、模锻、压力机上模锻等常用的塑性成形方法的工艺特点和应用，重点讲述模锻的锻模结构和模锻件的结构工艺设计。

## 6.1　自由锻

将加热好的金属坯料，放在锻造设备的上、下砧之间，施加压力使其产生塑性变形，从而获得所需锻件的一种加工方法称为自由锻。

自由锻适用于单件小批量及大型锻件的生产，是在重型机械制造中占有重要的地位。例如水轮发电机机轴、轧辊等重型锻件，唯一可行的生产方法是自由锻。

自由锻分手工锻造和机器锻造。手工锻造只能生产单件、小型锻件，手工锻造生产率低、劳动强度大、锤击力小，工业生产中已被机器锻造所代替。机器自由锻根据锻造设备的不同，分为锤上自由锻和水压机上自由锻。锤上自由锻所用设备是空气锤和蒸汽-空气自由锻锤。空气锤的锤击能量小，只能锻造 100kg 以下的小型锻件。蒸汽-空气锤可锻造重量为几十千克到几百千克的中、小型锻件。水压机以压力代替冲击力，能够产生数十万千牛甚至更大的锻造压力，所以大型锻件通常采用水压机锻造。水压机在锻造时振动和噪声小，工作条件好。

### 6.1.1　自由锻工序

自由锻可分为基本工序、辅助工序和精整工序。

**1. 基本工序**

基本工序主要有镦粗、拔长、冲孔、弯曲、错移、切割、扭转等，如图 6-1 所示。

(1) 镦粗　镦粗是使坯料高度减小、横截面积增大的工序，适用于块状、盘套类锻件的生产。

(2) 拔长　拔长是使坯料横截面积减小、长度增加的工序，适用于轴类、杆类锻件的生产。拔长和镦粗经常交替使用。

(3) 冲孔　冲孔是在坯料上冲出通孔或不通孔的工序。对圆环类锻件，冲孔后还需进行扩孔。

(4) 弯曲　弯曲是使坯料轴线产生一定弯曲的工序。

(5) 扭转　扭转是使坯料的一部分相对于另一部分绕其轴线旋转一定角度的工序。

(6) 错移　错移是使坯料的一部分相对于另一部分平移错开，但仍保持轴心平行的工序。它是生产曲拐或曲轴类锻件必须进行的工序。

(7) 切割　切割是分割坯料或去除锻件余量的工序。

**2. 辅助工序**

辅助工序指进行基本工序之前的预备性工序，如压钳口、倒棱和压肩等。

**3. 精整工序**

精整工序是在完成基本工序之后，用以提高锻件尺寸及位置精度的工序，如校正、滚圆、平整等。

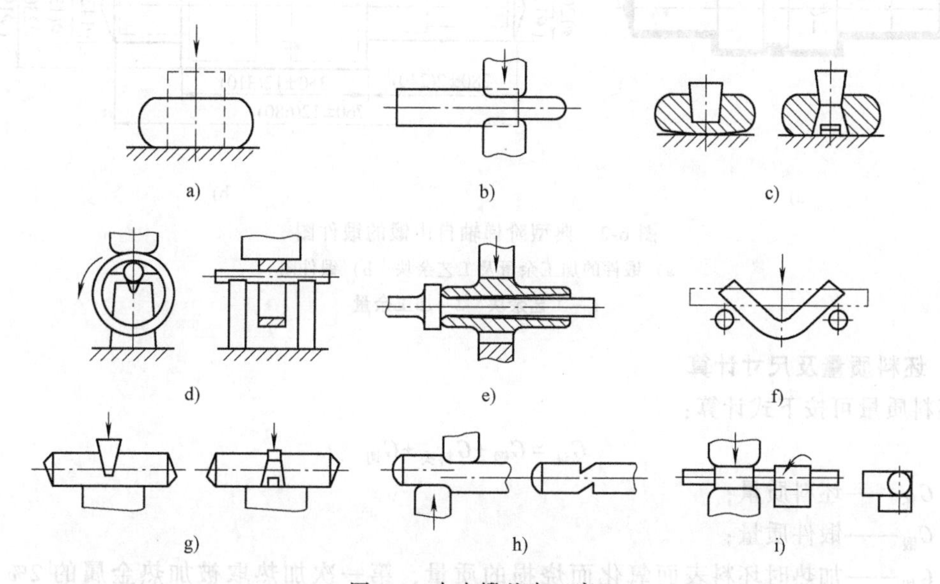

图 6-1　自由锻基本工序

a) 镦粗　b) 拔长　c) 冲孔　d) 马杠扩孔　e) 心轴拔长　f) 弯曲　g) 切割　h) 错移　i) 扭转

## 6.1.2　自由锻工艺规程

工艺规程是保证生产工艺可行性和经济性的技术文件，是指导生产的依据，也是生产管理和质量检验的依据。生产中根据零件图绘制锻件图，确定锻造工艺过程并制订工艺卡，工艺卡中规定了锻造温度、尺寸要求、变形工序和所用设备等。

自由锻工艺规程主要包括以下几个内容。

**1. 锻件图的绘制**

锻件图是在零件图的基础上考虑加工余量、锻造公差和余块等因素绘制而成的，它是计算坯料、设计工具和检验锻件的依据。

(1) 机械加工余量　自由锻的精度和表面质量都很低，锻后工件需进行切削加工。因此在锻件需要切削的相应部位必须增加一部分金属余量，即加工余量。加工余量的数值与锻件形状、尺寸及工人技术水平有关，其数值的确定可查阅相关手册。零件的基本尺寸加上加工余量即为锻件的名义尺寸。

(2) 锻造公差　实际操作中，由于金属的收缩、氧化，以及操作者不能精确掌握锻后工件的尺寸等原因，允许锻件的实际尺寸与名义尺寸间有一定的偏差，即锻造公差。一般锻造公差约为加工余量的1/5~1/4。

（3）工艺余块　自由锻只能锻造形状较简单的锻件，零件上的某些凸挡、台阶、小孔、斜面、锥面等都不能锻造（或虽能锻出，但经济上不合理）。因此，这些难以锻造的部分均应进行简化。为了简化锻件形状而加上去的那部分金属称为工艺余块。

为使锻工了解零件的形状和尺寸，在锻件图上应采用双点画线画出零件的轮廓，并在锻件尺寸线下用括号注明零件的基本尺寸。例如，典型阶梯轴自由锻的锻件图如图 6-2 所示。

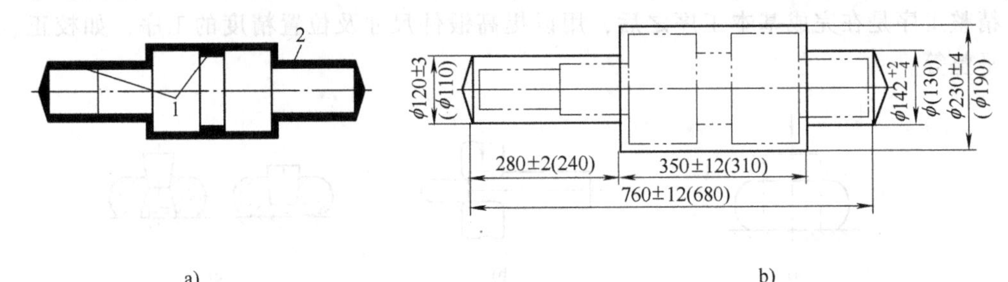


图 6-2　典型阶梯轴自由锻的锻件图

a）锻件的加工余量及工艺余块　b）锻件图

1—工艺余块　2—加工余量

**2. 坯料质量及尺寸计算**

坯料质量可按下式计算：

$$G_{坯}=G_{锻}+G_{料头}+G_{切}$$

式中　$G_{坯}$——坯料质量；

$G_{锻}$——锻件质量；

$G_{切}$——加热时坯料表面氧化而烧损的质量，第一次加热取被加热金属的 2%～3%，以后各次加热取 1.5%～2.0%；

$G_{料头}$——在锻造过程中被冲掉或被切掉的那部分金属的质量。如冲孔时坯料中部的料芯，修切端部产生的料头等。

当锻造大型锻件采用钢锭作为坯料时，还要考虑切掉的钢锭头部和钢锭尾部的质量。

确定坯料尺寸时，应考虑坯料在锻造过程中必需的变形程度，即锻造比的问题。对于以碳素钢锭作为坯料并采用拔长方法锻制的锻件，锻造比一般为 2.5～3；如果采用轧材作为坯料，则锻造比可取 1.3～1.5。

根据计算所得的坯料质量和截面大小，即可确定坯料长度尺寸或选择适当尺寸的钢锭。

**3. 锻造工序的选择**

自由锻的锻造工序，应根据工序特点和锻件形状来确定。常见自由锻锻件的分类及所需锻造工序见表 6-1。

表 6-1　常见的自由锻锻件的分类及所需锻造工序

| 锻件类别 | 图　例 | 锻 造 工 序 |
|---|---|---|
| 盘类锻件 |  | 镦粗（或拔长及镦粗）冲孔 |
| 轴类零件 |  | 拔长（或镦粗及拔长），切肩和锻台阶 |

（续）

| 锻件类别 | 图　例 | 锻造工序 |
|---|---|---|
| 筒类零件 |   | 镦粗（或拔长及镦粗），冲孔，在心轴上拔长 |
| 杆类零件 | 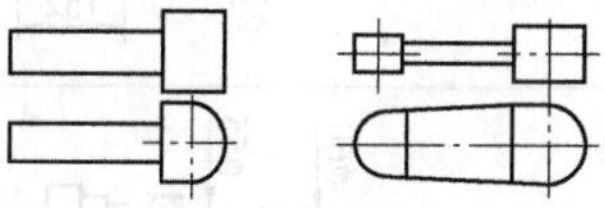  | 拔长，压肩，修正，冲孔 |
| 曲轴类零件 | 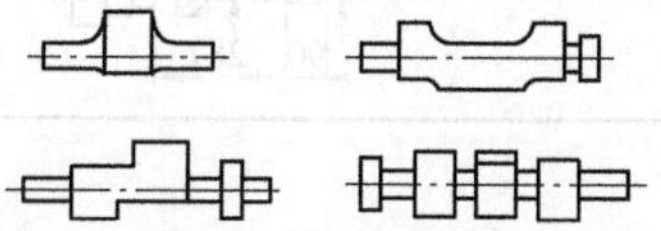  | 拔长（或镦粗及拔长），错移，锻台阶，扭转 |
| 弯曲类锻件 | 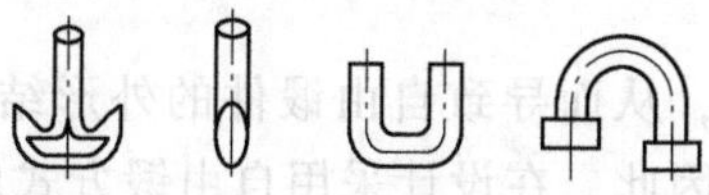  | 拔长，弯曲 |

自由锻工序的选择与整个锻造工艺过程中的火次和变形程度有关。坯料加热次数（即火次数）与每一火次中坯料成形所经工序都应明确规定出来，写在工艺卡上。

工艺规程的内容还包括：确定所用工夹具、加热设备、加热规范、加热火次、冷却规范、锻造设备和锻件的后续处理等。

典型自由锻件（半轴）的自由锻造工艺卡见表6-2。

表6-2　半轴的自由锻造工艺卡

| 锻件名称 | 半　轴 | 图　例 |
|---|---|---|
| 坯料质量 | 25kg | 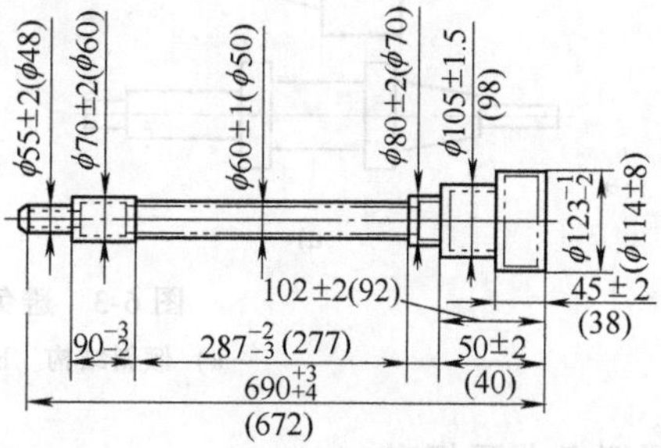 φ55±2(φ48)　φ70±2(φ60)　φ60±1(φ50)　φ80±2(φ70)　φ105±1.5 (98)　$φ123^{-1}_{-2}$ (φ114±8)　102±2(92)　45±2 (38)　$90^{-3}_{-2}$　$287^{-2}_{-3}$(277)　50±2 (40)　$690^{+3}_{+4}$ (672) |
| 坯料尺寸 | φ130mm×240mm | |
| 材料 | 18CrMnTi | |
| 火　次 | 工　序 | 图　例 |
| 1 | 锻出头部 | 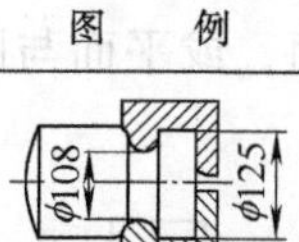 φ108　φ125　47 |
| | 拔长 | 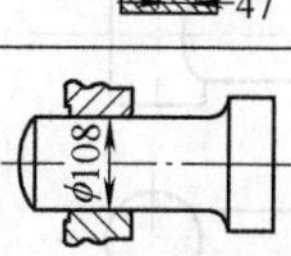 φ108 |
| | 拔长及修整台阶 | 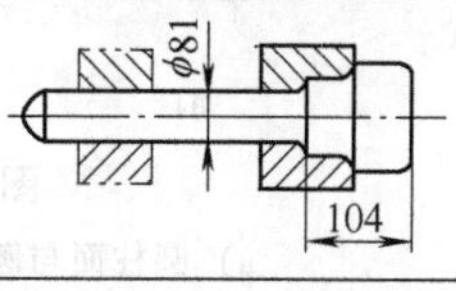 φ81　104 |

（续）

| 火　次 | 工　序 | 图　例 |
|---|---|---|
| 1 | 拔长并留出台阶 | φ70 152 |
| | 锻出凹挡及拔长端部并修整 | φ60 φ55 90 287 |

## 6.1.3　自由锻件的结构设计

由于自由锻所用设备简单、具有通用性，从而导致自由锻件的外形结构受到很大限制，复杂外形的锻件难以采用自由锻方法成形。因此，在设计采用自由锻方式成形的零件时，除满足零件使用性能要求外，还需考虑自由锻设备和工具的特点，零件结构要设计合理，要符合自由锻工艺性要求，以达到使锻件锻造方便、节约金属、保证锻件质量、提高生产率的目的。自由锻锻件结构设计主要从以下几方面进行考虑：

### 1. 尽量避免锥面或斜面

因为锻造必须使用专用工具，而且锻件成形较困难，操作不方便。为了提高锻造设备使用效率，应尽量用圆柱体代替锥体，用平行平面代替斜面，如图 6-3 所示。

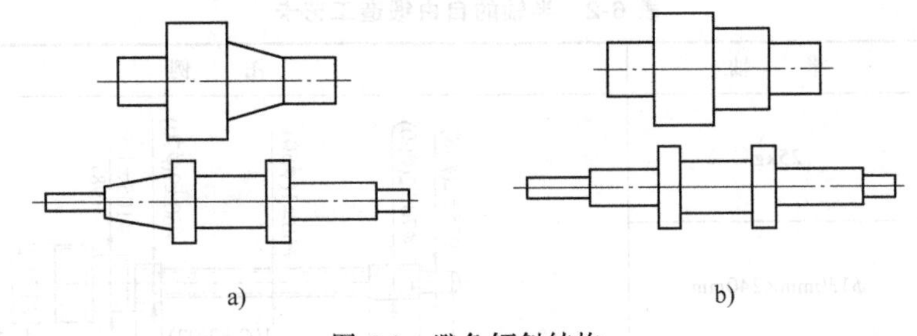

图 6-3　避免倾斜结构

a）倾斜结构　b）不倾斜结构

### 2. 尽量避免曲面相交

最好是平面与平面，或平面与圆柱面相接，消除空间曲线结构，使锻造成形操作变得简单，如图 6-4 所示。

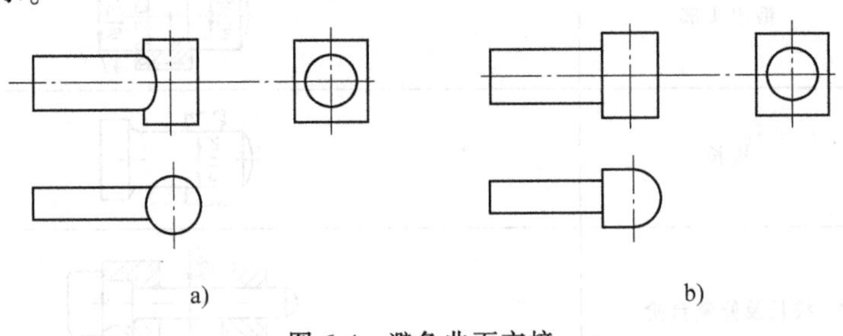

图 6-4　避免曲面交接

a）圆柱面与圆柱面交接　b）圆柱面与平面交接

**3. 尽量避免加强筋和凸台**

因为这些结构需采用特殊工具或特殊工艺措施来生产，从而使生产率降低，生产成本提高。将这类结构锻件改成简单结构，这样可使其加工工艺性变好，提高其经济效益，如图 6-5 所示。

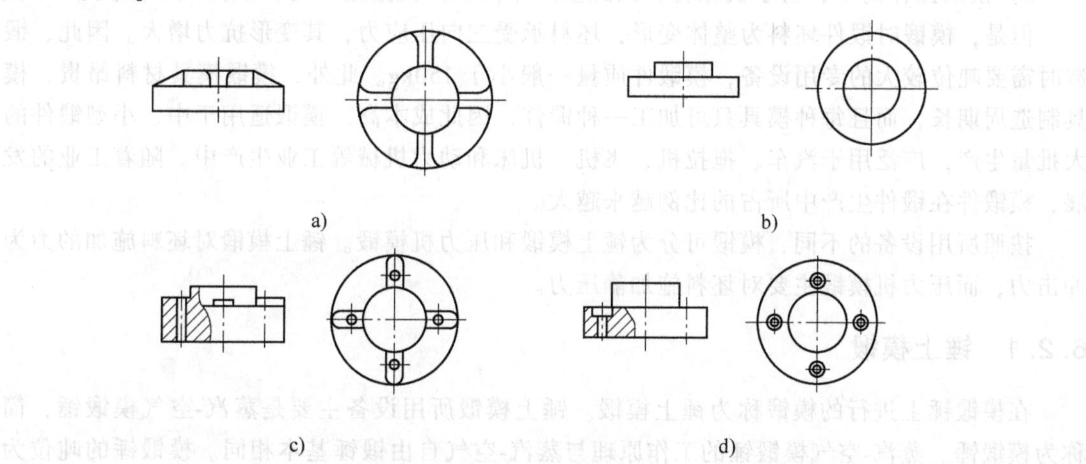

图 6-5　盘类锻件结构

a）有加强筋　b）无加强筋　c）有凸台　d）有凹坑

**4. 组合锻件**

锻件横截面积有急剧变化或形状较复杂时，应设计成几个容易锻造的简单锻件，分别锻造后再用焊接成形或机械连接方法组合成整体，如图 6-6 所示。

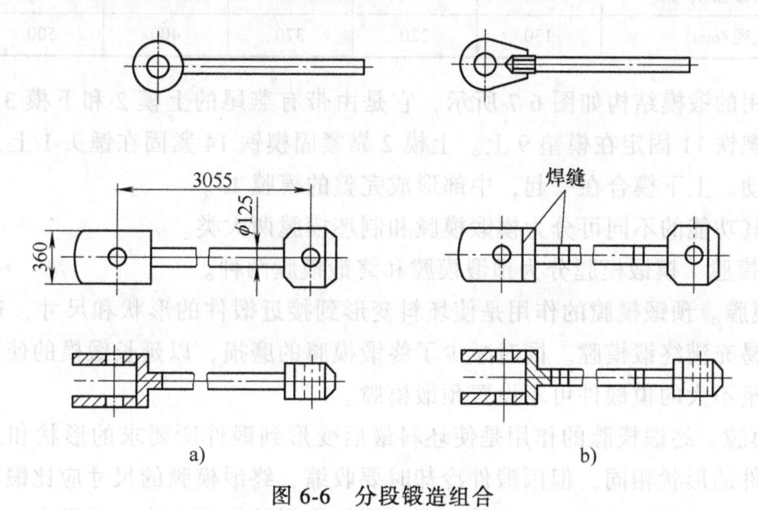


图 6-6　分段锻造组合

a）工艺性差的结构　b）工艺性好的结构

## 6.2　模锻

模锻是利用高强度锻模，使金属坯料在冲击力或压力作用下，在锻模模膛内变形，从而获得所需形状、尺寸以及内部质量锻件的加工工艺。模锻有如下特点：

1）锻件的形状和尺寸比较精确，表面粗糙度值小，机械加工余量较小，能锻出形状复杂的锻件，因此材料利用率高，且能节省加工工时。

2）金属坯料的锻造流线分布更为合理，力学性能提高。

3）模锻操作简单，易于机械化，因此生产率高，大批量生产时，锻件成本低。

但是，模锻时锻件坯料为整体变形，坯料承受三向压应力，其变形抗力增大。因此，锻造时需要吨位较大的专用设备，模锻件质量一般小于150kg。此外，模锻模具材料昂贵，模具制造周期长，而且每种模具只可加工一种锻件，因此成本高。模锻适用于中、小型锻件的大批量生产，广泛用于汽车、拖拉机、飞机、机床和动力机械等工业生产中。随着工业的发展，模锻件在锻件生产中所占的比例越来越大。

按照所用设备的不同，模锻可分为锤上模锻和压力机模锻。锤上模锻对坯料施加的力为冲击力，而压力机模锻主要对坯料施加静压力。

### 6.2.1 锤上模锻

在模锻锤上进行的模锻称为锤上模锻。锤上模锻所用设备主要是蒸汽-空气模锻锤，简称为模锻锤。蒸汽-空气模锻锤的工作原理与蒸汽-空气自由锻锤基本相同。模锻锤的吨位为1~16t，能锻造0.5~150kg的模锻件。模锻件质量与模锻锤吨位选择的概略数据见表6-3。

表6-3 模锻锤吨位选择的概略数据

| 模锻锤吨位/t | 1 | 2 | 3 | 5 | 10 | 16 |
| --- | --- | --- | --- | --- | --- | --- |
| 锻件质量/kg | 2.5 | 6 | 17 | 40 | 80 | 120 |
| 锻件在分模面处投影面积/$cm^2$ | 13 | 380 | 1080 | 1260 | 1960 | 2830 |
| 能锻齿轮的最大直径/mm | 130 | 220 | 370 | 400 | 500 | 600 |

锤上模锻用的锻模结构如图6-7所示，它是由带有燕尾的上模2和下模3两部分组成。下模3用紧固楔铁11固定在模垫9上。上模2靠紧固楔铁14紧固在锤头1上，随锤头一起做上下往复运动。上下模合在一起，中部形成完整的模膛13。

模膛根据其功能的不同可分为模锻模膛和制坯模膛两大类。

（1）模锻模膛　模锻模膛分为预锻模膛和终锻模膛两种。

1）预锻模膛。预锻模膛的作用是使坯料变形到接近锻件的形状和尺寸，这样再进行终锻时，金属容易充满终锻模膛。同时减少了终锻模膛的磨损，以延长锻模的使用寿命。对于形状简单或批量不大的模锻件可不设置预锻模膛。

2）终锻模膛。终锻模膛的作用是使坯料最后变形到锻件所要求的形状和尺寸，因此它的形状应和锻件的形状相同，但因锻件冷却时要收缩，终锻模膛的尺寸应比锻件尺寸放大一个收缩量。另外，沿模膛四周有飞边槽，用于增加金属从模膛中流出的阻力，促使金属充满模膛，同时容纳多余的金属。对于具有通孔的锻件，由于不可能靠上、下模的突起部分把金属完全挤压掉，故终锻后在孔内留下一薄层金属，称为冲孔连皮（见图6-8）。把冲孔连皮和飞边冲掉后，才能得到有通孔的模锻件。

终锻模膛和预锻模膛的区别是预锻模膛的圆角和斜度较大，没有飞边槽。

（2）制坯模膛　对于形状复杂的模锻件，为了使坯料形状基本接近模锻件形状，使金属能合理分布和很好地充满模膛，就必须预先在制坯模膛内制坯。制坯模膛有以下几种：

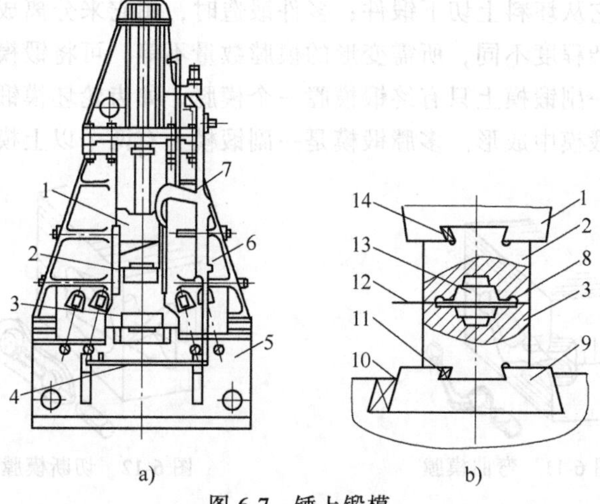


图 6-7　锤上锻模

a）蒸汽—空气模锻锤　b）锻模

1—锤头　2—上模　3—下模　4—踏杆　5—砧座　6—锤身

7—操纵机构　8—飞边槽　9—模垫　10、11、14—紧固楔铁

12—分模面　13—模膛

1）拔长模膛。用它来减小坯料某部分的横截面积，以增加该部分的长度。当模锻件沿轴向横截面积相差较大时，采用该模膛进行拔长。拔长模膛分为开式和闭式两种，如图 6-9 所示，一般设在锻模的边缘。操作时坯料除送进外还需翻转。

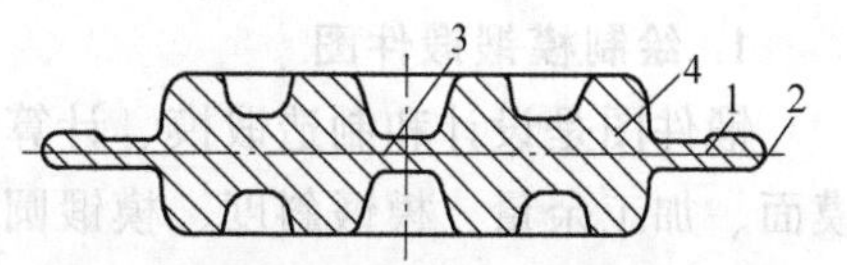


图 6-8　带有冲孔连皮及飞边的模锻件

1—飞边　2—分模面　3—冲孔连皮　4—锻件

2）滚压模膛。用它来减小坯料某部分的横截面积，以增大另一部分的横截面积。主要是使金属按模锻件形状来分布。滚压模膛分为开式和闭式两种，如图 6-10 所示。当模锻件沿轴线的横截面积相差不大或做修整拔长后的毛坯时采用开式滚压模膛。当模锻件的最大和最小截面相差较大时，采用闭式滚压模膛，操作时需不断翻转坯料。

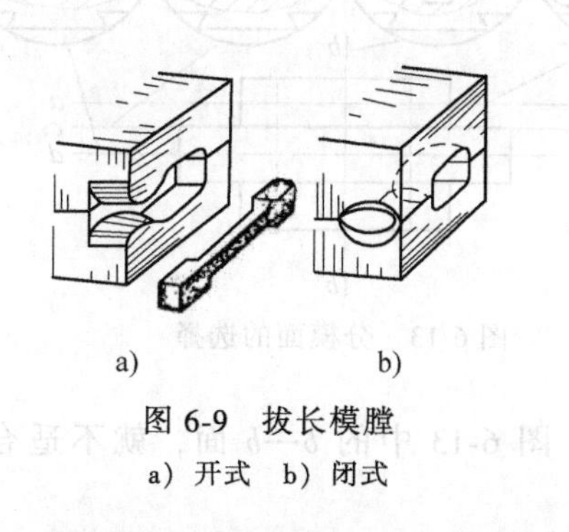


图 6-9　拔长模膛

a）开式　b）闭式

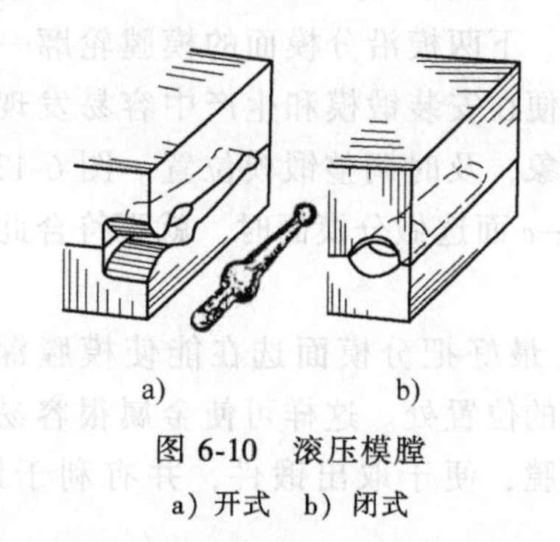


图 6-10　滚压模膛

a）开式　b）闭式

3）弯曲模膛。对于弯曲的杆类模锻件，需用弯曲模膛（见图 6-11）来弯曲坯料。坯料可直接或先经其他制坯工步后放入弯曲模膛进行弯曲变形。弯曲后的坯料应翻转 90℃再放入模锻模膛成形。

4）切断模膛。它是在上模与下模的角部组成一对刀口，用来切断金属，如图 6-12 所示。单件锻造时，用它从坯料上切下锻件；多件锻造时，用它来分离成单个锻件。

根据模锻件的复杂程度不同，所需变形的模膛数量不等，可将锻模设计成单膛锻模或多膛锻模。单膛锻模是一副锻模上只有终锻模膛一个模膛。如齿轮坯模锻件就可将截下的圆柱形坯料直接放入单膛锻模中成形。多膛锻模是一副锻模上有两个以上模膛的锻模。

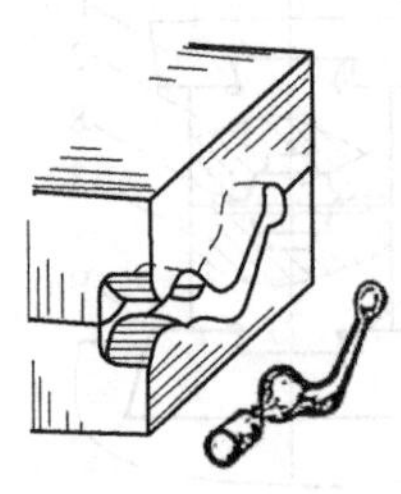

图 6-11　弯曲模膛

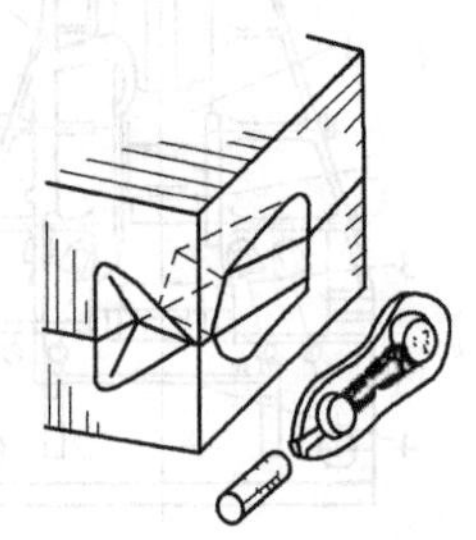

图 6-12　切断模膛

## 6.2.2 模锻工艺规程

模锻生产的工艺规程包括制订锻件图、计算坯料尺寸、确定模锻工步（模膛）、选择设备及安排修整工序等。

### 1. 绘制模锻锻件图

锻件图是设计和制造锻模、计算坯料以及检查锻件的依据。绘制模锻锻件图时应考虑分模面、加工余量、模锻斜度、模锻圆角、工艺余块和冲孔连皮等问题。

（1）分模面的选择　分模面即是上、下锻模在锻件上的分界面。锻件分模面的位置选择的合适与否，关系到锻件成形、锻件出模、材料利用率等一系列问题。故绘制模锻锻件图时，必须按以下原则确定分模面位置。

1）要保证模锻件能从模膛中取出。如图 6-13 所示零件，若选 $a—a$ 面为分模面，则无法从模膛中取出锻件。一般情况下，分模面应选在模锻件最大尺寸的截面上。

2）按选定的分模面制成锻模后，应使上、下两模沿分模面的模膛轮廓一致，以便在安装锻模和生产中容易发现错模现象，及时调整锻模位置。图 6-13 中的 $c—c$ 面选做分模面时，就不符合此原则。

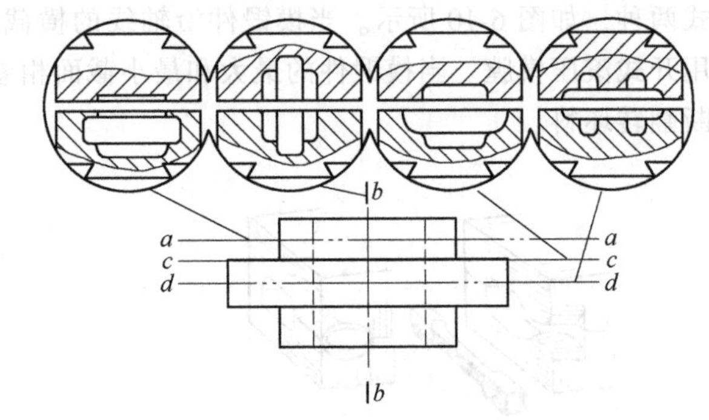


图 6-13　分模面的选择

3）最好把分模面选在能使模膛深度最浅的位置处。这样可使金属很容易充满模膛，便于取出锻件，并有利于锻模的制造。图 6-13 中的 $b—b$ 面，就不适合做分模面。

4）选定的分模面应使零件上所加的加工余块最少。如图 6-13 中的 $b—b$ 面被选做分模面时，零件中间的孔锻造不出来，其加工余块最多。既浪费金属降低了材料的利用率，又增加了切削加工的工作量，所以该面不宜选做分模面。

5）最好使分模面为一个平面，使上、下锻模的模膛深度基本一致，差别不宜过大，以便于制造锻模。

按上述原则综合分析，图 6-13 中的 $d$—$d$ 面是最合理的分模面。

（2）确定加工余量、锻造公差和加工余块　模锻时金属坯料是在锻模中成形的，因此模锻件的尺寸较精确，其锻造公差和加工余量比自由锻件要小得多。加工余量一般为 1～4mm，锻造公差一般为±(0.3～3）mm。

对于孔径 $d$>25mm 的带孔模锻件，孔应锻出，并需考虑冲孔方便和留出冲孔连皮。冲孔连皮的厚度与孔径 $d$ 有关，当孔径为 30～80mm 时，冲孔连皮的厚度为 4～8mm。

（3）模锻斜度　模锻件上平行于锤击方向的表面必须具有斜度（见图 6-14），以便于从模膛取出锻件。对于锤上模锻，模锻斜度一般为 5°～15°。模锻斜度与模膛深度和宽度有关。当模膛深度与宽度的比值（$h/b$）越大时，取较大斜度值。内壁斜度 $\alpha_2$ 比外壁斜度 $\alpha_1$ 大 2°～5°。

（4）模锻圆角半径　在模锻件上所有两平面的交角处均需做成圆角（见图 6-15）。圆角可增大锻件强度，使锻造时的金属易于充满模膛，避免锻模上的内尖角处产生裂纹，减缓锻模外尖角处的磨损，从而提高锻模的使用寿命。钢的模锻件外圆角半径 $r$ 取 1.5～12mm，内圆角半径 $R$ 比外圆角半径大 2～3 倍。模膛深度越深，圆角半径取值就越大，具体参数参考相关手册。

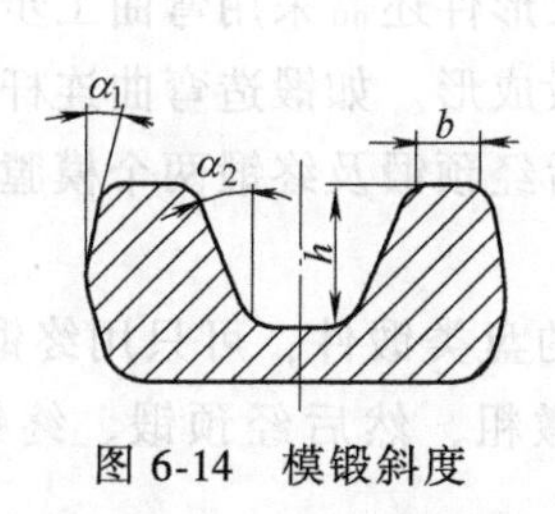

图 6-14　模锻斜度

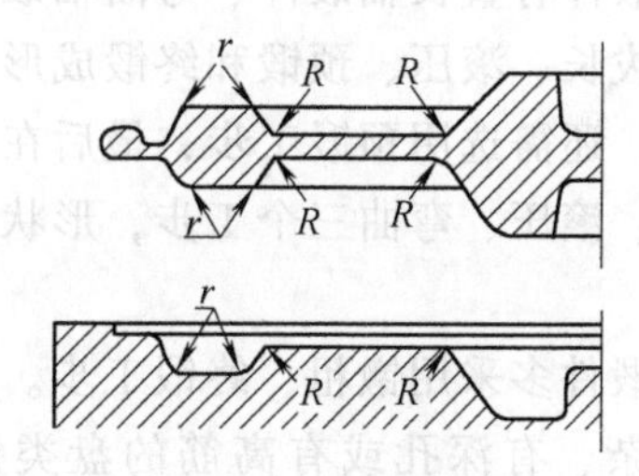

图 6-15　圆角半径

（5）冲孔连皮　冲孔连皮的厚度与孔径 $d$ 有关，当孔径 $d$=30～80mm 时，冲孔连皮厚度 $s$=4～8mm。当孔径 $d$<25mm 或冲孔深度 $h$>3$d$ 时，只在冲孔处压出凹穴。

模锻锻件图可根据上述各项内容绘制出来。图 6-16 所示为齿轮坯的模锻锻件图。图中双点画线为零件轮廓外形，在零件图上将模锻工艺的参数表示出来，按照上述要求分模面选在锻件高度方向的中部。上、下平面部位要求加工精度，故需留加工余量。垂直于模具方向需要模锻斜度。图上内孔中部的两条直线为冲孔连皮切掉后的痕迹线。

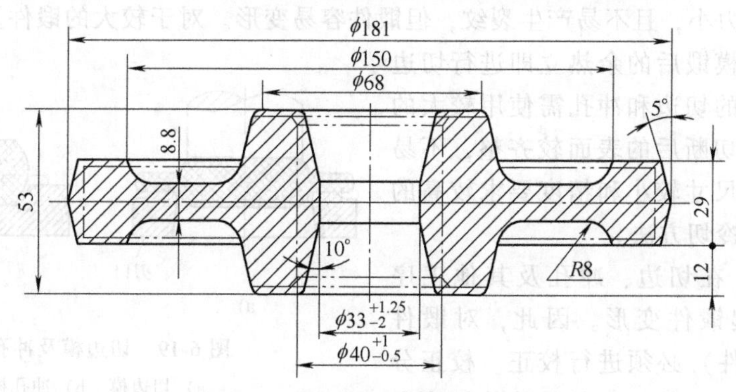

图 6-16　齿轮坯的模锻锻件图

### 2. 确定模锻工步

模锻工步主要是根据锻件的形状和尺寸来确定的。模锻件按形状可分为两大类：一类是长轴类锻件，如台阶轴、曲轴、连杆、弯曲摇臂等（见图 6-17）；另一类为盘类模锻件，如齿轮、法兰盘等（见图 6-18）。

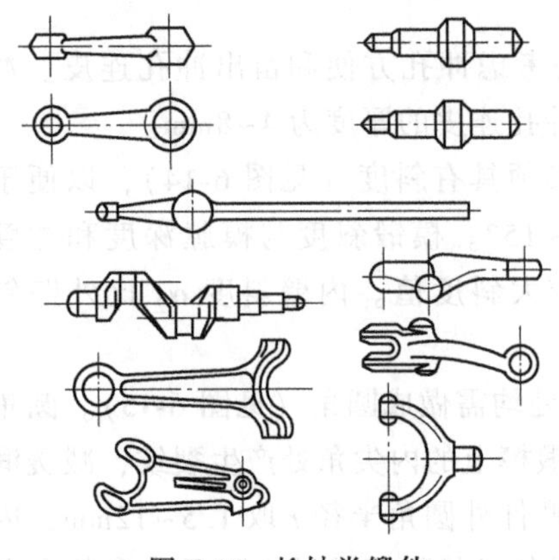

图 6-17 长轴类锻件

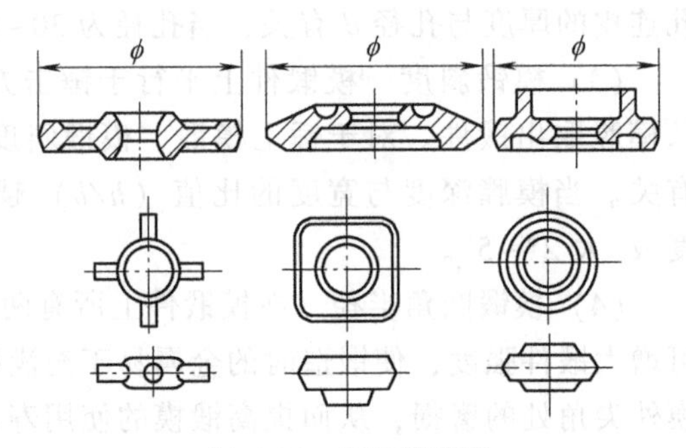

图 6-18 盘类模锻件

长轴类锻件有直长轴锻件、弯曲轴锻件和叉形件等。根据形状需要，直长轴锻件的模锻工步一般为拔长、滚压、预锻和终锻成形。弯曲锻件和叉形件还需采用弯曲工步。对于形状复杂的锻件，还需选用预锻工步，最后在终锻模膛中模锻成形。如锻造弯曲连杆模锻件，坯料经过拔长、滚压、弯曲三个工步，形状接近锻件，然后经预锻及终锻两个模膛制成带有飞边的锻件。

盘类模锻件多采用镦粗、终锻工步。对于形状简单的盘类锻件，可只用终锻工步成形；对于形状复杂、有深孔或有高筋的盘类锻件可用成形镦粗，然后经预锻、终锻工步最后锻成。

### 3. 修整工序

模锻件经终锻成形后，为保证和提高锻件质量，还需安排以下修整工序。

（1）切边与冲孔　终锻工步后的模锻件，一般都带有飞边和冲孔连皮。切除锻件上的飞边为切边，冲掉锻件上的冲孔连皮为冲孔。切边和冲孔是用切边模和冲孔模在压力机上进行的（见图 6-19）。当锻件大量生产时，其切边与冲孔可在一个较复杂的复合模或连续模上联合进行。切边和冲孔可在热态下进行，也可以冷态下进行。热态下的切边与冲孔，锻件塑性好，所需切断力小，且不易产生裂纹，但锻件容易变形。对于较大的锻件及高碳钢、合金钢锻件，常利用模锻后的余热立即进行切边和冲孔。冷态下的切边和冲孔需使用较大的切断力，但锻件切断后的表面较齐整，不易产生变形。对于尺寸较小和精度要求较高的模锻件一般采用冷切方法。

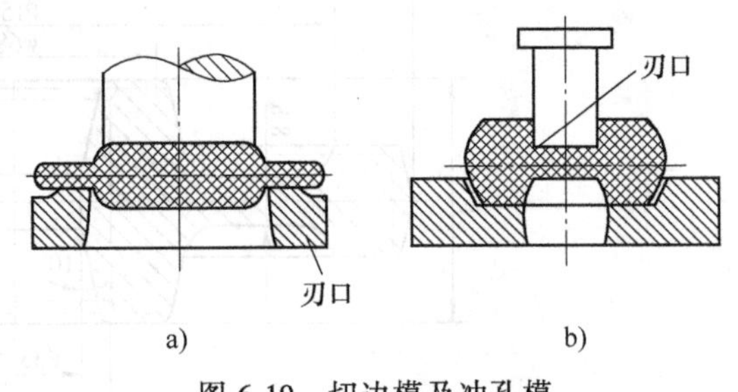


图 6-19 切边模及冲孔模

a）切边模　b）冲孔模

（2）校正　在切边、冲孔及其他工序中，都可能引起锻件变形。因此，对锻件（特别是复杂锻件）必须进行校正。校正分热校正和冷校正。热校正一般是将热切边和冲孔后的锻件立即放回终锻模膛内进行。冷校正是在热处理及清理加工后在专用的校正模内进行。

（3）清理 为了提高模锻件的表面质量，改善模锻件的切削加工性能，模锻件需要进行表面处理。一般采用滚筒法、喷砂法和酸洗法去除锻件表面的氧化皮、污垢及其他表面缺陷（如残余毛刺）等。

（4）精压 对于要求精度高和表面粗糙度值小的锻件，清理后还应在压力机上进行精压。精压分为平面精压和体积精压，平面精压可提高平面间的尺寸精度，体积精压可提高锻件所有尺寸的精度，减少模锻件质量差别。精压后锻件的尺寸公差可达±(0.1~0.5)mm，表面粗糙度 $Ra$ 值为 0.80~0.40μm。

（5）热处理 由于锻件在锻造过程中可能出现过热组织、冷变形强化等现象，一般要求对锻件采用正火或退火等热处理方法来改变其组织和性能，以达到使用要求。

## 6.2.3 压力机模锻

虽然锤上模锻的工艺适应性广，目前仍在锻压生产中广泛应用，但由于模锻锤在工作中存在振动、噪声大、劳动条件差、蒸汽效率低、能源消耗大等难以克服的缺点，近年来大吨位模锻锤逐渐被压力机代替。

压力机上模锻对金属主要施加静压力，金属在模膛内流动缓慢，在垂直于力的方向上容易变形，有利于对变形速度敏感的低塑性材料的成形，并且锻件内外变形均匀，锻造流线连续，锻件力学性能好。模锻压力机主要有曲柄压力机、摩擦压力机和平锻机。

### 1. 模锻曲柄压力机上模锻

模锻曲柄压力机传动系统如图 6-20 所示。电动机转动经带轮和齿轮传至曲柄和连杆，再带动滑块沿导轨做上、下往复运动。锻模分别装在滑块下端和工做台上。工作台安装在楔形垫块的斜面上，因而可对锻模封闭空间的高度做少量调节。曲柄压力机的吨位一般为 200~1200t。

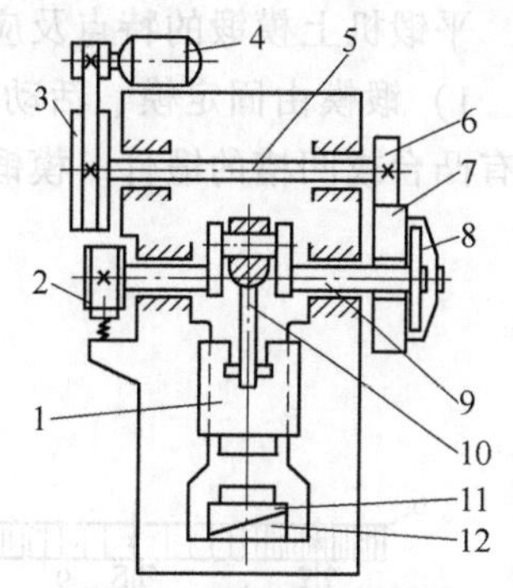


图 6-20 模锻曲柄压力机传动系统

1—滑块 2—制动器 3—带轮 4—电动机 5—转轴 6—小齿轮 7—大齿轮 8—离合器 9—曲轴 10—连杆 11—工作台 12—楔形垫块

曲柄压力机上模锻的特点及应用如下：

1）曲柄压力机作用于金属上的变形力是静压力，由机架本身承受，不传给地基，因此工作时无振动，噪声小。

2）工作时滑块行程不变，在滑块的一个往复行程中即可完成一个工步的变形，并且工作台及滑块中均装有顶杆装置，因此生产率高。

3）压力机机身刚度大，滑块运动精度高，锻件尺寸精度高，加工余量和斜度小 。

4）作用在坯料上的力是静压力，因此，金属在模膛中流动缓慢，对于耐热合金、镁合金等对变形速度敏感的低塑性合金的成形很有利。由于作用力不是冲击力，锻模的主要模膛可设计成镶块式，使模具制造简单，并易于更换。

但由于锻件为一次成形，金属变形量过大，不易使金属填满终锻模膛，因此，变形应逐渐进行。终锻前常采用预成形及预锻工步。而且锻件在模膛一次成形中坯料表面上的氧化皮不易被清除，影响锻件质量。另外，曲柄压力机上不宜进行拔长、滚压工步。因此，横截面变化较大的长轴类锻件，在曲柄压力机上模锻时需用周期性轧制坯料或用辊锻机制坯来代替这两个工步。典型的曲柄压力机上模锻件如图 6-21 所示。

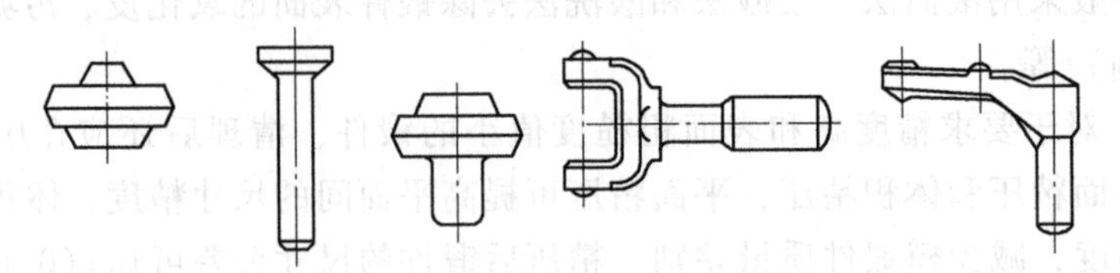

图 6-21　典型的曲柄压力机上模锻件

综上所述，曲柄压力机上模锻与锤上模锻相比，锻件精度高、生产率高、劳动条件好、节省金属，但设备复杂、造价高。因此，曲柄压力机适合大批量生产的锻件，目前已成为模锻生产流水线和自动生产线上的主要设备。

**2. 平锻机上模锻**

平锻机的工作原理与曲柄压力机相同，因为滑块做水平方向运动，故称“平锻机”。平锻机的传动系统如图 6-22 所示。电动机通过带将运动传给带轮，带有离合器的带轮装在传动轴上，再通过另一端的齿轮将运动传至曲轴。随着曲轴的转动，一方面推动主滑块带着凸模前后往复运动，又驱使凸轮旋转。凸轮的旋转通过导轮使副滑块带着活动模运动，实现锻模的闭合或开启。平锻机的吨位一般为 50~3150t。

平锻机上模锻的特点及应用如下：

1）锻模由固定模、活动模和凸模三部分组成。因此锻模有两个分模面，可锻造出侧面带有凸台或凹槽的锻件。模锻过程如图 6-23 所示。

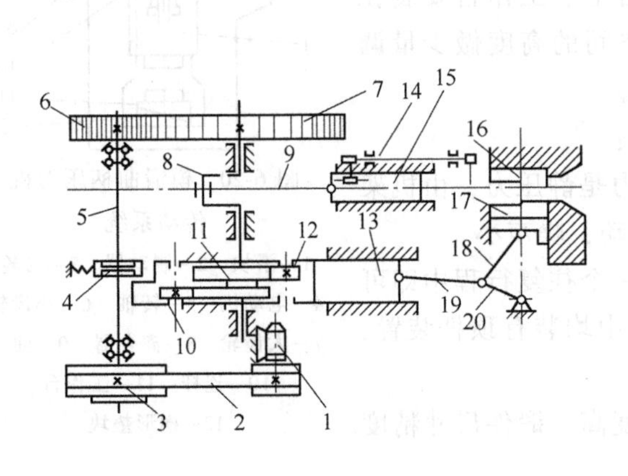


图 6-22　平锻机传动系统

1—电动机　2—带　3—带轮　4—离合器　5—传动轴
6、7—齿轮　8—曲轴　9—连杆　10、12—导轮　11—凸轮
13—副滑块　14—挡料板　15—主滑块　16、17—活动模
18、19、20—连杆系统

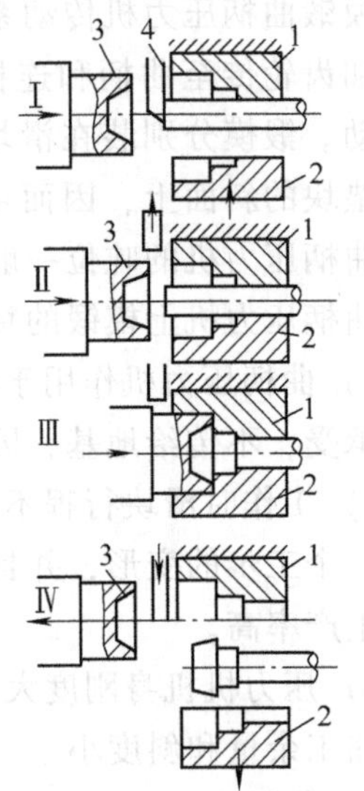


图 6-23　平锻机上模锻过程

1—固定模　2—活动模　3—凸模
4—挡料板

2）主滑块上一般不只装有一个凸模，而是从上到下安排几个不同的凸模，工作时坯料逐一经过所有模膛，完成各个工步。如镦粗、预成形、成形、冲孔等。

3）凸模工作部分多用镶块组合，便于磨损后更换，以节约模具材料。

4）锻件飞边小，带孔件无连皮，锻件外壁无斜度，材料利用率高，锻件质量好。

5）平锻机造价较高，通用性不如锤上模锻和曲柄压力机上模锻，对非回转体及中心不对称的锻件较难锻造，一般只对坯料的一部分进行锻造，所生产的锻件主要是带头部的杆类和有孔（通孔或不通孔）的锻件。也可锻造出曲柄压力机上不能模锻的一些锻件，如汽车半轴、倒车齿轮等。典型平锻机上模锻件如图6-24所示。

**3. 摩擦压力机上模锻**

摩擦压力机传动系统如图6-25所示。锻模分别安装在滑块和机座上，滑块与螺杆相连只能沿导轨做上下滑动。两个圆轮同装在一根轴上，由电动机经过传动带使圆轮轴旋转。螺杆穿过固定在机架上的螺母，并在上端装有飞轮。当改变操纵杆位置时，圆轮轴将沿轴向窜动，两个圆轮可分别与飞轮接触，通过摩擦力带动飞轮做不同方向的旋转，并带动螺杆转动。但在螺母的约束下螺杆的转动转变为滑块的上、下滑动，从而实现摩擦压力机上模锻。摩擦压力机的吨位一般为350～1000t。

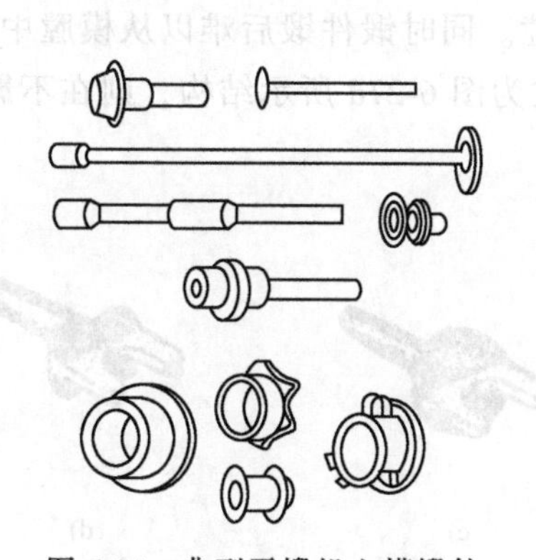

图6-24　典型平锻机上模锻件

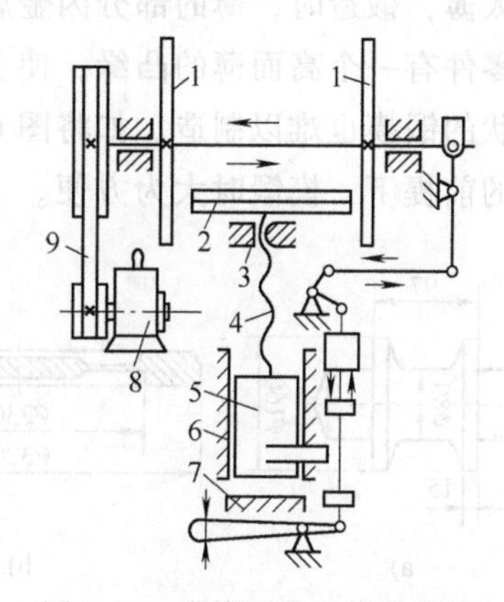


图6-25　摩擦压力机传动系统

1—圆轮　2—飞轮　3—螺母　4—螺杆　5—滑块
6—导轨　7—机座　8—电动机　9—传动带

摩擦压力机上模锻特点及应用如下：

1）工作过程中滑块速度为0.5～1.0m/s，对锻件有一定的冲击作用，而且滑块行程可控，具有锻锤和压力机双重性质，不仅能满足模锻各种主要成形工序的要求，还可以进行弯曲、热压、精压、切飞边、冲连皮及校正等工序。

2）带有顶料装置，锻模可以采用整体式，也可以采用组合式，从而使模具制造简单。同时也可以锻造出更为复杂、工艺余块和模锻斜度都很小的锻件，并可将轴类锻件直立起来进行局部镦锻。

3）滑块运动速度低，金属变形过程中的再结晶现象可以充分进行，对塑性较差的金属变形有利，特别适合锻造低塑性合金钢和有色金属（如铜合金）等。但生产率也相对较低。

但摩擦压力机螺杆承受偏心载荷的能力差，一般只适用于单膛模锻。因此，形状复杂的锻件，需要在自由锻设备或其他设备上制坯。

摩擦压力机上模锻适合中小型锻件的小批量或中等批量的生产。典型的摩擦压力机上模锻件如图 6-26 所示。

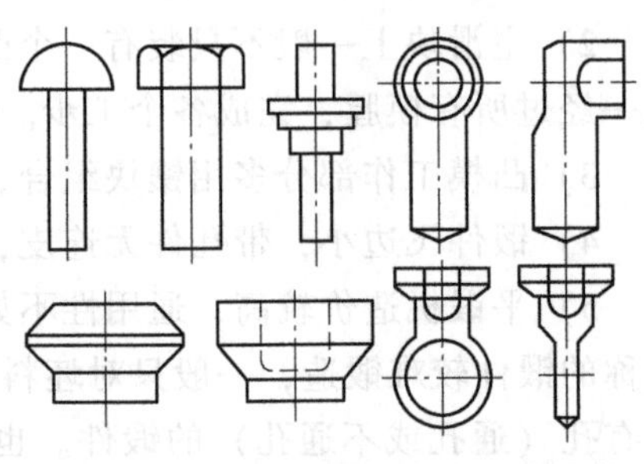

图 6-26　典型的摩擦压力机上模锻件

## 6.2.4　模锻件的结构设计

根据模锻的特点及工艺要求，在设计模锻零件时，其结构应符合以下原则：

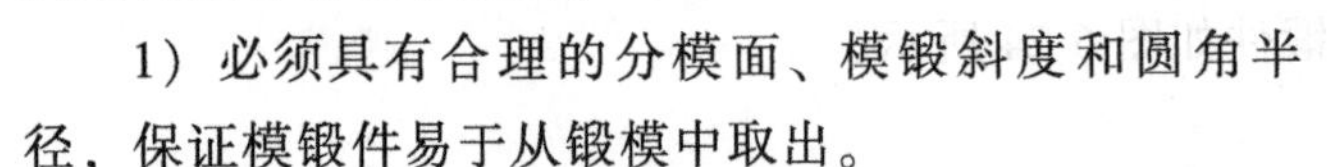

1）必须具有合理的分模面、模锻斜度和圆角半径，保证模锻件易于从锻模中取出。

2）在零件的非接合面、无需进行切削加工处，应有合理的模锻斜度和圆角。

3）为了减少工序，零件的外形应力求简单，最好要平直和对称，截面的差别不宜过大，避免薄壁、高筋、凸起等外形结构。在分模面上避免小枝杈和薄凸缘。

例如，如图 6-27a 所示的零件，其最小截面与最大截面之比若小于 0.5 时，则不宜采用模锻。同时该零件的凸缘薄而高，中间凹下很深，也难用模锻方法锻制。图 6-27b 所示零件太扁、太薄，锻造时，薄的部分因金属冷却过快，变形抗力增大，难以充满模膛。图 6-27c 所示的零件有一个高而薄的凸缘，使金属难以充满模膛。同时锻件锻后难以从模膛中取出。这种形状的锻模也难以制造。如将图 6-27c 所示结构改为图 6-27d 所示结构，则在不影响零件功能的前提下，模锻时大为方便。

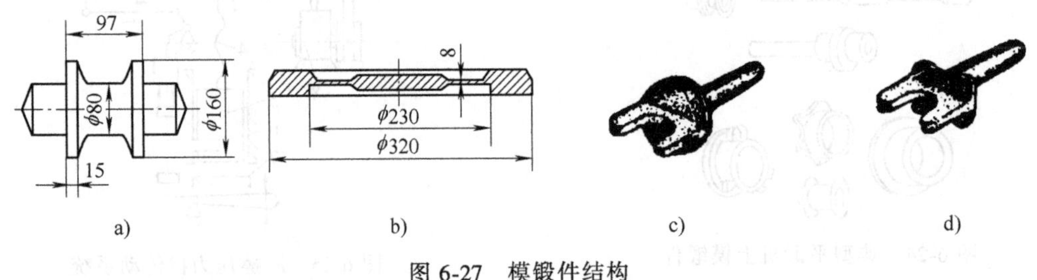


图 6-27　模锻件结构

4）避免窄沟、深槽、深孔及多孔结构，以便于制造模具并延长模具寿命。孔径小于 30mm 和孔深大于直径两倍的孔结构均不易锻出，应尽量避免。如图 6-28 所示，零件上四个 $\phi$20mm 的孔就不能锻出，只能用机械加工成形。

5）对于形状复杂的锻件，应尽量采用锻焊结构，以减少工艺余块，简化模锻工艺，如图 6-29 所示。

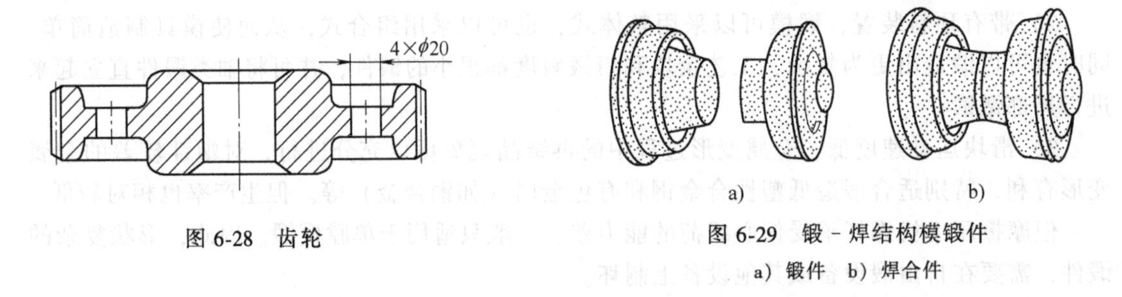


图 6-28　齿轮

图 6-29　锻－焊结构模锻件

a）锻件　b）焊合件

## 6.3 胎模锻

胎模锻是在自由锻设备上使用胎模生产模锻件的工艺方法。胎模锻一般采用自由锻方法制坯，然后在胎模中最后成形。胎模是不固定在锻造设备上的模具。

**1. 胎模锻特点和应用**

胎模锻与自由锻比较有如下特点：

1）胎模锻件的形状和尺寸基本与锻工技术无关，靠模具来保证，对工人技术要求不高，操作简便，生产率较高。

2）胎模锻造的形状准确，尺寸精度较高，因而工艺余块少、加工余量小。既节约了金属，也减轻了后续加工的工作量。

3）胎模锻件在胎模内成形，锻件内部组织致密，纤维分布更符合性能要求。

胎模锻适合于大、中、小批量生产，多用在没有模锻设备的中、小型工厂中。

**2. 胎模锻模具**

胎模种类较多，主要有扣模、筒模及合模三种。

（1）扣模　扣模结构如图6-30所示，由上、下扣组成或上扣由上砧代替。扣模用来对坯料进行全部或局部扣形，生产长杆非回转体锻件，也可以为合模锻造进行制坯。用扣模锻造时坯料不转动。

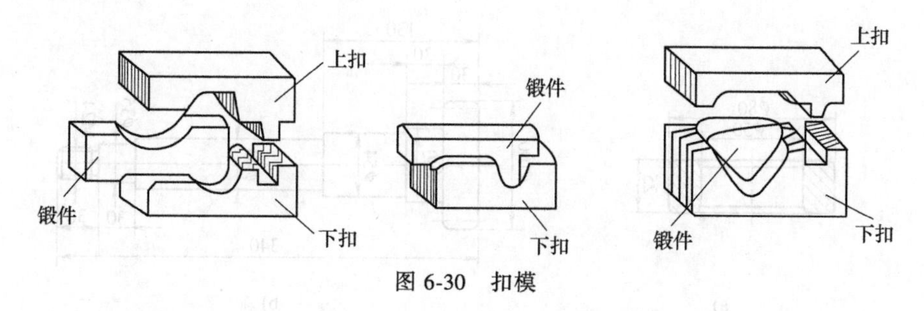


图6-30　扣模

（2）筒模　筒模结构如图6-31所示，锻模呈圆筒形，主要用于锻造齿轮、法兰盘等回转体盘类锻件。对于形状简单的锻件，只用一个筒模就可进行生产。根据具体条件，筒模可制成整体模、镶块模或带垫模的筒模。

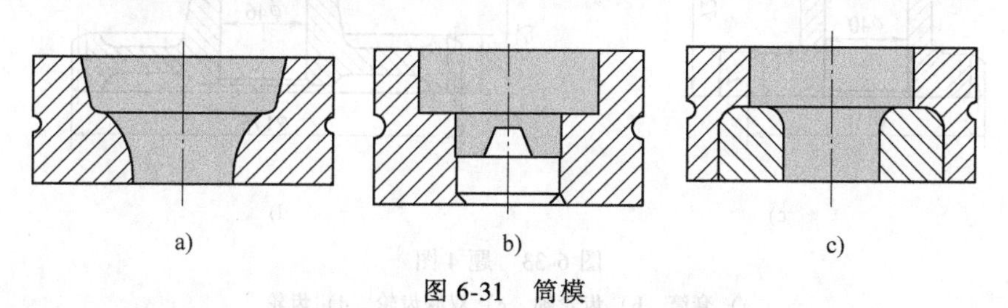


图6-31　筒模

a）整体筒模　b）镶块筒模　c）带垫模筒模

对于形状复杂的胎模锻件，则需在筒模内再加两个半模，制成组合筒模，如图6-31b、c所示。坯料在由两个半模组成的模膛内成形，锻后先取出两个半模，再取锻件。

（3）合模　合模的结构如图 6-32 所示，通常由上模和下模两部分组成。为了使上下模吻合及不使锻件错移，经常用导柱和导锁定位。合模多用于生产形状较复杂的非回转体锻件，如连杆、叉形件等锻件。

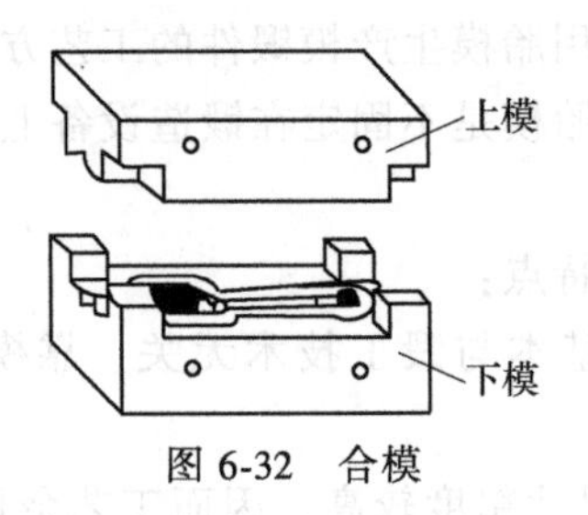


图 6-32　合模

## 复习思考题

1. 自由锻有哪些主要工序？
2. 自由锻和模锻有何不同？为什么重要的巨型锻件必须采用自由锻的方法制造？
3. 为什么重要的轴类锻件在锻造过程中不仅需要拔长还需要镦粗工序？
4. 图 6-33 所示各零件，在单件和大批量生产时各选择哪种锻造方法制造毛坯？制定锻造工序，并绘制工艺图。

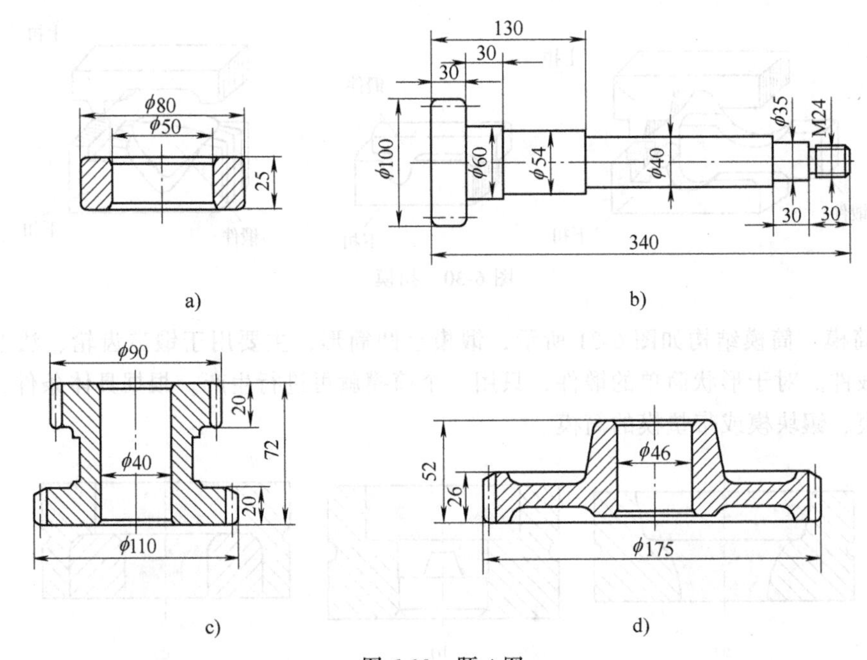


图 6-33　题 4 图

a）套筒　b）齿轮轴　c）双联齿轮　d）齿轮

5. 锤上模锻选择分型面的原则是什么？锻件上为什么要有模锻斜度和圆角？
6. 如图 6-34 所示的三种连杆，如何选择锤上模锻时的分模面？并画出模锻件工艺图。
7. 如图 6-35 所示各零件的结构是否适合自由锻生产？为什么？如何改进？

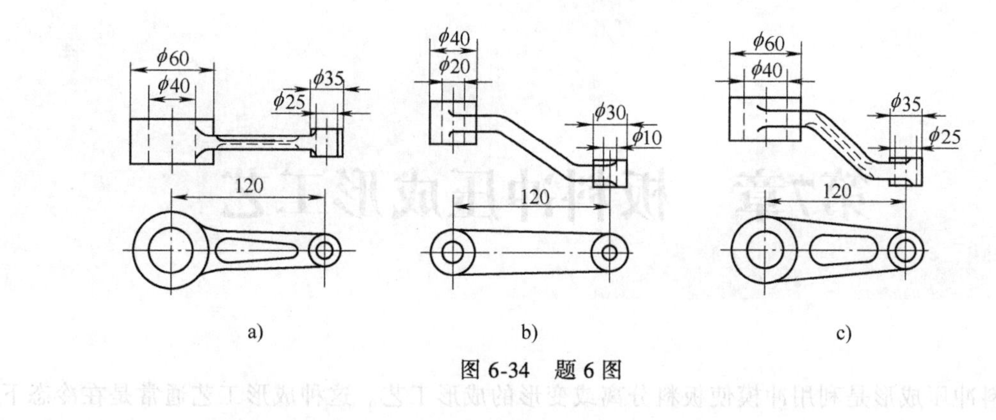


图 6-34　题 6 图

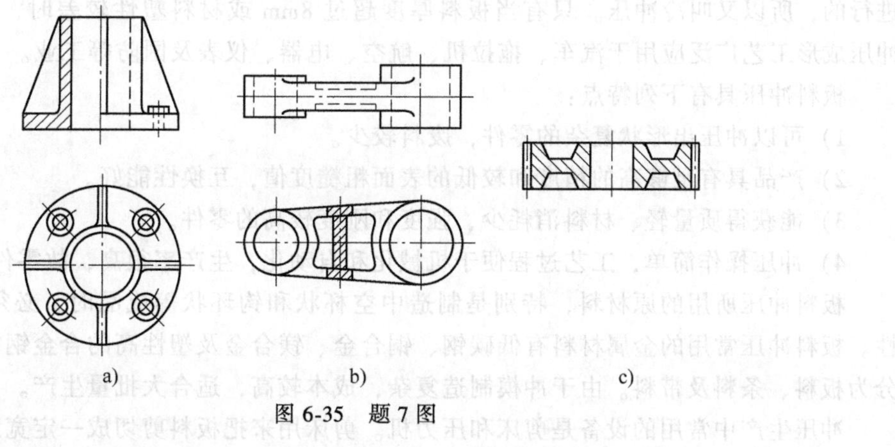


图 6-35　题 7 图

**8. 图 6-36 所示各零件的结构是否适合模锻生产？为什么？如何改进？**

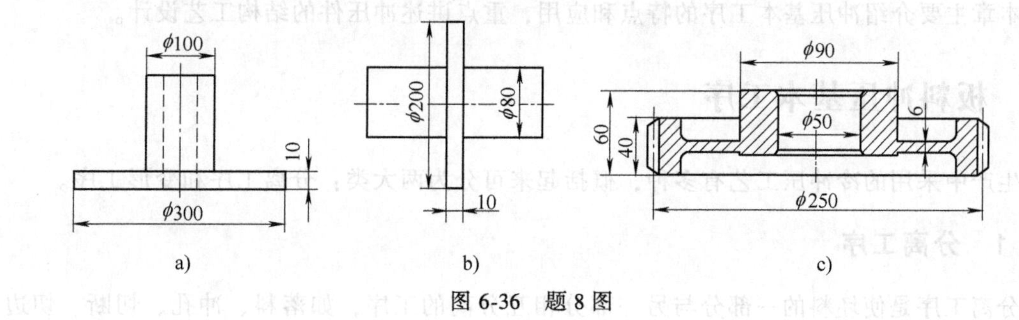


图 6-36　题 8 图

# 第7章　板料冲压成形工艺

板料冲压成形是利用冲模使板料分离或变形的成形工艺。这种成形工艺通常是在冷态下进行的，所以又叫冷冲压。只有当板料厚度超过 8mm 或材料塑性较差时，才采用热冲压。冲压成形工艺广泛应用于汽车、拖拉机、航空、电器、仪表及国防等工业。

板料冲压具有下列特点：

1）可以冲压出形状复杂的零件，废料较少。

2）产品具有足够高的精度和较低的表面粗糙度值，互换性能好。

3）能获得质量轻、材料消耗少、强度和刚度较高的零件。

4）冲压操作简单，工艺过程便于机械化和自动化，生产率很高，故零件成本低。

板料冲压所用的原材料，特别是制造中空杯状和钩环状等成品时，必须具有足够的塑性。板料冲压常用的金属材料有低碳钢、铜合金、镁合金及塑性高的合金钢等。材料形状可分为板料、条料及带料。由于冲模制造复杂，成本较高，适合大批量生产。

冲压生产中常用的设备是剪床和压力机。剪床用来把板料剪切成一定宽度的条料，以供下一步的冲压工序用。压力机用来实现冲压工序，制成所需形状和尺寸的成品零件。

本章主要介绍冲压基本工序的特点和应用，重点讲述冲压件的结构工艺设计。

## 7.1　板料冲压基本工序

生产中采用的冷冲压工艺有多种，概括起来可分为两大类：分离工序和变形工序。

### 7.1.1　分离工序

分离工序是使坯料的一部分与另一部分相互分离的工序，如落料、冲孔、切断、切边、精冲等。

**1. 落料及冲孔**

落料及冲孔统称冲裁，是使坯料按封闭轮廓分离的工序。冲裁的应用十分广泛，它既可直接冲制成品零件，又可为其他成形工序制备坯料。

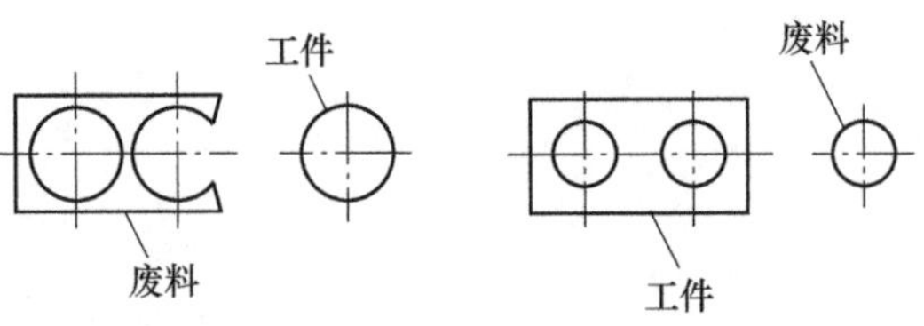

图 7-1　落料与冲孔示意图

如图 7-1 所示，落料和冲孔这两个工序中的操作方法和模具结构是一样的，只是成品与废料的划分不同，用途不同。落料是被分离的部分为成品，而周边为废料；冲孔是被分离的部分为废料，得到孔的成品。例如，冲制平面垫圈，制取外形的冲裁工序称为落料，而制取内孔的工序称为冲孔。

（1）冲裁变形过程　冲裁件质量、模具结构与冲裁时板料变形过程有密切关系。图 7-2 所示为简单冲裁模。凸模与凹模都是具有与工件轮廓一样形状的锋利刃口，凸、凹模之间存在一定的间隙，当凸、凹模间隙正常时，其过程可分为三个阶段，如图 7-3 所示。

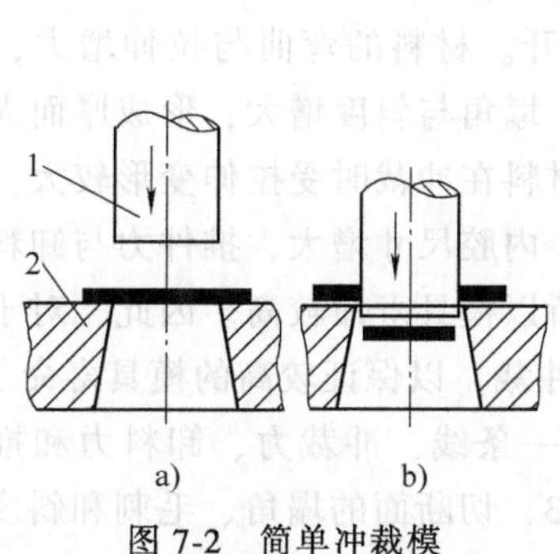

图 7-2　简单冲裁模

a）冲裁前　b）冲裁后

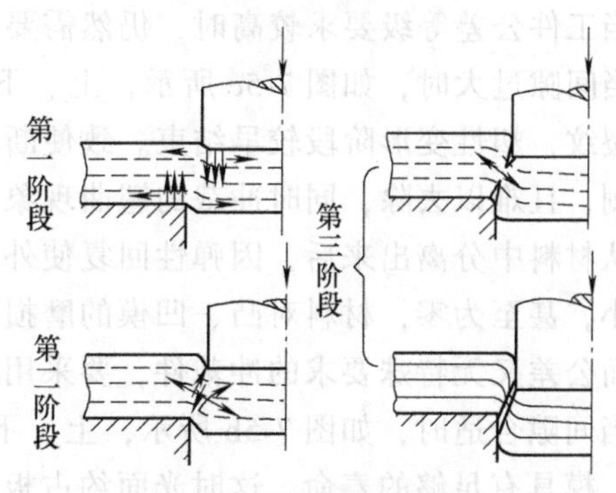

图 7-3　冲裁变形过程

1）第一阶段：弹性变形阶段。凸模接触板料后，继续向下运动的初始阶段，材料产生弹性压缩、拉伸和弯曲变形，板料中的应力逐渐增大。此时，凸模下的板料略有弯曲，凹模上的板料则向上翘曲，间隙越大，弯曲和上翘越严重。同时，凸模稍许挤入板料上部，板料下部则略挤入凹模洞口，但材料的内应力未超过材料的弹性极限。

2）第二阶段：塑性变形阶段。凸模继续压入，材料内的应力达到屈服极限时，便开始产生塑性变形。随凸模挤入板料深度的增大，变形区材料硬化加剧，直到刃口附近侧面的材料由于拉应力的作用出现微裂纹时，塑性变形阶段结束。

3）第三阶段：断裂分离阶段。已形成的上、下微裂纹随着凸模继续压入沿最大剪应力方向不断向材料内部扩展，当上、下裂纹重合时，板料便被剪断分离。

冲裁变形区的应力与变形情况和冲裁件切断面的状况如图 7-4 所示。冲裁件的切断面具有明显的区域性特征，由塌角、光面、毛面和毛刺四个部分组成。

塌角 $a$：它是在冲裁过程中刃口附近的材料被牵连拉入变形（变形和拉伸）的结果。

光面 $b$：它是在塑性变形过程中凸模（或凹模）挤压切入材料，使其受到剪切应力 $\tau$ 和挤压应力 $\sigma$ 的作用而形成的。

毛面 $c$：它是由刃口处的微裂纹在拉应力 $\sigma$ 作用下不断扩展断裂而形成的。

毛刺 $d$：冲裁毛刺是在刃口附近的侧面材料上出现微裂纹时形成的。当凸模继续下行时，便使已形成的毛刺拉长并残留在冲裁件上。

要提高冲裁件的质量，就要增大光面的宽度，缩小塌角和毛刺高度，并减少冲裁件翘曲。冲裁件断面质量主要与凸、凹模间隙，刃口锋利程度有关。同时也受模具结构、材料性能及板厚等因素影响。

（2）凸、凹模间隙　凸、凹模间隙不仅严重影响冲裁件的断面质量，而且影响模具寿命、卸料力、推件力、冲裁力和冲裁件的尺寸精度。

当间隙过小时，如图 7-5a 所示，上、下裂纹向外错开。两裂纹之间的材料，随着冲裁的进行将被第二次剪切，在断面上形成第二光面。因间隙太小，凸、凹模受金属的挤压作用增大，从而增加了材料与凸凹模之间的摩擦力。这不仅增大了冲裁力、卸料力和推件力，还加剧了凸、凹模的磨损，降低了模具寿命（冲硬质材料更为突出）。因材料在过小间隙冲裁时，受挤压而产生压缩变形，所以冲裁后的外表尺寸略有增大，内腔尺寸略有缩小（弹性回复）。但是间隙小，光面宽度增加，塌角、毛刺、斜度等都有所减小，工件质量较高。因此，当工件公差等级要求较高时，仍然需要使用较小的间隙。

当间隙过大时，如图 7-5c 所示，上、下裂纹向内错开。材料的弯曲与拉伸增大，易产生剪裂纹，塑性变形阶段较早结束。致使断面光面减小，塌角与斜度增大，形成厚而大的拉长毛刺，且难以去除，同时冲裁的翘曲现象严重。由于材料在冲裁时受拉伸变形较大，所以零件从材料中分离出来后，因弹性回复使外形尺寸缩小，内腔尺寸增大，推件力与卸料力大为减小，甚至为零，材料对凸、凹模的磨损大大减弱，所以模具寿命较高。因此，对于批量较大而公差又无特殊要求的冲裁件，要采用“大间隙”冲裁，以保证较高的模具寿命。

当间隙合适时，如图 7-5b 所示，上、下裂纹重合为一条线，冲裁力、卸料力和推件力适中，模具有足够的寿命。这时光面约占板厚的 1/2～1/3，切断面的塌角、毛刺和斜度均很小，零件的尺寸几乎与模具一致，完全可以满足使用要求。

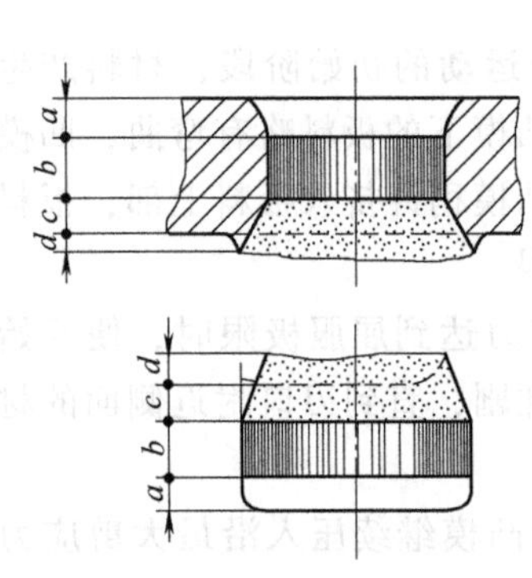

图 7-4　冲裁件断面特征

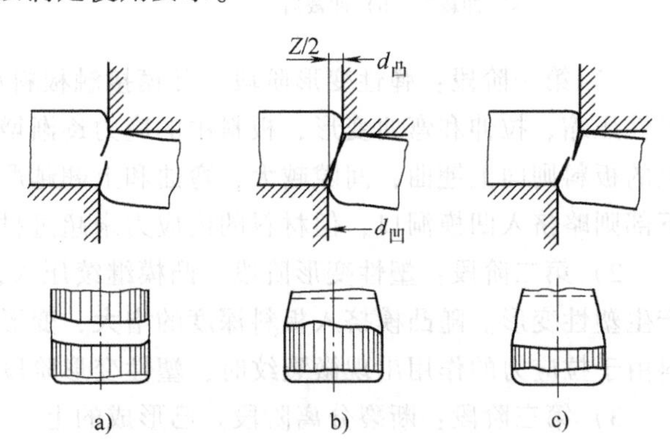

图 7-5　间隙对冲裁断面的影响

a）间隙过小　b）间隙合适　c）间隙过大

冲裁模合理的间隙值可按表 7-1 选取。对于冲裁件断面质量要求较高时，可将表中数据减小 1/3。

**表 7-1　冲裁模合理间隙值**　　（双边值）

| 材料种类 | 材料厚度 $s$/mm | | | | |
|---|---|---|---|---|---|
| | 0.1～0.4 | 0.4～1.2 | 1.2～2.5 | 2.5～4 | 4～6 |
| 低碳钢、黄铜 | 0.01～0.02 | (7%～10%)$s$ | (9%～12%)$s$ | (12%～14%)$s$ | (15%～18%)$s$ |
| 高碳钢 | 0.01～0.05 | (10%～17%)$s$ | (18%～25%)$s$ | (25%～27%)$s$ | (27%～29%)$s$ |
| 磷青铜 | 0.01～0.04 | (8%～12%)$s$ | (11%～14%)$s$ | (14%～17%)$s$ | (18%～20%)$s$ |
| 铝及铝合金(软) | 0.01～0.03 | (8%～12%)$s$ | (11%～12%)$s$ | (11%～12%)$s$ | (11%～12%)$s$ |
| 铝及铝合金(硬) | 0.01～0.03 | (10%～14%)$s$ | (13%～14%)$s$ | (13%～14%)$s$ | (13%～14%)$s$ |

（3）凸、凹模刃口尺寸的确定　在冲裁件尺寸的测量和使用中，都是以光面尺寸为基准。落料件的光面是因凹模刃口挤切材料产生的，而孔的光面是因凸模刃口挤切材料产生

的。故计算刃口尺寸时，应按落料和冲孔两种情况分别进行。

设计落料模时，先按落料件确定凹模刃口尺寸，取凹模作为设计基准件，然后根据间隙 $Z$ 确定凸模尺寸（即用缩小凸模刃口尺寸来保证间隙值）。

设计冲孔模时，先按冲孔件确定凸模刃口尺寸，取凸模作为设计基准件，然后根据间隙 $Z$ 确定凹模尺寸（即用扩大凹模刃口尺寸来保证间隙值）。

冲模在工作过程中必然有磨损，落料件尺寸会随凹模刃口的磨损而增大，而冲孔件尺寸则随凸模磨损而减小。为了保证零件的尺寸要求，并提高模具的使用寿命，落料凹模基本尺寸应取工件尺寸公差范围内的最小尺寸。而冲孔凸模基本尺寸应取工件尺寸公差范围内的最大尺寸。

（4）冲裁力的计算　冲裁力是选用压力机公称压力和检验模具强度的一个重要依据。计算准确，有利于发挥设备的潜力；计算不准确，有可能使设备超载而损坏，造成严重事故。

平刃冲模的冲裁力按下式计算：

$$P = KLs\tau$$

式中　$P$——冲裁力（N）；

$L$——冲裁周边长度（mm）；

$s$——坯料厚度（mm）；

$K$——系数，常取1.3；

$\tau$——材料抗剪强度（MPa），可查手册或取 $\tau = 0.8R_m$。

（5）冲裁件的排样　排样是指落料件在条料、带料或板料上合理布置的方法。排样合理可使废料最少，材料利用率大为提高。图7-6所示为同一个冲裁件采用四种不同排样方式的材料消耗对比。

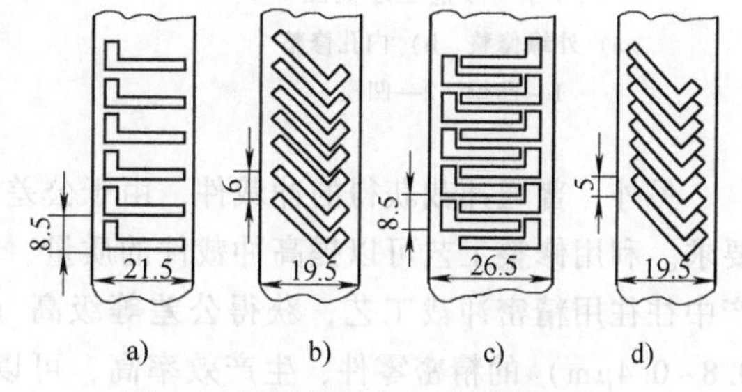


图7-6　不同排样方式材料消耗对比

a）182.7mm²　b）117mm²　c）112.63mm²　d）97.5mm²

无搭边排样是用落料件形状的一个边作为另一个落料件的边缘。这种排样材料利用率很高。但毛刺不在同一个平面上，而且尺寸不容易准确。因此只有在对冲裁件质量要求不高时才采用，如图7-6d所示。

有搭边排样，即在各个落料件之间均留有一定尺寸的搭边。其优点是毛刺小，而且在同一个平面上，冲裁件尺寸准确、质量较高，但材料消耗多，如图7-6a所示。

**2. 修整**

修整是利用修整模沿冲裁件外缘或内孔刮削一薄层金属，以切掉普通冲裁时在冲裁件断面上存留的剪裂带和毛刺，从而提高冲裁件的尺寸精度和降低表面粗糙度值的工序。

修整冲裁件的外形称为外缘修整，修整冲裁件的内孔称为内缘修整，如图7-7所示。修整的机理与冲裁完全不同，与切削加工相似。修整时，应合理确定修整余量及修整次数。对于大间隙落料件，单边修整量一般为材料厚度的10%；对于小间隙落料件，单边修整量为材料厚度的8%以下。当冲裁件的修整总量大于一次修整量时，或材料厚度大于3mm时，均需多次修整，但修整次数越少越好，以提高冲裁件的生产率。

外缘修整模式的凸、凹模间隙，单边取0.001~0.01mm。也可以采用负间隙修整，即凸模大于凹模的修整工艺。

修整后冲裁件公差等级为IT6~IT7，表面粗糙度 *Ra* 值为0.8~1.6μm。

**3. 切断**

切断是指用剪刃或冲模将板料沿不封闭轮廓进行分离的工序。剪刃安装在剪床上，把大板料剪成一定宽度的条料，供下一步冲压工序用。而冲模是安装在压力机上，用于制取形状简单、精度要求不高的平板零件。

**4. 切口、切边**

用模具将板料冲切成部分分离，切口部分发生弯曲变形的工艺称为切口（见图7-8a）；将变形后半成品的边缘修切整齐或切成一定形状的工艺称为切边（见图7-8b）。

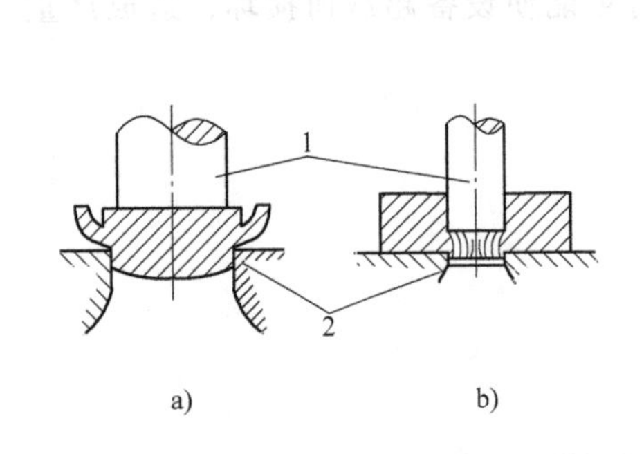


图7-7 修整工序简图
a）外缘修整 b）内孔修整
1—凸模 2—凹模

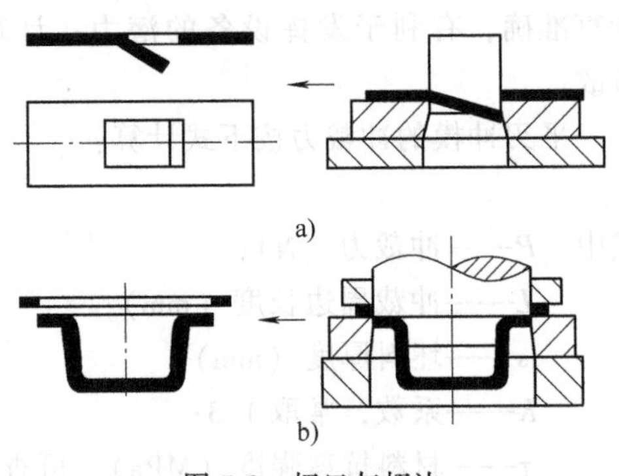


图7-8 切口与切边
a）切口 b）切边

另外，普通冲裁获得的冲裁件，由于公差大，断面质量较差，只能满足一般产品的使用要求。利用修整工艺可以提高冲裁件的质量，但生产率低，不能适应大批生产的要求。在生产中往往用精密冲裁工艺，获得公差等级高（可达IT6~IT8）、表面粗糙度值小（*Ra* 可达0.8~0.4μm）的精密零件，生产效率高，可以满足精密零件批量生产的要求。精密冲裁的基本出发点是改变冲裁条件，以增大变形区的静压作用，抑制材料断裂，使塑性剪切变形延续到剪切的全过程，在材料不出现剪裂纹的冲裁条件下实现材料的分离，从而得到断面光滑而垂直的精密零件。

## 7.1.2 变形工序

变形工序是使坯料的一部分相对于另一部分产生位移而不破裂的工序，如拉深、弯曲、翻边、胀形、旋压等。

**1. 拉深**

拉深是利用拉深模使平面坯料变成开口空心件的冲压工序。拉深可以制成筒形、阶梯形、盒形、球形、锥形及其他复杂形状的薄壁零件。

（1）拉深过程及变形特点 拉深过程如图7-9所示，其凸模和凹模与冲裁模不同，它们都有一定的圆角而不是锋利的刃口，其间隙一般稍大于板料厚度。在凸模作用下，板料被拉入凸、凹模之间的间隙而形成圆筒的直壁。拉深件的底部一般不变形，只起传递拉力的作用，厚度基本不变。零件直壁是由毛坯的环形部分（即毛坯外径与凹模洞口直径间的一圈）

转化而成的，主要受拉力作用，厚度有所减小。而直壁与底之间的过渡圆角部分被拉薄最严重。拉深件的法兰部分，切向受压应力作用，厚度有所增大。拉深时，金属材料产生很大的塑性流动。坯料直径越大，拉深时，金属材料产生塑性流动越大。

（2）拉深件质量影响因素　拉深件常见的废品有拉裂和起皱，如图7-10所示。拉深件中最危险的部位是直壁与底部的过渡圆角处，当拉应力超过材料的强度极限时，材料会被拉裂。当环形部分压力过大时，会造成失稳起皱。拉深件严重起皱后，法兰部分的金属不能通过凸、凹模间隙，致使坯料被拉断而成为废品。轻微起皱，法兰部分勉强通过间隙，但也会在产品侧壁留下起皱痕迹，影响产品质量。因此，拉深过程中不允许出现裂纹和起皱。影响拉深件质量的主要因素有：

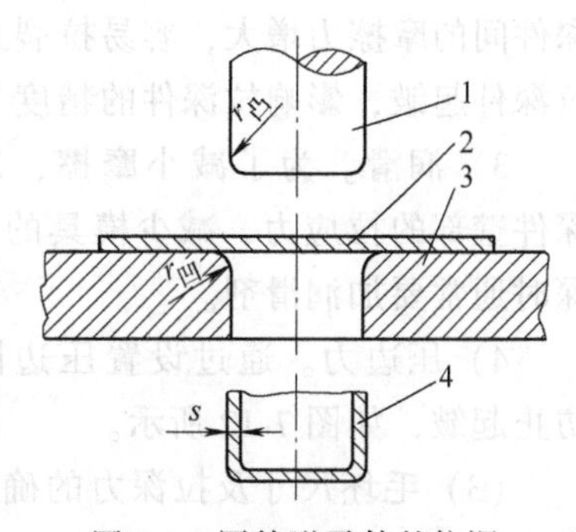

图7-9　圆筒形零件的拉深

1—凸模　2—毛坯　3—凹模　4—工件

1）拉深系数。拉深件直径 $d$ 与坯料直径 $D$ 的比值称为拉深系数，用 $m$ 表示，即 $m=d/D$，它是衡量拉深变形程度的指标。拉深系数越小，表明拉深件直径越小，变形程度越大，坯料被拉入凹模越困难，因此越容易产生拉裂废品。一般情况下，拉深系数不小于0.5~0.8。坯料的塑性差取上限值，塑性好取下限值。

如果拉深系数过小，不能一次拉深成形，则可采用多次拉深工艺（见图7-11）。

第1次拉深系数　$m_1=d_1/D$

第2次拉深系数　$m_2=d_2/d_1$

第 $n$ 次拉深系数　$m_n=d_n/d_{n-1}$

总的拉深系数　$m_{总}=m_1m_2\cdots m_n$

式中　$D$——毛坯直径（mm）；

$d_1$、$d_2$、$d_{n-1}$、$d_n$——各次拉深后的平均直径（mm）。

多次拉深过程中，必然产生加工硬化。为了保证坯料具有足够的塑性，生产中坯料经过一两次拉深后，应安排工序间的退火处理。其次，在多次拉深中，拉深系数应一次比一次略大些，确保拉深件质量和生产顺利进行。

a)

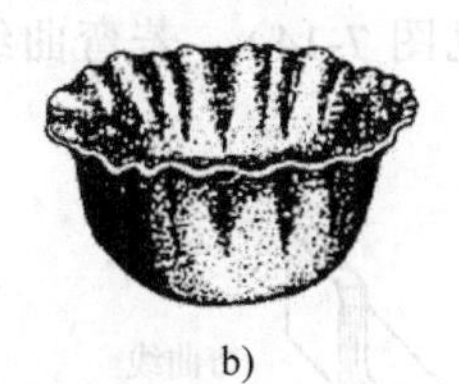
b)

图7-10　拉深件废品

a）拉裂　b）起皱

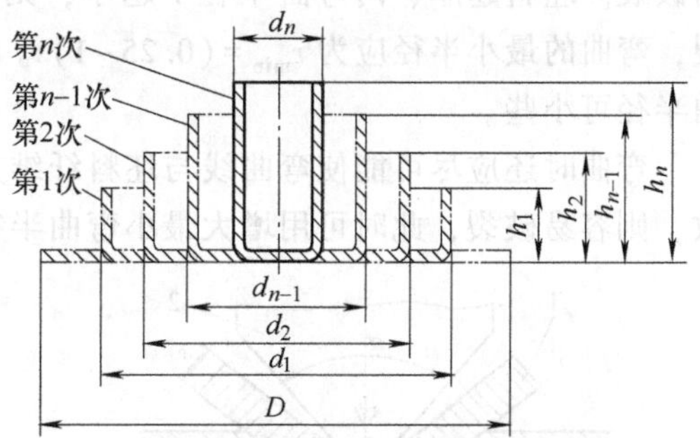

图7-11　多次拉深时圆筒直径的变化

2）拉深模参数。

① 凸、凹模的圆角半径。为了减少坯料流动阻力和弯曲处的应力集中，凸、凹模必须

要有一定的圆角。材料为钢的拉深件，取 $r_{凹}=10s$，而 $r_{凸}=(0.6\sim1)r_{凹}$。而凸、凹模圆角半径过小，产品容易拉裂（见图 7-10a）。

② 凸、凹模间隙。一般取 $Z=(1.1\sim1.2)s$，比冲裁模的间隙大。间隙过小，模具与拉深件间的摩擦力增大，容易拉裂工件，擦伤工作表面，降低模具寿命。间隙过大，又容易使拉深件起皱，影响拉深件的精度（见图 7-10b）。

3）润滑。为了减小摩擦，以降低拉深件壁部的拉应力，减少模具的磨损，拉深时通常要加润滑剂。

4）压边力。通过设置压边圈的方法防止起皱，如图 7-12 所示。

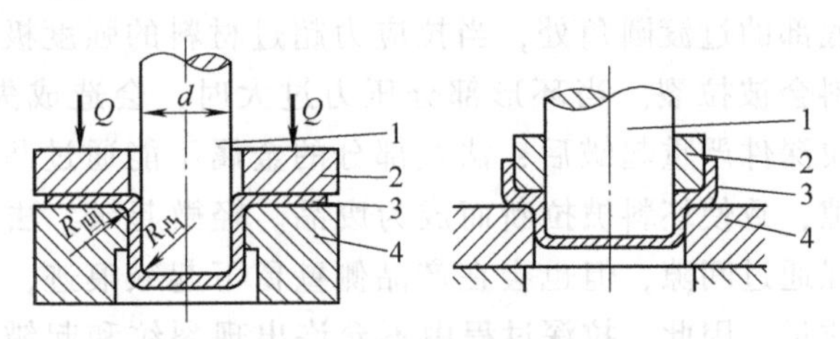


图 7-12　有压边圈的拉深

1—凸模　2—压边圈　3—板料　4—凹模

（3）毛坯尺寸及拉深力的确定　毛坯尺寸按拉深前后面积不变的原则进行计算。具体计算中把拉深件划分成若干个容易计算的几何体，分别求出各部分的面积，相加后即得所需毛坯的总面积，再求出毛坯直径。选择设备时，应结合拉深件所需的拉深力来确定。对于圆筒件，最大拉深力可按下式计算：

$$P_{max}=3(R_m+R_{eL})(D-d-r_{凹})s$$

式中　$P_{max}$——最大拉深力（N）；

$R_m$——材料的抗拉强度（MPa）；

$R_{eL}$——材料的屈服强度（MPa）；

$D$——毛坯直径（mm）；

$d$——拉深凹模直径（mm）；

$r_{凹}$——拉深凹模圆角半径（mm）；

$s$——材料厚度（mm）。

**2. 弯曲**

弯曲是将坯料弯成一定的角度和一定的曲率，形成一定形状零件的工序（见图 7-13）。弯曲时坯料内侧受压缩，外侧受拉伸。当外侧拉应力超过坯料的抗拉强度极限时，即会使金属破裂。坯料越厚、内弯曲半径 $r$ 越小，则压缩及拉伸应力越大，越容易弯裂。为防止破裂，弯曲的最小半径应为 $r_{min}=(0.25\sim1)s$。其中，$s$ 为金属板料的厚度。材料塑性好，则弯曲半径可小些。

弯曲时还应尽可能使弯曲线与坯料纤维方向垂直（见图 7-14）。若弯曲线与纤维方向一致，则容易破裂，此时可用增大最小弯曲半径来避免。

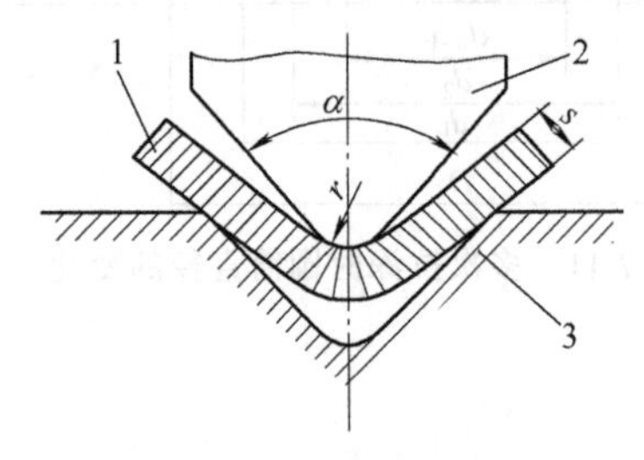


图 7-13　弯曲过程

1—板料　2—凸模　3—凹模

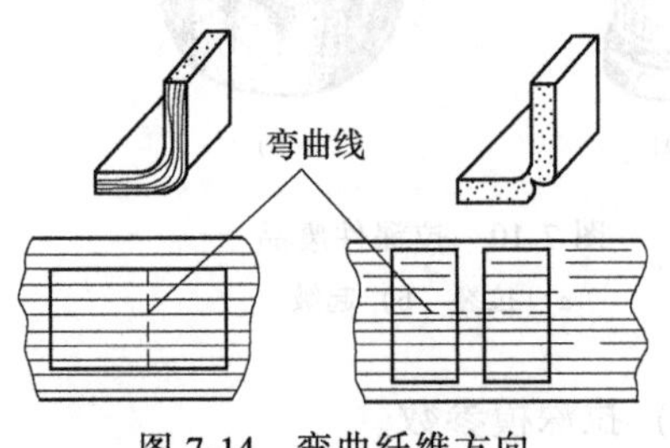


图 7-14　弯曲纤维方向

弯曲结束后，由于弹性变形的恢复，坯料略微弹回一点，被弯曲的角度增大，此现象称为回弹。一般回弹角为0°~10°。因此，在设计弯曲模时，必须使模具的角度比成品件角度小一个回弹角，以便在弯曲后得到准确的弯曲角度。

**3. 其他冲压成形工序**

其他冲压成形工序指除弯曲和拉深以外的冲压成形工序，包括胀形、翻边、缩口、旋压、压筋和校形等工序。这些成形工序的共同特点是通过材料的局部变形来改变坯料或工件的形状，不同点是：胀形和圆内孔翻边属于伸长类成形，常因拉应力过大而产生拉裂破坏；缩口和外缘翻边属于压缩类成形，常因坯料失稳起皱；校形时，由于变形量一般不大，不易产生开裂或起皱，但需要解决弹性恢复影响校形的精确度等问题；旋压的变形特点又与上述工艺有所不同。因而在制订工艺和设计模具时，一定要根据不同的成形特点，确定合理的工艺参数。

(1) 胀形　胀形主要用于平板毛坯的局部胀形（或称起伏成形），如压制凹坑、加强筋、起伏形的花纹及标记等。另外，管类毛坯的胀形（如波纹管）、平板毛坯的拉形等，均属胀形工艺。

由于胀形时毛坯处于两向拉应力状态，因此，变形区的毛坯不会产生失稳起皱现象，冲压成形的零件表面光滑，质量好。胀形所用的模具可分为刚模和软模两类。软模胀形时，材料变形比较均匀，容易保证零件的精度，便于成形复杂的空心零件，所以在生产中广泛采用（见图7-15）。

(2) 翻边　翻边是用扩孔的方法，使带孔坯料在孔口周围获得凸缘的工序，如图7-16所示。进行翻边工序时，翻边孔的直径不能超过某一容许值，否则将导致孔的边缘破裂。其容许值可用翻边系数 $K_0$ 来衡量，即：

$$K_0 = d_0/d$$

式中　$d_0$——翻边前的孔径尺寸；

$d$——翻边后的内孔尺寸。

显然 $K_0$ 值越小，变形程度越大。翻边时，孔的边缘不断裂时所能达到的最小值称为极限翻边系数，对于镀锡铁皮 $K_0$ 不小于0.65~0.7；对于酸洗钢 $K_0$ 不小于0.68~0.72。

当零件的凸缘高度大，计算出的翻边系数 $K_0$ 很小，直接成形无法实现时，则可采用先拉深、后冲孔（按 $K_0$ 计算得到容许孔径）、再翻边的工艺来实现。

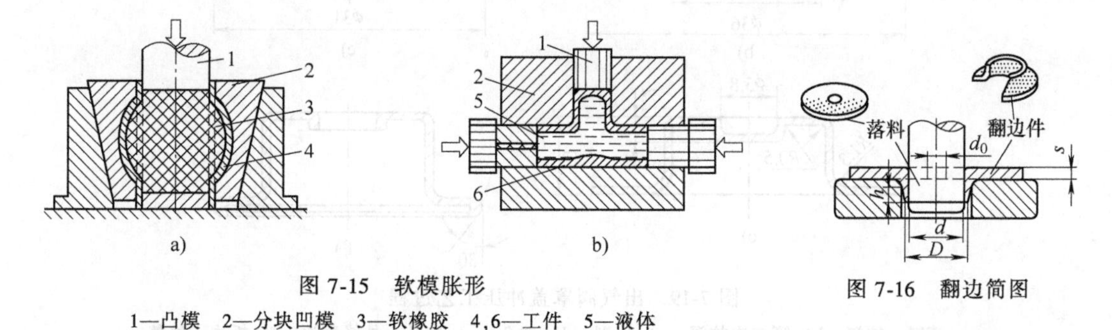


图7-15　软模胀形

1—凸模　2—分块凹模　3—软橡胶　4,6—工件　5—液体

图7-16　翻边简图

(3) 旋压　图7-17所示为用圆头杆棒的旋压程序。顶块把坯料压紧在模具上，机床主轴带动模具和坯料一同旋转，手工操作杆棒加压于坯料反复辗擀（1′~9′），于是由点到线、由线及面，使坯料逐渐贴于模具上而成形。

(4) 缩口　缩口是减小拉深制品孔口边缘直径的工序，如图7-18所示。

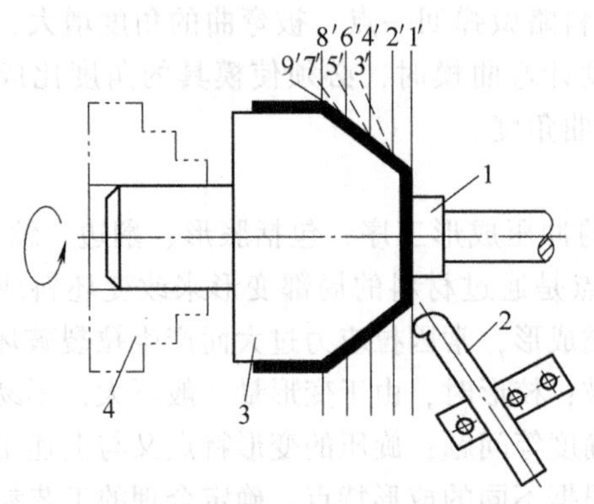

图 7-17 用圆头杆棒的旋压程序

1—顶块 2—杆棒 3—模具 4—卡盘

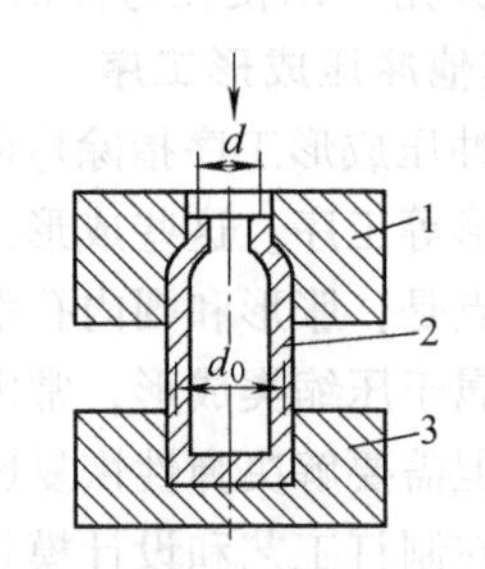

图 7-18 缩口

1—凸模 2—工件 3—凹模

### 7.1.3 典型零件冲压工艺示例

利用板料制造各种产品零件时，各种工序的选择、工序顺序的安排以及各工序使用次数的确定，都以产品零件的形状和尺寸、每道工序中材料所允许的变形程度为依据。图 7-19 所示为出气阀罩盖冲压工艺过程。

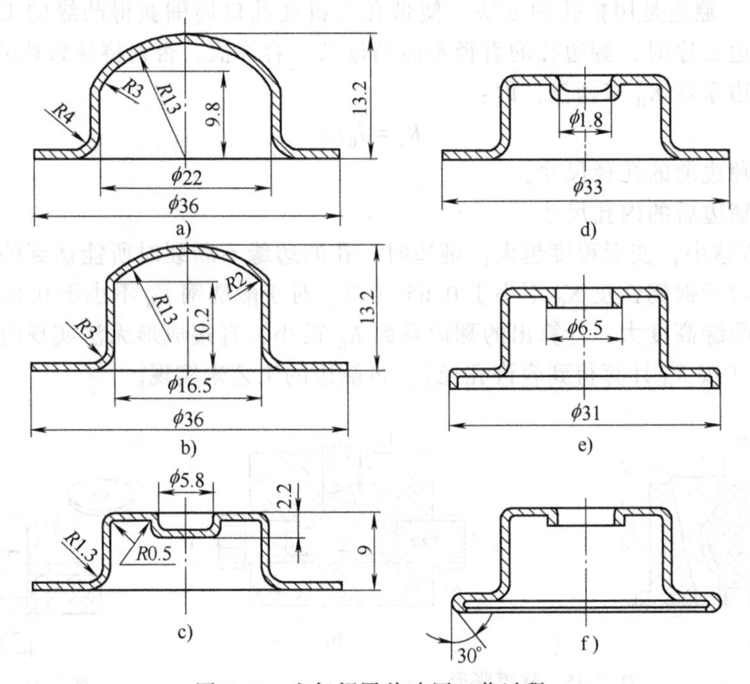

图 7-19 出气阀罩盖冲压工艺过程

a）落料、拉深 b）第二次拉深 c）压型 d）冲孔 e）内孔、外缘翻边 f）折边、修整

## 7.2 冲模及其结构

冲模是冲压生产中必不可少的模具，冲模结构合理与否，对冲压件质量、冲压生产的效

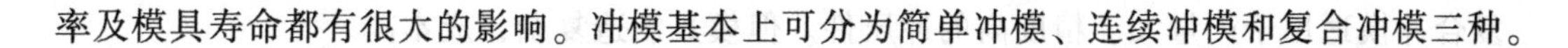

率及模具寿命都有很大的影响。冲模基本上可分为简单冲模、连续冲模和复合冲模三种。

## 7.2.1　简单冲模

在压力机的一次冲程中只完成一个工序的冲模，称为简单冲模，如图7-20所示。凹模2用压板7固定在下模板4上，下模板用螺栓固定在压力机的工作台上。凸模1用压板6固定在上模板3上，上模板则通过模柄5与压力机的滑块连接。因此，凸模可随滑块做上、下运动。为了使凸模向下运动能对准凹模孔，并在凸、凹模之间保持均匀间隙，通常用导柱12和套筒11的结构。条料在凹模上沿两个导板9之间送进，碰到定位销10为止。凸模向下冲压时，冲下的零件（或废料）进入凹模孔，而条料则夹住凸模并随凸模一起回程向上运动。条料碰到卸料板8时（固定在凹模上）被推下，这样，条料继续在导板间送进。重复上述动作，冲下所需数量的零件。

简单冲模的结构简单，容易制造，适用于冲压件的小批量生产。

## 7.2.2　连续冲模

在压力机的一次冲程中，在模具的不同部位同时完成数道冲压工序的模具，称为连续冲模，如图7-21所示。工作时定位销2对准预先冲出的定位孔，上模向下运动，冲孔凸模4进行冲孔。当上模回程时，卸料板6从凸模上推下残料。这时再将坯料7向前送进，执行第二次冲裁。如此循环进行，每次送进距离由挡料销控制。连续冲模生产效率高，易于实现自动化，但要求定位精度高，制造复杂，成本较高。

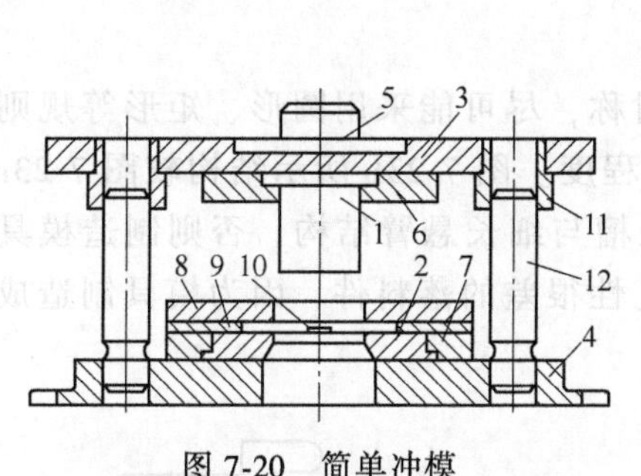


图7-20　简单冲模

1—凸模　2—凹模　3—上模板　4—下模板　5—模柄　6—压板　7—压板　8—卸料板　9—导板　10—定位销　11—套筒　12—导柱

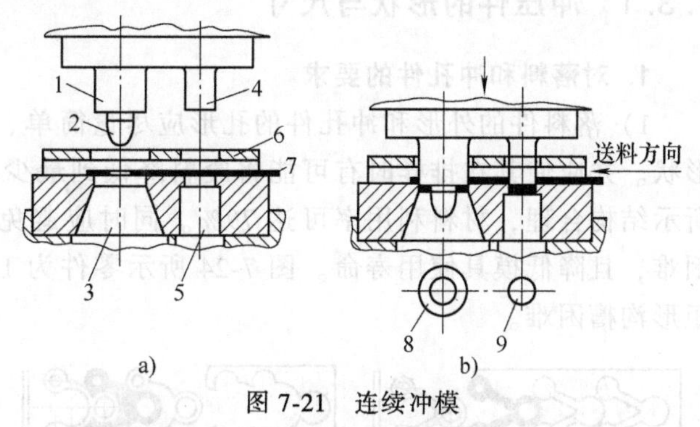


图7-21　连续冲模

1—落料凸模　2—定位销　3—落料凹模　4—冲孔凸模　5—冲孔凹模　6—卸料板　7—坯料　8—成品　9—废料

## 7.2.3　复合冲模

在压力机的一次行程中，模具同一部位上同时完成数道冲压工序的模具，称为复合冲模，如图7-22所示。复合冲模的最大特点是模具中有一个凸、凹模。凸、凹模的外圆是落料凸模刃口，内孔则成为拉深凹模。当滑块带着凸、凹模向下运动时，条料首先在落料凹模中落料。落料件被下模当中的拉深凸模顶住，滑块继续向下运动时，凸、凹模随之向下运动进行拉深。顶出器在滑块的回程中将拉深件推出模具。

复合冲模适用于产量大、精度高的冲压件。但模具制造复杂，成本高。

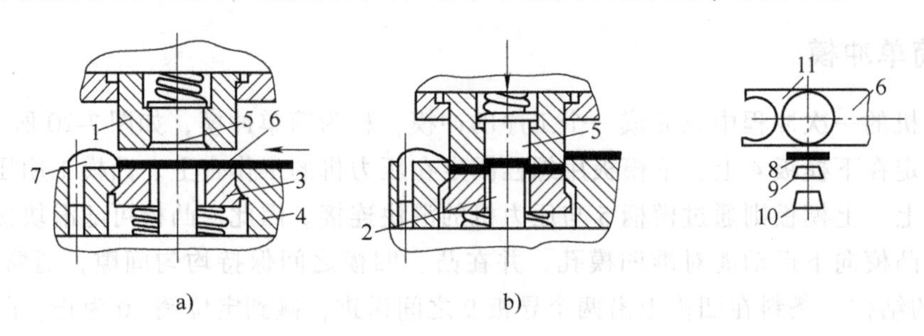


图 7-22 落料拉深复合冲模

1—凸凹模 2—拉深凸模 3—压板（卸料器） 4—落料凹模 5—顶出器 6—条料
7—挡料销 8—坯料 9—拉深件 10—零件 11—切余材料

## 7.3 冲压件的结构设计

冲压件往往是大批量生产，设计不仅要保证它具有良好的使用性能，而且也应保证其具有良好的工艺性能，从而减少材料的消耗，延长模具寿命，提高生产率，降低成本及保证冲压件质量等。

影响冲压件工艺性的主要因素有冲压件的形状、尺寸、精度及材料等。

### 7.3.1 冲压件的形状与尺寸

#### 1. 对落料和冲孔件的要求

1）落料件的外形和冲孔件的孔形应尽量简单、对称，尽可能采用圆形、矩形等规则形状。并应使其在排样时有可能将废料降低到最少的程度。图 7-23b 所示结构较图 7-23a 所示结构合理，材料利用率可达 79%。同时应避免长槽与细长悬臂结构，否则制造模具困难，且降低模具使用寿命。图 7-24 所示零件为工艺性很差的落料件，因为模具制造成矩形沟槽困难。

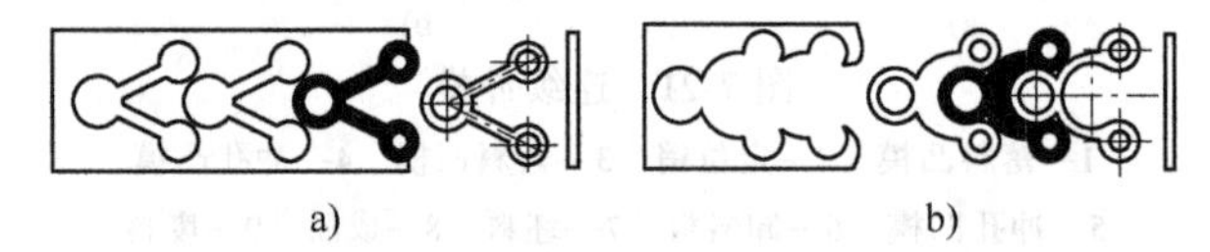


图 7-23 零件形状与节约材料的关系

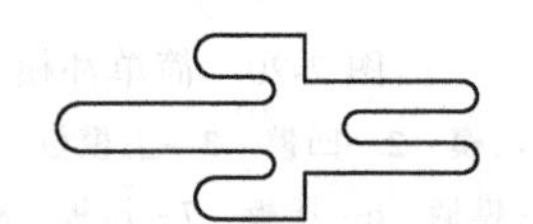

图 7-24 不合理的落料件外形

2）孔及其有关尺寸如图 7-25 所示。冲圆孔时，孔径不得小于材料厚度 $s$。方孔的每边长不得小于 $0.9s$。孔与孔之间、孔与工件边缘之间的距离不得小于 $s$。外缘凸出或凹进的尺寸不得小于 $1.5s$。

3）冲孔件或落料件上直线与直线、曲线与直线的交接处，均应用圆弧连接，以避免尖角处因应力集中而被冲模冲裂。最小圆角半径数值见表 7-2。

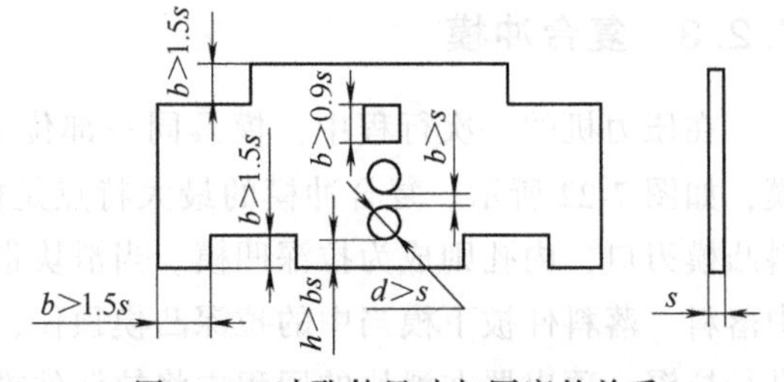


图 7-25 冲孔件尺寸与厚度的关系

表 7-2　落料件、冲孔件的最小圆角半径

| 工　序 | 圆弧角 | 最小圆角半径 | | |
|---|---|---|---|---|
| | | 黄铜、紫铜、铝 | 低碳钢 | 合金钢 |
| 落料 | $\alpha \geqslant 90°$ | 0.24$s$ | 0.30$s$ | 0.45$s$ |
| | $\alpha < 90°$ | 0.35$s$ | 0.50$s$ | 0.70$s$ |
| 冲孔 | $\alpha \geqslant 90°$ | 0.20$s$ | 0.35$s$ | 0.50$s$ |
| | $\alpha < 90°$ | 0.45$s$ | 0.60$s$ | 0.90$s$ |

注：表中 $s$ 为材料厚度。

**2. 对弯曲件的要求**

1）弯曲件形状应尽量对称，弯曲半径不能小于材料允许的最小弯曲半径，并应考虑材料纤维方向，以免成形过程中弯裂。

2）弯曲边过短不易弯曲成形，故应使弯曲边的平直部分 $H>2s$，如图 7-26 所示。如果要求 $H$ 很短，则需先留出适当的余量以增大 $H$，弯好后再切去多余材料。

3）弯曲带孔件时，为避免孔的变形，孔的位置应与弯曲边保持一定距离，如图 7-27 所示。$L$ 应大于 $(1.5\sim2)s$，如对零件孔的精度要求较高，则应弯曲后再冲孔。

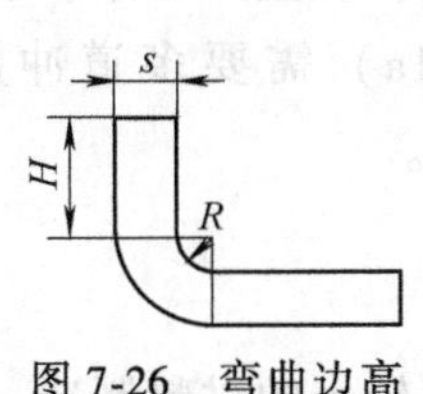


图 7-26　弯曲边高

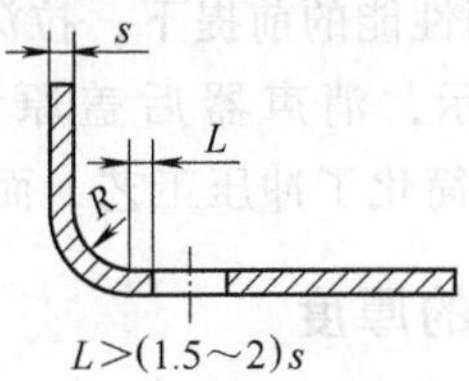

图 7-27　带孔的弯曲件

**3. 对拉深件的要求**

1）拉深件外形应简单、对称，且不宜太高，以使拉深次数尽量少，并容易成形。

2）拉深件的圆角半径在不增加工序的情况下，最小许可圆角半径如图 7-28 所示。否则必将增加拉深次数和整形工作，增加模具数量，容易产生废品和提高成本。

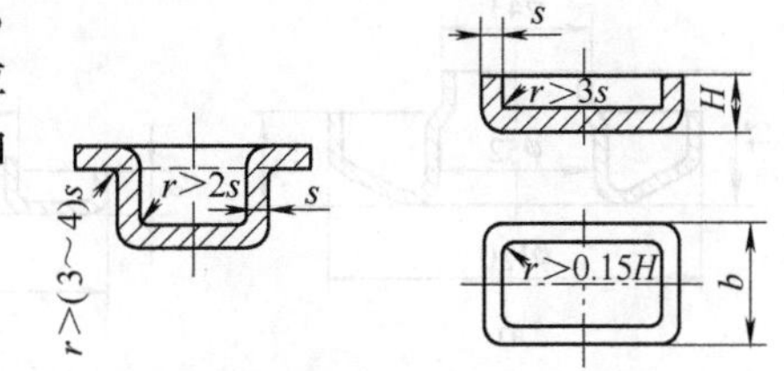


图 7-28　拉深件的最小许可圆角半径

## 7.3.2　冲压件的精度和表面质量

**1. 冲压件的精度**

冲压件的精度不应超过各冲压工序的经济精度，并应在满足需要的情况下尽量降低要求，否则，将需要增加其他精整工序，导致生产成本提高、生产率降低。各种冲压工序的经济精度如下：落料，IT10；冲孔，IT9；弯曲，IT10～IT9；拉深件高度尺寸公差等级 IT10～IT8，拉深件直径尺寸公差等级为 IT9～IT8，厚度公差等级为 IT10～IT9。

**2. 冲压件表面质量**

冲压件表面质量不应高于原材料表面质量，否则需增加切削加工等工序，使产品成本大幅度提高。

## 7.3.3　冲压件的常见结构

**1. 冲-焊结构**

形状复杂的冲压件，可先分别冲制成若干个简单件，最后焊成整体件，从而简化工艺，

如图 7-29 所示。

**2. 组合件结构**

组合件可采用冲口工艺，减少组合件数量。如图 7-30 所示的组合工件，原设计用三个件焊接或铆接成形，采用冲口工艺（冲口、弯曲）后可制成整体零件，从而节省材料，简化工艺过程。

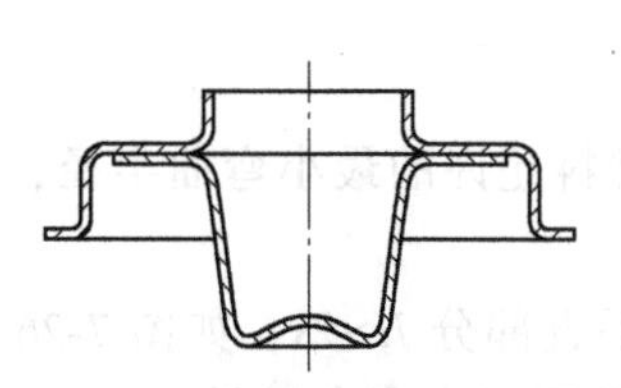

图 7-29 冲压焊接结构零件

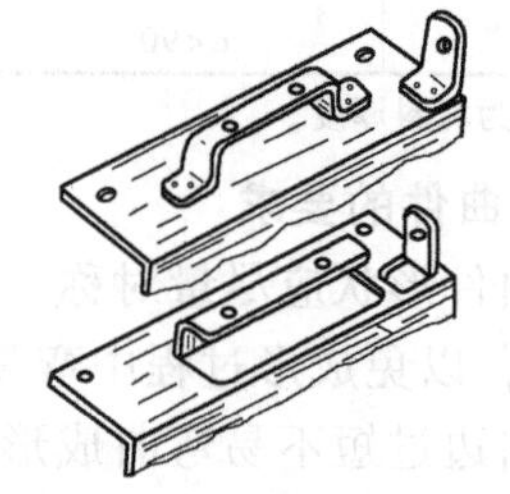

图 7-30 冲口工艺的应用

**3. 简化拉深件结构**

在不改变使用性能的前提下，拉深件结构应尽量简化，以减少工序、节省材料、降低成本。如图 7-31 所示，消声器后盖原设计结构（图 7-31a）需要多道冲压工序，改进后（图 7-31b），不仅简化了冲压工艺，而且降低了材料消耗。

### 7.3.4 冲压件的厚度

在强度、刚度允许的条件下，冲压件应尽量采取厚度较小的材料制造。如果冲压件局部刚度不够，可采用如图 7-32 所示的加强筋来实现材料以筋代厚，从而达到减少冲压力和模具磨损，以及节约材料的目的。

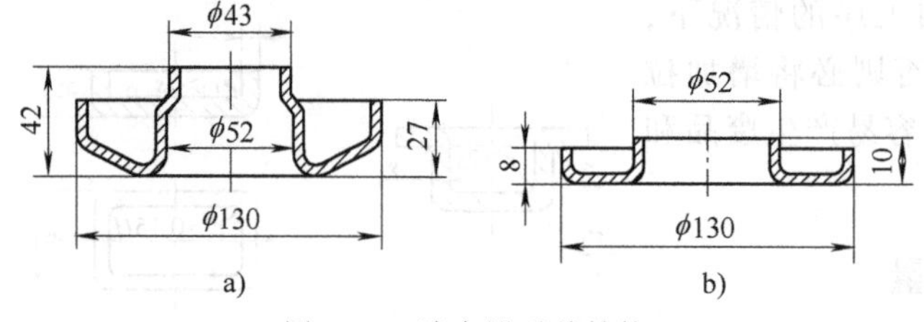


图 7-31 消声器后盖结构

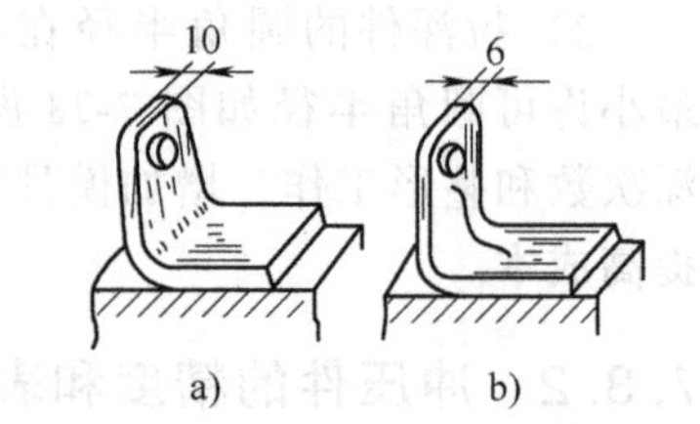


图 7-32 利用加强筋减小冲压件厚度

## 复习思考题

1. 冲压工序分为几大类？每一类的成形特点和应用范围是什么？

2. 凸、凹模间隙对冲裁件和变形件断面质量及尺寸精度有何影响？

3. 试计算拉深系数，确定用 $\phi$250mm×1.5mm 板料能否一次拉深成 $\phi$50mm 的拉深件？应采取哪些措施才能保证正常生产？

4. 翻边件的凸缘高度尺寸较大而一次翻动实现不了时，应采取什么措施？

5. 材料的回弹对冲压生产有什么影响？

6. 若材料与坯料的厚度及其他条件相同，如图 7-33 所示两种零件，哪个拉深较困难？为什么？

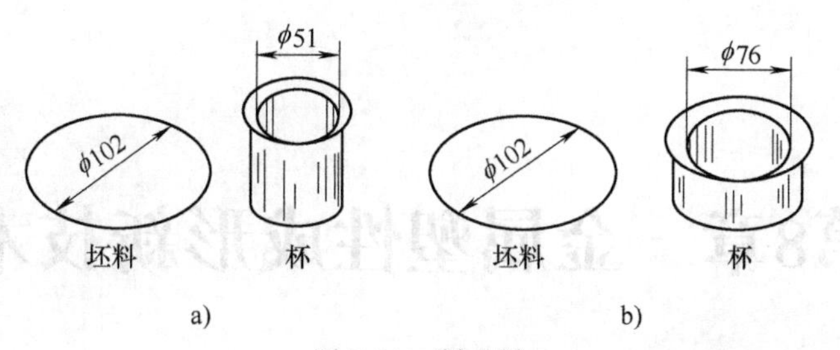


图 7-33　题 6 图

7. 图 7-34 所示冲压件是否合理？试修改不合理的部位。

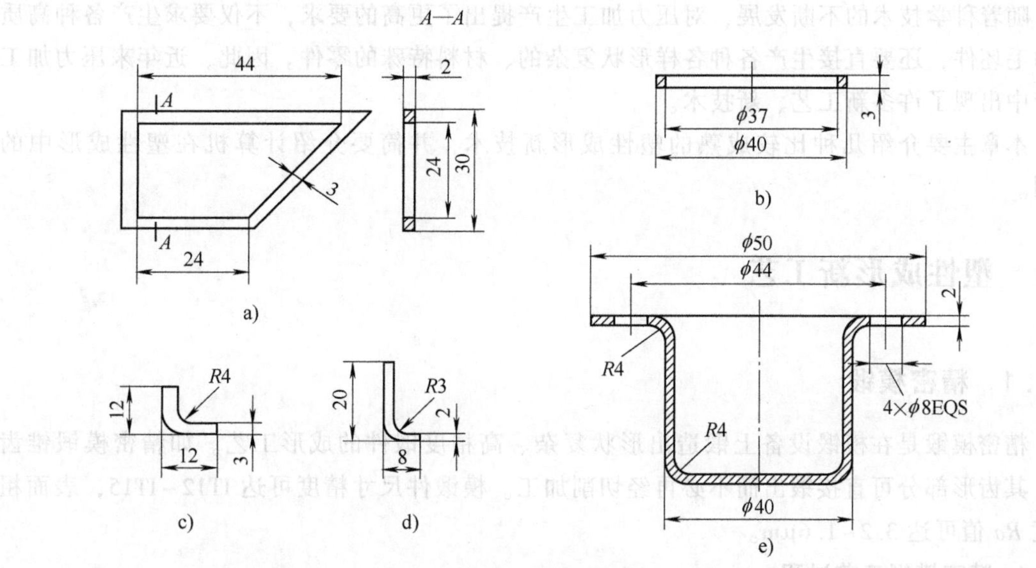


图 7-34　题 7 图

8. 图 7-35 所示冲压件，采用 1.5mm 厚的低碳钢，大批量加工，试确定冲压的基本工序。

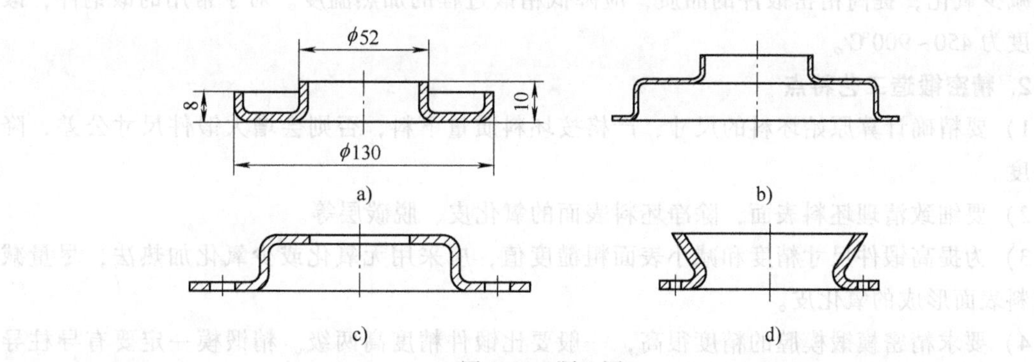


图 7-35　题 8 图

# 第8章　金属塑性成形新技术

随着科学技术的不断发展，对压力加工生产提出了更高的要求，不仅要求生产各种高质量的毛坯件，还要直接生产各种各样形状复杂的、材料特殊的零件。因此，近年来压力加工生产中出现了许多新工艺、新技术。

本章主要介绍几种比较成熟的塑性成形新技术，并简要介绍计算机在塑性成形中的应用。

## 8.1　塑性成形新工艺

### 8.1.1　精密模锻

精密模锻是在模锻设备上锻造出形状复杂、高精度锻件的成形工艺。如精密模锻锥齿轮，其齿形部分可直接锻出而不必再经切削加工。模锻件尺寸精度可达IT12~IT15，表面粗糙度 *Ra* 值可达3.2~1.6μm。

**1. 精密模锻工艺过程**

先将原始坯料用普通模锻工艺制成中间坯料，接着对中间坯料进行严格清理，除去氧化皮和缺陷，然后在无氧化或少氧化气氛中加热，再进行精密锻造（见图8-1）。为了最大限度地减少氧化，提高精密锻件的品质，应降低精锻过程的加热温度。对于常用的锻钢件，锻造温度为450~900℃。

**2. 精密锻造工艺特点**

1）要精确计算原始坯料的尺寸，严格按坯料质量下料，否则会增大锻件尺寸公差，降低精度。

2）要细致清理坯料表面，除净坯料表面的氧化皮、脱碳层等。

3）为提高锻件尺寸精度和减小表面粗糙度值，应采用无氧化或少氧化加热法，尽量减少坯料表面形成的氧化皮。

4）要求精密模锻模膛的精度很高，一般要比锻件精度高两级。精锻模一定要有导柱导套结构，保证合模准确。为排除模膛中的气体，减小金属流动阻力，使金属更好地充满模膛，在凹模上应开有排气小孔。

5）精锻前要涂敷润滑油冷却锻模。

6）要求精密模锻的设备刚度大、精度高，如曲柄压力机、摩擦压力机或高速锤等。

### 8.1.2　多向模锻

多向模锻是将坯料放于模具内，用几个冲头从不同方向同时或先后对坯料施加脉冲力，以获得形状复杂的精密锻件。

多向模锻一般需要在具有多向施压的专门锻造设备上进行。这种锻压设备的特点在于能够在相互垂直或交错的方向加压。多向模锻过程如图8-2所示。

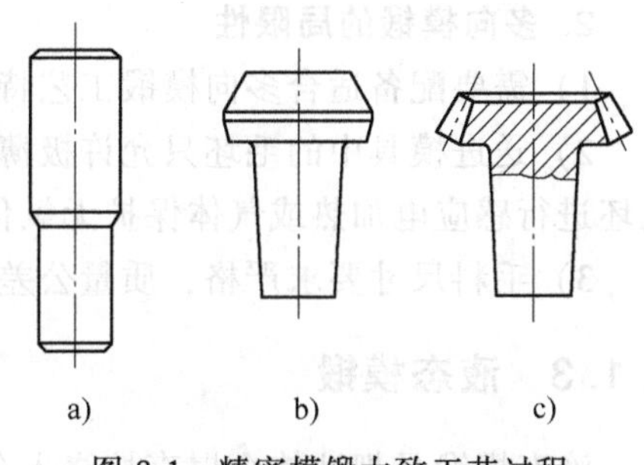

图8-1　精密模锻大致工艺过程

a）下料　b）普通模锻　c）精密模锻

多向加压改变了金属的变形条件，提高了塑性，减小了变形抗力，适于模锻塑性较差的高合金钢。多向模锻能锻出具有凹面或凸肩、多向孔等形状复杂的锻件，而不需要模锻斜度，典型多向模锻件如图8-3所示。

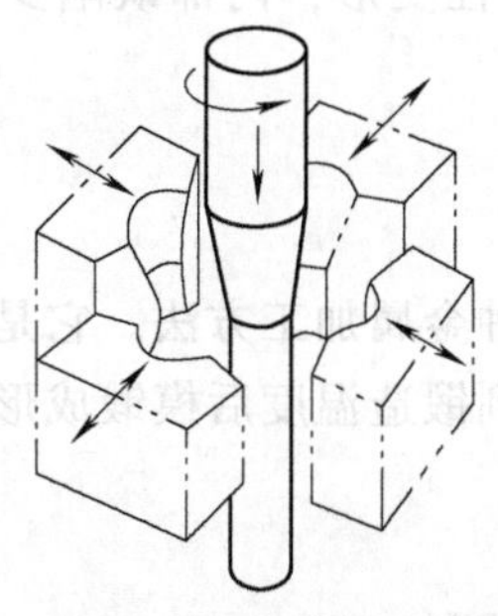
图8-2　多向模锻过程

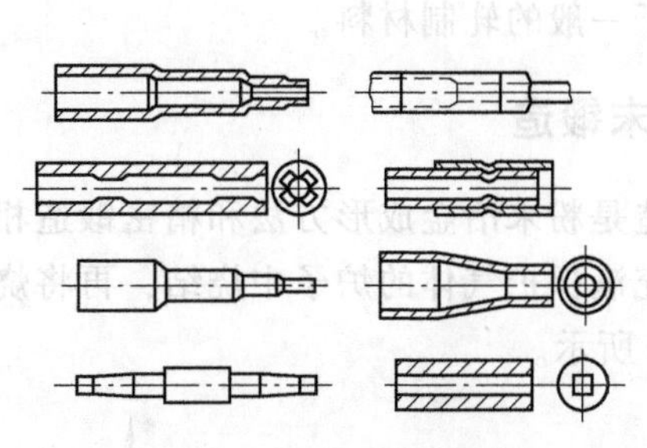
图8-3　典型多向模锻件

#### 1. 多向模锻的优点

（1）提高材料利用率，节约金属材料　多向模锻采用封闭式模锻，不设计毛边槽，锻件可设计成空心的，零件易于卸出；起模斜度值小，精度高，因而可节约大量金属材料。多向模锻的材料利用率在40%~90%。

（2）提高力学性能　多向模锻尽量采用挤压成形，金属分布合理而正确，金属流线较为完好和理想。多向模锻零件强度一般提高30%以上，伸长率也有提高。这样就极有利于精密化产品，为产品小型化、减轻产品质量提供了途径。因此，航空工业、空间技术、原子能工业所用受力机械零件可以广泛采用于多向模锻件。

（3）降低劳动强度　多向模锻往往在一次加热过程中就完成锻压工序，减少了氧化损失，利于实现模锻机械化操作，显著降低了劳动强度。

（4）节约设备、提高劳动生产率　多向模锻工艺本身可以使锻件精度提高到理想程度，从而减少了机械加工余量和机械加工工时，提高了劳动生产效率，产品成本下降。尤其对于切削效率低的金属材料，其效果更为显著。

（5）应用范围广泛　对于金属材料，不但一般钢材与有色金属可以多向模锻，而且也可应用于高合金钢与镍铬合金等材料。在航空、石油、汽车拖拉机与原子能工业中，有关中空的架体、活塞、轴类、筒形件、大型阀体、管接头以及其他受力机械零件都可采用多向模锻。

**2. 多向模锻的局限性**

1）需要配备适合多向模锻工艺特点的专用多向模锻压力机。

2）送进模具中的毛坯只允许极薄的一层氧化皮，要使多向模锻取得良好的效果必须对毛坯进行感应电加热或气体保护无氧化加热。

3）毛料尺寸要求严格，质量公差要小，因此下料尺寸要进行精密计算或试料。

### 8.1.3 液态模锻

液态模锻是把液体金属直接浇入金属模内，然后在一定时间内以一定的静压力作用于液态（或半液态）金属上，使之成形的工艺。

液态模锻包括浇注、加压成形和脱模，如图 8-4 所示。

液态模锻是制造零件的一种先进工艺，它是在研究压力铸造的基础上逐步发展起来的。液态模锻实际上是铸造加锻造的复合工艺，它兼有铸造工艺简单、成本低，又有锻造产品性能好、质量可靠等优点。在压力下金属同时发生结晶和塑性变形，内部缺陷少，尺寸精度高，强度高于一般的轧制材料。

### 8.1.4 粉末锻造

粉末锻造是粉末冶金成形方法和精密锻造相结合的一种金属加工方法。它是将粉末预压成形后，在充满保护气体的炉子中烧结，再将烧结体加热到锻造温度后模锻成形。粉末锻造过程如图 8-5 所示。

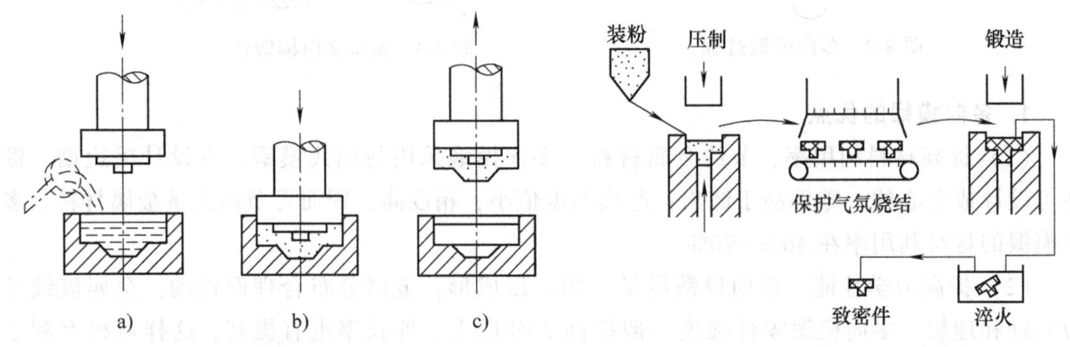


图 8-4 液态模锻过程示意图

a）浇注 b）加压成形 c）脱模

图 8-5 粉末锻造过程示意图

粉末冶金是用金属粉末或金属与非金属粉末的混合物作为原料，经压制、烧结等工序，制造零件的方法。粉末冶金的特点是适合制造其他方法很难成形的工程材料，如钨-钼合金、钨-铜合金、硬质合金、金属陶瓷复合材料等。而且由于粉末冶金工艺中，粉末细小均匀，粒度一般达到微米级，所以产品尺寸准确，表面质量好。但粉末冶金最主要的缺陷是粉末压坯密度不均匀，烧结体中有较多的空隙，相对密度在 90%左右，塑性与冲击韧性差。

粉末锻造将粉末冶金和锻造的优点结合起来，保持了粉末冶金精度高的优点，成形准确，材料利用率高，而且可以使粉末冶金件的密度接近理论密度，塑性流动破碎颗粒表面间的氧化膜，提高了产品性能。粉末锻造与普通模锻的比较见表 8-1。

表 8-1 粉末锻造与普通模锻的比较

| 比较项目 | 粉末锻造 | 普通模锻 | 比较项目 | 粉末锻造 | 普通模锻 |
|---|---|---|---|---|---|
| 每 100mm 的尺寸精度 | ±0.2mm | ±1.5mm | 产品材料利用率 | 80% | 45% |
| 初加工材料利用率 | 99.5% | 70% | 产品质量波动 | ±0.5% | ±3.5% |

目前许多工业化国家非常重视粉末锻造工艺，并已制造出大量的产品，如汽车用齿轮和连杆等。

## 8.1.5 超塑性成形

超塑性是指金属或合金在特定的组织、温度和变形条件下，塑性指标比常态提高几倍到几百倍，而变形抗力降低到几分之一甚至几十分之一的性质。

### 1. 超塑性变形机理

超塑性变形的机理是变形过程中由扩散调节的晶界的滑移，如图 8-6 所示。当金属受力时，等轴晶粒晶界滑移，同时晶粒转动。晶粒转动可调节晶粒变形，引起晶界迁移，同时原子扩散加快晶界的迁移速度，晶界处的空隙得以愈合。晶界的迁移和扩散作用使晶粒形状位置发生改变，晶界滑移能够继续进行。晶界滑移使横向排列的两个晶粒相互接近并接触，纵向排列的两个晶粒被挤开，从而使晶体在应力方向上产生了较大的伸长变形量，而晶粒的等轴形状几乎保持不变。

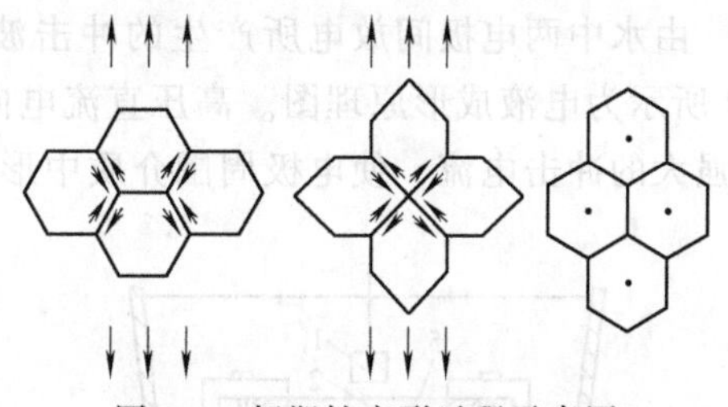

图 8-6 超塑性变形过程示意图

### 2. 超塑性分类

超塑性主要可分为结构超塑性和相变超塑性。

（1）结构超塑性　结构超塑性是金属材料具有平均直径为 1~1.5μm 的等轴晶粒，在一定的变形温度 [$(0.5\sim0.7)T_{熔}$] 和低的变形速率 ($\varepsilon=10^{-4}\sim10^{-2}$m/s) 条件下获得的超塑性，其相对伸长率 $\delta$ 超过 100%以上的特性。

（2）相变超塑性　具有固态相变的金属在相变温度附近进行加热与冷却循环，反复发生相变或同素异构转变，同时在低应力下进行变形，可产生极大伸长的性质，称为相变超塑性。相变超塑性不要求金属具备超细的晶粒。

### 3. 金属超塑性成形工艺特点及应用

1）金属在超塑性状态下流动性好，可成形形状复杂的零件，并且零件尺寸精度高。

2）变形抗力小，高强度材料容易成形，如 GCr15 轴承合金，在 700℃ 超塑性变形时，变形抗力只有 3MPa。

3）在成形过程中，材料不会发生加工硬化，内部没有残余应力，复杂锻件可一次成形。

金属超塑性成形工艺已进入工业实用阶段，包括超塑性等温模锻、挤压、拉深、无模拉丝等。如超塑性拉深成形时，单次拉深的最大杯深与杯的直径比大于 11，是常规拉深时的 15 倍。金属材料超塑性成形已应用于飞机高强度合金起落架、高温高强合金生产整体涡轮盘的成形加工。

### 8.1.6 高速高能成形

高速高能成形是在极短的时间内（毫秒级）将化学能、电能、电磁能或机械能传递给被加工的金属材料，使之迅速成形的工艺。高能率成形速度高，可以使难变形的材料进行成形，加工时间短，加工精度高。高能率成形有许多种加工形式，如爆炸成形、电液成形和电磁成形等。

**1. 爆炸成形**

爆炸成形是利用炸药爆炸的化学能使金属材料高速高能成形的加工方法，适用于各种形状零件的成形。爆炸在5~10s内产生几百万兆帕压力脉冲的冲击波，坯料在1~2s甚至在毫秒或微秒量级时间内成形，如图8-7所示。

爆炸成形工艺可以用于板料拉深、胀形、弯曲、冲孔、表面硬化、粉末压制等。如球形件可采用简单的边缘支撑，用圆形坯进行一次自由爆炸成形；油罐车的碟形封头可采用在水下小型爆炸成形。

**2. 电液成形**

由水中两电极间放电所产生的冲击波和液流冲击使金属成形的工艺称为电液成形。图8-8所示为电液成形原理图。高压直流电向电容器充电，电容器高压放电，在放电回路中形成强大的冲击电流，使电极周围介质中形成冲击波及液流波，并使金属板成形。

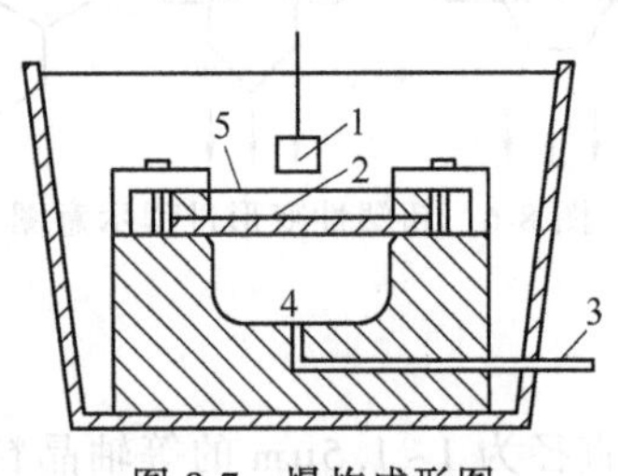


图8-7 爆炸成形图

1—炸药 2—板料 3—出气口 4—凹模腔 5—压紧环

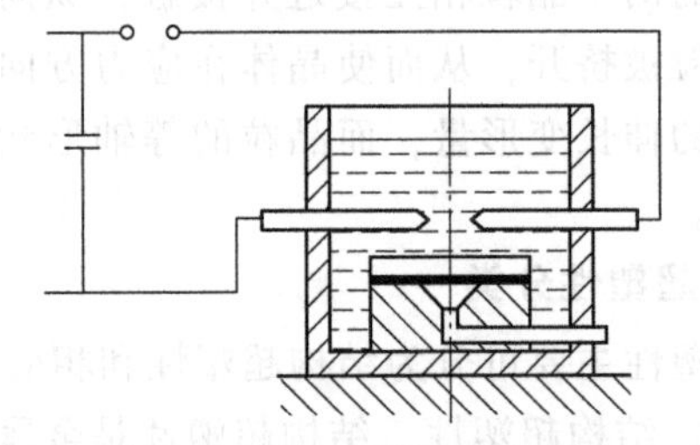

图8-8 电液成形原理示意图

电液成形速度也接近爆炸成形的速度。电液成形适于形状简单的中小型零件的成形，特别适于细金属管的胀形加工。

**3. 电磁成形**

电磁成形是利用电磁力加压成形的工艺，也是一种高速高能成形的加工方法。电容器高压放电，使放电回路中产生很强的脉冲电流。由于放电回路阻抗很低，所以成形线圈中的脉冲电流在极短的时间内迅速变化，并在周围空间形成一个强大的变化磁场。在变化磁场作用下，坯料内产生感应电流，形成磁场，并与成形线圈形成的磁场相互作用，电磁力使毛坯产生塑性变形。图8-9所示为管子电磁成形示意图，成形线圈放在管子外面可使管子产生颈缩；成形线圈放在管子内部可使管子产生胀形。

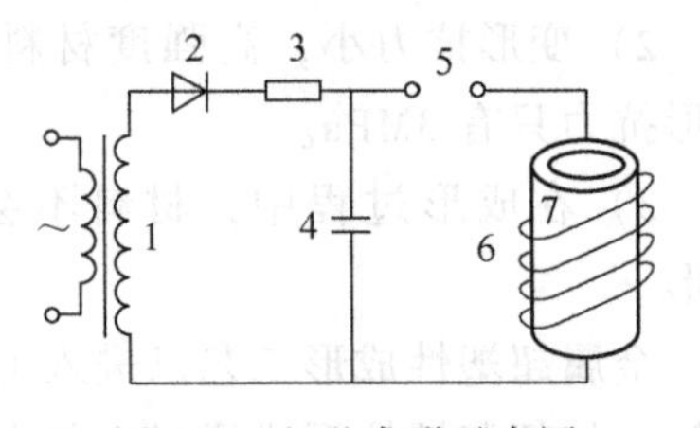


图8-9 电磁成形示意图

1—变压器 2—二极管 3—限流电阻 4—电容 5—开关 6—线圈 7—工件

电磁成形要求金属具有良好的导电性，如碳钢、铜、铝等。

## 8.2　计算机在塑性成形中的应用简介

目前，计算机技术在塑性成形中的应用越来越多，对提高塑性成形产品精度，提高生产率，降低成本起了很大作用。计算机在塑性成形中的应用主要是塑性成形过程的模拟、模具CAD/CAM和塑性成形过程的计算机控制。

### 8.2.1　模拟塑性成形过程

塑性成形过程是一个十分复杂的过程，随着计算机的应用，可模拟塑性变形过程中工件在成形过程中不同阶段不同部位的应力分布、应变分布、温度分布、硬化状况以及残余应力等情况，从而获得最合理的工艺参数和模具结构参数，对产品质量实现有效控制。目前通过计算机，采用有限元法、滑移线法等数值分析方法模拟各种塑性加工工序的变形过程得到了广泛的应用和发展。

### 8.2.2　模具CAD/CAM

模具是塑性成形加工的重要设备，模具成本在生产成本中占有较大比例，而且传统的模具设计与制造周期长、质量难以保证，很难适应现代技术条件下对产品及时更新换代和提高质量的要求。模具CAD/CAM是用计算机处理各种数据和图形信息，辅助完成模具设计和制造的过程。

模具CAD/CAM的一般过程是：用计算机语言描述产品的几何形状，并输入计算机，从而获得产品的几何信息；再建立数据库，以储存产品的数据信息，如材料的特性、模具设计准则以及产品的结构工艺性准则等。在此基础上，计算机能自动进行工艺分析、工艺计算，自动设计最优工艺方案，自动设计模具结构图和模具型腔图等，并输出生产所需的模具零件图和模具总装图。计算机还能将设计所得到的信息自动转化为模具制造的数控加工信息，再输入到数控中心，实现计算机辅助制造。

模具CAD/CAM具有如下特点：

1）缩短模具设计与制造的周期，促进产品的更新换代。

2）优化模具设计及优化模具制造工艺，促进模具的标准化，提高产品质量和延长模具寿命。

3）提高模具设计及制造的效率，降低成本。

4）将设计人员从繁杂的计算和绘图工作中解放出来，使其可以从事更多的创造性劳动。

模具CAD/CAM技术发展很快，应用范围日益扩大，在冷冲模、锻模、挤压模以及注塑成形模等方面都有比较成功的CAD/CAM系统。

### 8.2.3　塑性成形过程的自动化控制

电子技术和计算机技术的应用，使塑性成形加工设备向机电一体化和机电仪一体化方向发展，实现了对生产过程中工艺参数的自动检测、自动显示及自动控制。

数控加工技术（CNC）在板料冲压中应用较多，目前已开发出CNC压力机、CNC弯板机、CNC 液压弯管机、CNC 剪板机等设备。CNC 压力机朝着高速度（频率 1000 次/min，工作台移动速度 105m/min）、高精度（定位精度为±0.01mm）和高自动化程度方向发展。

柔性制造系统（FMS）是以计算机为中心的自动完成加工、装卸、存储、运输和管理的系统，具有监视、诊断、修复和自动更换加工产品品种等功能，具有一定的柔性和灵活性。FMS 适宜多品种和小批量生产的要求，可缩短产品制造周期、提高设备利用率、减少在制产品数量，最大限度地降低生产成本。

## 复习思考题

1. 多向模锻的优点有哪些？
2. 粉末锻造与普通模锻相比，有何优点？
3. 何谓超塑性？超塑性成形有何特点？
4. 简述计算机技术在塑性成形中的应用。

# 第9章　焊接理论基础与焊接质量

焊接是通过加热或加压，或两者并用，并且用或不用填充材料，使焊件达到原子结合，形成永久性接头的加工方法。

焊接成形是一种先进、高效的金属连接方法，是现代工业生产中重要的金属连接方法之一，在国民经济中占有重要地位。世界上工业发达国家每年的焊接结构总质量约占钢产量的45%。焊接技术广泛应用于机械制造、冶金、石油化工、航空航天等工业部门。

焊接结构的特点如下：

1）焊接结构质量轻，节省金属材料，与铆接相比，可节省金属10%～20%，与铸件相比可节省30%～50%。另外，采用焊接方法可制造双金属结构，节省大量的贵重金属及合金。

2）焊接接头具有良好的力学性能，能耐高温、高压和低温，具有良好的密封性、导电性、耐蚀性、耐磨性。

3）可以简化大型或形状复杂结构的制造工艺，如万吨水压机立柱的制造、大型锅炉的制造、汽车车身的制造等。

随着科学技术的发展，焊接技术也得到飞速发展。随着新材料尤其是非金属材料的应用，焊接技术有着广阔的发展前景。目前焊接技术发展的主要趋势是与计算机技术相结合，向着自动化方向发展，焊接机器人的数量越来越多，焊接质量也越来越高。

但是，焊接技术尚有一些不足之处，如对某些材料的焊接有一定困难，焊接不当会产生焊接缺陷，焊接接头组织与性能不均匀，易产生较大的残余应力和变形等。因此必须重视焊接质量的检验工作。

目前，在实际生产中应用最早、最广泛的是电弧焊，电弧焊也是焊接技术中最为成熟、最基本的焊接方法。本章以电弧焊为例，重点讲述焊接成形的原理、焊接过程中出现的质量问题及检验方法。

## 9.1　电弧焊的本质

电弧焊过程是利用电弧作为热源使分离的焊件金属局部熔化，形成熔池，随着电弧的移动，熔池中的液态金属冷却结晶，形成焊缝，以实现焊件的连接，如图9-1所示。由此可见，电弧焊的本质是小范围内的金属熔炼与铸造，焊接过程包含有热过程、冶金过程和结晶过程。

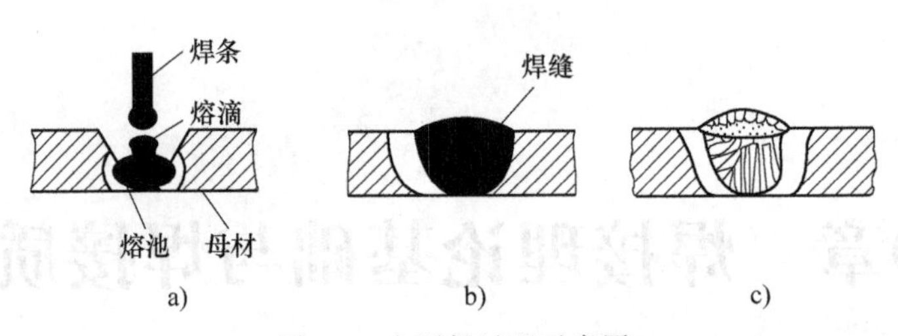


图 9-1 电弧焊过程示意图

a）形成熔池 b）充满间隙 c）冷却结晶

## 9.1.1 焊接电弧

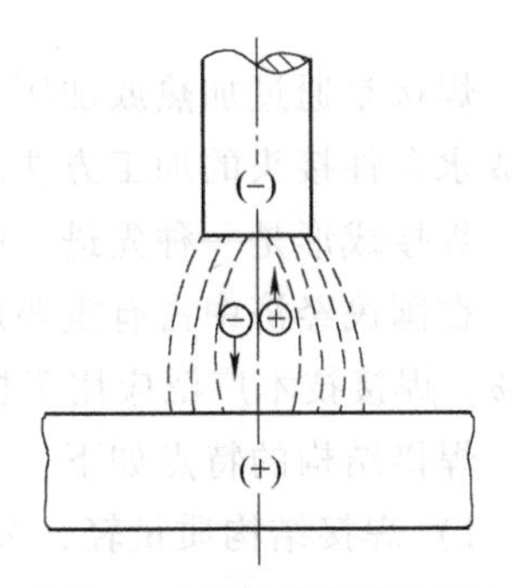


图 9-2 电弧结构示意图

电弧是两电极之间持久而强烈的气体放电现象，其宏观表现是发出强光，释放大量热量。电极可以是金属丝、钨丝、碳棒或焊条等。电弧的结构如图 9-2 所示，其中阴极区为电子发射区；阳极区为正离子区，并接受电子；弧柱区为气体电离区。

电弧产生的过程：当两电极接触时，因短路产生高温，使接触的金属很快熔化并产生金属蒸气。当两电极间迅速距离 2~4mm 时，阴极表面金属在电场、高温等作用下发射大量电子；阳极表面金属在电场、高温作用下发生电离；在弧柱区，高速运动的电子与原子、分子间相互碰撞产生大量热量并导致原子、分子的电离。同时部分离子与电子间还会复合成原子或分子，并放出光。

电弧放电的特点是电压低、电流大、温度高、能量密度较大，可以满足焊接的要求。电弧阴极区和阳极区的温度与电极材料的熔点有关。用碳钢焊条焊接碳钢时，各区的温度分别为：弧柱区 6000~8000K，阳极区 2600K，阴极区 2400K。

## 9.1.2 电弧焊的冶金特点

由电弧的特点和焊接过程可以看出，电弧焊冶金过程有以下特点：

1）熔池金属温度高于一般冶炼温度，因此金属元素蒸发强烈，并且电弧区的气体分解呈原子状态，金属容易烧损或形成有害杂质（氧化物、氮化物等），使焊缝的强度、塑性、韧性大幅度下降熔池中发生的反应如下：

$$Fe+O = FeO \qquad C+O = CO$$

$$Mn+O = MnO \qquad Mn+FeO = Fe+MnO$$

$$Si+2O = SiO_2 \qquad Si+2FeO = 2Fe+SiO_2$$

2）熔池体积小，且四周是冷金属，熔池处于液态的时间很短（一般在 10s 左右）。由于化学反应难以在如此短的时间内达到平衡状态，所以化学成分不均匀，而且气体和杂质来不及浮出，容易产生气孔和夹渣等缺陷，并且焊缝金属组织结晶后易生成粗大的柱状晶。如在高温下溶解的 N、H 进入焊缝金属容易形成气孔，N 还会与 Fe 形成硬而脆的针状氮化物（$Fe_4N$），使焊缝塑性、韧性下降，H 还会引起焊缝金属脆化（简称氢脆），促使冷裂纹产生。

### 9.1.3　焊接三要素

由电弧焊的本质和特点可知，为保证焊缝质量，获得性能良好的焊接接头，要有以下三个基本要素：

**1. 热源**

热源要求能量集中、温度高，以保证金属快速熔化，减小高温对金属性能的影响。焊接热源除了电弧外，还有等离子弧、电子束、激光等。

**2. 熔池的保护与净化**

熔池的保护是采用熔渣、惰性气体、真空等保护措施，将熔池与大气隔离，防止焊缝金属氧化和杂质进入焊缝。熔池的净化是降低焊缝中氧、硫、磷等元素的含量。焊接时，即使保护效果良好，熔化的金属也可能被焊件表面的铁锈、油污、水分等分解出来的氧所氧化，所以在焊前应仔细清除这些杂质，并且进行脱氧反应处理。如果焊缝中硫、磷的质量分数超过 0.04%，焊缝容易脆化而产生裂纹，所以不但要选择硫、磷含量低的原材料，还要进行脱硫、脱磷反应处理。

脱氧反应如下：

$$FeO+Mn = Fe+MnO \qquad 2FeO+Si = 2Fe+SiO_2$$

生成的 MnO 与 $SiO_2$ 能形成复合物 $MnO \cdot SiO_2$，其熔点低、密度小，容易浮出。

脱硫、脱磷反应如下：

$$FeS+MnO = MnS+FeO \qquad FeS+CaO = CaS+FeO$$

$$FeS+Mn = MnS+Fe \qquad FeS+MgO = MgS+FeO$$

$$2Fe_3P+5FeO = P_2O_5+11Fe \qquad 5P_2O_5+3CaO = (CaO)_3 \cdot 5P_2O_5$$

生成的 MnS、CaS、MgS 、$(CaO)_3 \cdot P_2O_5$ 等熔点低、密度小、不溶于金属，形成熔渣，从而净化焊缝。

**3. 填充金属**

填充金属一方面可保证填满焊缝，另一方面可向焊缝过渡有益的合金元素（如锰、硅、钼等），以弥补金属的烧损，并且调整焊缝金属的化学成分，满足性能要求。常用材料有焊丝、焊芯。

## 9.2　焊接接头的组织与性能

焊接过程结束后，熔池凝固形成焊缝，同时焊缝附近的一部分金属由于受到较高温度的作用，组织和性能与原材料相比会发生变化。焊缝附近组织、性能发生变化的区域称为焊接热影响区，焊缝与热影响区之间的过渡区域称为熔合区。因此，焊接接头由焊缝、熔合区和热影响区组成。

### 9.2.1　焊接工件上温度的分布与变化

焊接时，电弧对焊件局部加热，并且逐渐移动。因此，在焊接过程中，焊缝区金属经历了熔化、结晶过程，焊缝附近的金属则在固态下经历了由常温加热到较高温度、然后冷却到室温的过程。并且由于焊缝周围的金属各点与焊缝中心距离不同（1 点~4 点），因此焊接过程中各点被加热的最高温度不同。而且由于热传导需要一定时间，所以各点达到该点最高温度的时间也不同，各点的冷却速度也不同。焊接时焊件横截面上不同点的温度变化情况如图9-3所示。

由于焊接接头各区在不同的加热、冷却作用下相当于经历了一次不同规范的热处理过程，因此造成各区的组织、性能也不同。

## 9.2.2 焊接接头金属的组织与性能

现以低碳钢焊接接头为例来说明焊缝及其附近金属由于受到焊接电弧的不同热作用而产生的金属组织、性能的变化。如图9-4所示，图中左侧下部表示焊件横截面上的组织形态，上部曲线表示各区在焊接过程所能达到的最高温度；右侧为部分铁碳相图，表示各区的温度范围和状态。

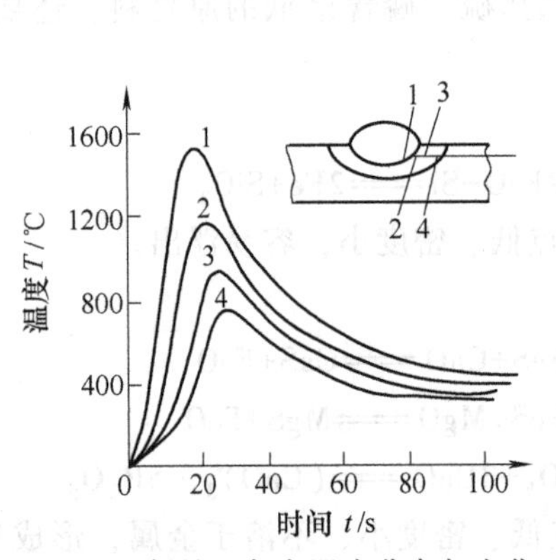


图9-3 焊缝区各点温度分布与变化

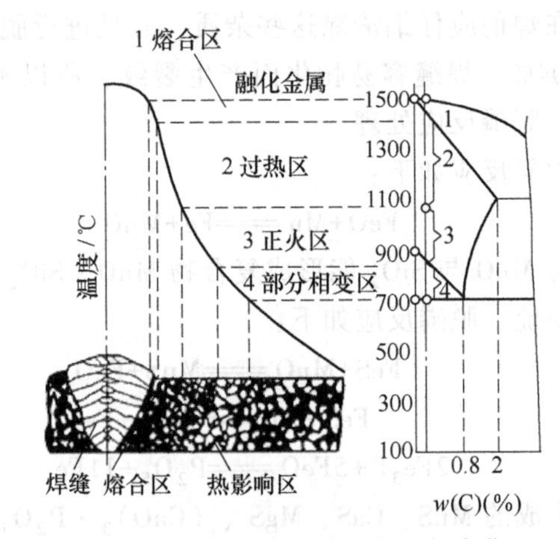


图9-4 低碳钢焊接接头的组织变化

**1. 焊缝**

焊缝金属的结晶是从熔池底部开始向中心长大，冷却速度较快，形成由铁素体和少量珠光体所组成的粗大柱状铸态组织。在一般情况下，焊缝成分不均匀，而且焊缝中心区容易偏析硫、磷等形成低熔点杂质和氧化铁，从而导致焊缝力学性能变差。

虽然焊缝金属为粗大的柱状晶，成分偏析、组织不致密，但焊接过程中通过严格控制化学成分，减少碳、硫、磷等杂质的含量并渗入有益的合金元素（如锰、硅），可使焊缝金属的力学性能不低于母材金属。

**2. 热影响区**

热影响区是焊接过程中，被焊材料受热（但未熔化），金相组织和力学性能发生变化的区域。根据焊缝附近各区受热情况不同，热影响区可分为过热区、正火区和部分相变区。冷变形金属焊接时还可能出现再结晶区。

（1）过热区 焊接热影响区中，具有过热组织或晶粒显著粗大的那一部分区域称为过热区。低碳钢过热区加热温度在1100℃以上至固相线。过热区金属的塑、韧性很低，尤其是冲击韧性较低，是热影响区中性能最差的区域。

（2）正火区 正火区是焊接热影响区内相当于受到正火热处理的那一部分区域。低碳钢此区的加热温度为$Ac_3$～1100℃。因为金属加热时发生重结晶，冷却后获得细小而均匀的

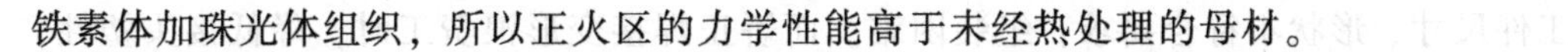

铁素体加珠光体组织，所以正火区的力学性能高于未经热处理的母材。

(3) 部分相变区　焊接热影响区内发生了部分相变的区域称为部分相变区。低碳钢此区的加热温度为 $Ac_1 \sim Ac_3$。该区仅部分组织发生相变，冷却后晶粒大小不均匀，力学性能比母材要差。

**3. 熔合区**

熔合区是焊接接头中焊缝与母材交接的过渡区。它是焊缝金属与母材金属的交界区，其加热温度介于液、固两相线之间，加热时金属处于半熔化状态。其成分不均匀，组织粗大，塑性、韧性极差，是焊接接头中性能最差的区域。因此尽管熔合区很窄（仅 0.1～1mm），但仍在很大程度上决定着焊接接头的性能。

对于合金元素含量高的易淬火钢，如中碳钢、高强度合金钢，热影响区中加热温度在 $Ac_1$ 以上的区域，焊后形成淬硬组织马氏体；加热温度在 $Ac_1 \sim Ac_3$ 的区域，焊后形成马氏体和铁素体的混合组织。马氏体的出现使焊接热影响区硬化、脆化严重，并且碳含量、合金元素含量越高，硬化越严重。

### 9.2.3　影响焊接接头组织性能的因素

在焊接过程中，熔合区和过热区是不可避免的，焊接时应针对不同的材料和结构选择相应的焊接材料、焊接方法、焊接工艺等，以减小各区域的大小和性能变化的程度。

**1. 焊接材料**

焊接材料包括药皮、焊剂、焊丝等，焊接材料会直接影响焊缝的成分和性能。

**2. 焊接方法**

不同的焊接方法，由于热源不同，热影响区的大小和性能不同，而且保护效果也不同，接头性能也不同。不同焊接方法焊接低碳钢时，焊接热影响区的平均尺寸见表 9-1。

**表 9-1　低碳钢焊接热影响区的平均尺寸**　(mm)

| 焊接方法 | 过热区宽度 | 热影响区总宽度 | 焊接方法 | 过热区宽度 | 热影响区总宽度 |
|---|---|---|---|---|---|
| 焊条电弧焊 | 2.2～3.5 | 6.0～8.5 | 电渣焊 | 18～20 | 25～30 |
| 埋弧自动焊 | 2.2～3.5 | 2.3～4.0 | 电子束焊 | 忽略不计 | 0.05～0.75 |
| 钨极氩弧焊 | 2.1～3.2 | 5.0～6.2 | | | |

**3. 焊接工艺**

焊接工艺参数有电流、电压、焊接速度等，直接影响焊接接头输入热量的多少和集中程度，从而影响焊接接头的组织和性能。如在保证焊接质量的前提下，采用小电流、快速焊可减小热影响区宽度。

**4. 焊后热处理**

对碳素钢和低合金结构钢焊后进行正火处理，可细化接头各区域组织，改善焊接接头力学性能。

## 9.3　焊接应力与焊接变形

焊接过程中，由于焊接热源对焊件局部不均匀加热，常使焊件产生应力和变形。焊接变形会使工件尺寸、形状不符合要求，组装困难。而矫正焊接变形浪费工时，降低接头塑性，变形严重时会使工件报废。焊接应力会降低工件承载能力，还会引起裂纹，造成脆断。焊接应力不稳定，在一定条件下会释放而产生变形，使工件尺寸不稳定。因此设计和制造焊接结构时，必须采取措施减少或防止焊接应力和变形。

## 9.3.1 焊接应力和变形产生的原因

焊件在焊接过程中受到不均匀加热和冷却是产生焊接应力和变形的主要原因。图 9-5 所示为低碳钢平板对接焊时应力和变形产生的过程示意图。低碳钢平板焊接加热时，由于各部分加热温度不同，接头各处沿焊缝长度方向应有不同的伸长量。假如这种伸长不受任何阻碍，各部分能够自由伸长，则钢板焊接时的变化如图 9-5a 所示。但由于平板是一个整体，各部分的伸长必须相互协调，最终伸长 $\Delta L$，结果温度高的焊缝及其附近区域承受压应力，远离焊缝的区域承受拉应力。当压应力超过金属屈服强度时产生压缩变形，平板处于平衡状态。

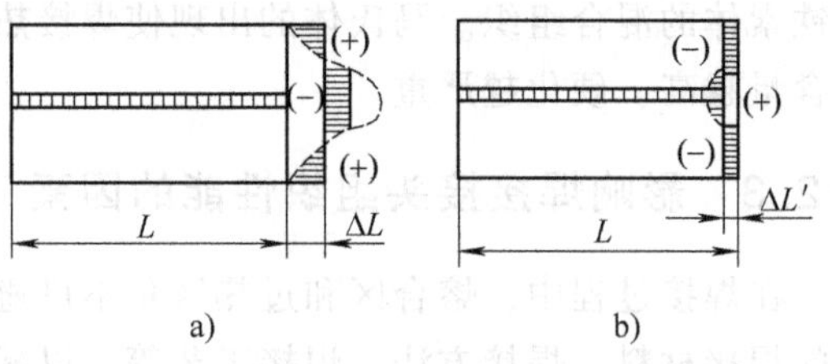

图 9-5 焊接应力与变形产生过程示意图

冷却时，如果收缩能自由进行，产生压缩变形区将缩短至图 9-5b 中虚曲线位置，而焊缝区两侧的金属则恢复到原长。但因整体作用，只能共同收缩到比原始长度短 $\Delta L'$ 的位置，产生 $\Delta L'$ 的变形，并且焊缝及其附近金属承受拉应力，远离焊缝两侧金属承受压应力，保持到室温。保留至室温的应力与变形称为焊接残余应力与变形。

由以上分析可知，焊接过程中不均匀加热会使焊缝及附近存在残余拉应力，并且焊件产生一定尺寸的收缩变形。如果焊件受拘束程度大，则焊件变形小而残余应力较大，甚至高达材料的屈服极限；如果焊件受拘束程度较小，焊件可产生较大的变形，而残余应力较小。

在实际生产中，由于焊接工艺、焊接结构特点和焊缝的布置方式不同，焊接变形的方式有很多种，典型的焊接变形形式及产生原因见表 9-2。

**表 9-2 基本的焊接变形形式及产生原因**

| 变形方式 | 变形示意图 | 产生原因 |
| --- | --- | --- |
| 收缩变形 | | 焊接后，焊件沿着纵向（平行于焊缝）和横向（垂直于焊缝）收缩引起 |
| 角变形 | | 由于焊缝截面上下不对称，横向收缩不均匀造成的，焊件一般向焊缝尺寸大的表面翘起 |
| 弯曲变形 | | 一般在焊接 T 形梁时出现，由于焊缝不对称，焊件向焊缝集中一侧弯曲 |
| 扭曲变形 | | 由于焊接顺序和焊接方向不合理，造成焊接应力在工件上产生较大的扭矩 |
| 波浪变形 | | 一般在焊接薄板时出现，工件在焊接残余压应力作用下失稳变形 |

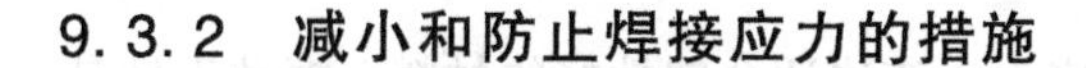

## 9.3.2　减小和防止焊接应力的措施

**1. 选择合理的焊接顺序**

合理的焊接顺序，可以使焊缝纵向横向收缩比较自由，不受较大的拘束，减少焊接应力。

1）先焊收缩量较大的焊缝，使焊缝一开始能够比较自由地收缩变形，减小焊接应力。

2）先焊受力较大的焊缝，使其预承受压应力。壁厚不均时，先焊较薄处，因为如果先焊厚大部分，焊件拘束度增加，较薄的部位焊接时应力较大。

3）拼焊时，先焊错开的短焊缝，后焊直通的长焊缝，如图 9-6 所示。在图 9-6b 中，因先焊焊缝 1 使焊缝 2 拘束度增加，横向收缩不能自由进行，残余应力较大，甚至造成焊缝交叉处产生裂纹。

**2. 焊前预热或加热减应区**

焊前预热是减小焊接应力最有效的措施。焊前将焊件预热到 400℃以下，然后进行焊接。预热的目的是减小焊缝区金属与周围金属的温差，使各部分膨胀与收缩量较均匀，从而减小焊接应力，同时还能使焊接变形变小。加热减应区实际上是部分预热法，所谓减应区是妨碍焊缝变形的区域。减应区受热后伸长并带动焊接部位，冷却时，焊缝与减应区同时可比较自由地收缩，使焊接应力降低。图 9-7 所示为修复断裂的手轮时加热减应区示意图。

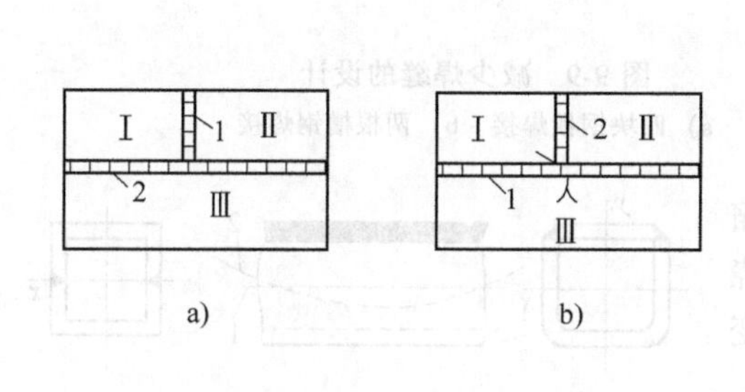


图 9-6　焊接顺序对焊接应力的影响

a）合理的焊接顺序　b）不合理的焊接顺序

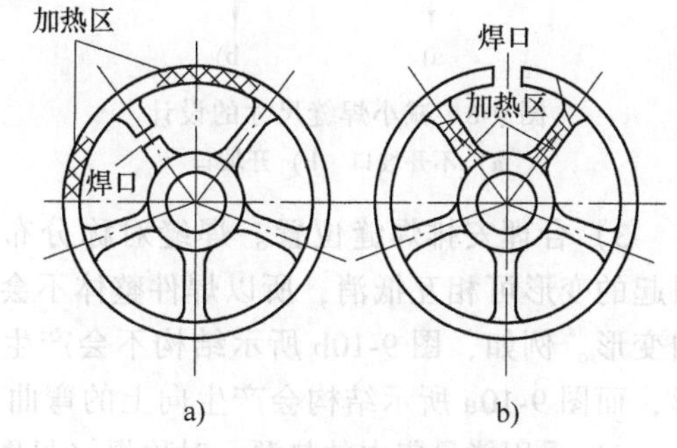


图 9-7　加热减应区示意图

a）加热轮缘　b）加热轮辐

**3. 采用小电流、快速焊**

通过控制电流和焊接速度，减小热量输入，可减小残余应力。另外，对厚大焊件采用多层多道焊也可减小焊接应力。

**4. 锤击或碾压焊缝**

每焊一道焊缝后，当焊缝仍处于高温时，对焊缝进行均匀迅速地锤击，使缝焊金属在高温塑性较好时得以延伸，从而减小应力和变形。

**5. 焊后热处理**

去应力退火可以消除大部分焊接应力。它是将焊件整体或局部加热至相变温度以下、再结晶温度以上的区域（碳钢约为 600~650℃）保温一定时间，缓慢冷却。在去应力退火过程中，钢件组织不发生变化，主要通过金属高温时强度下降和蠕变现象松弛焊接应力。一般通过去应力退火可消除焊接应力的 80%~90%。

**6. 焊后拉伸或振动工件**

焊后拉伸工件可使焊缝伸长，彻底消除残余应力，该法适合塑性好的材料。振动工件是使工件在一定频率下振动，内部应力得到释放，该法适合中、小型焊件。

## 9.3.3 预防和矫正焊接变形的措施

**1. 预防措施**

1）合理地选择焊缝的尺寸和形式。在保证结构承载能力的前提下，应尽量设计较小尺寸的焊缝，可同时减小焊接变形和应力。对于受力较大的T形接头和十字形接头，可采用开坡口的焊缝，如图9-8所示。

2）尽可能减少不必要的焊缝。设计结构时尽量采用大尺寸板料及合适的型钢或冲压件，以减少焊缝数量，焊件所受的热量相应减少，因此变形减小。例如，图9-9a所示结构焊缝多于图9-9b所示的结构，焊接变形较大。

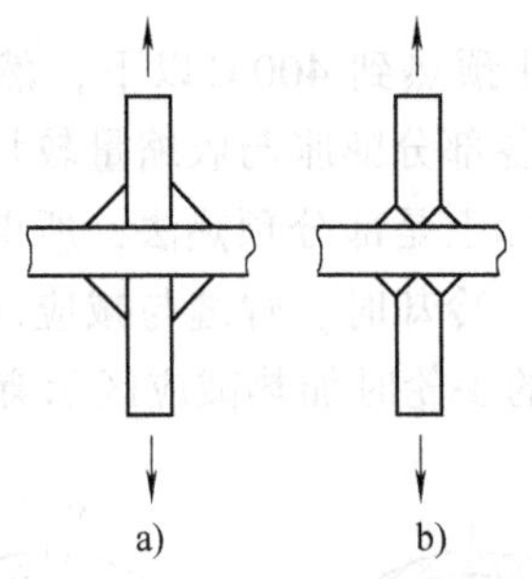

图9-8 减小焊缝尺寸的设计

a）不开坡口 b）开坡口

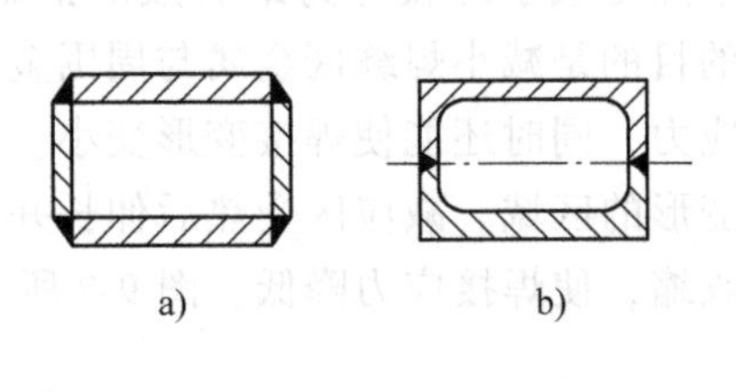

图9-9 减少焊缝的设计

a）四块钢板焊接 b）两根槽钢焊接

3）合理安排焊缝位置。焊缝对称分布，收缩引起的变形可相互抵消，所以焊件整体不会产生挠曲变形。例如，图9-10b所示结构不会产生弯曲变形，而图9-10a所示结构会产生向上的弯曲变形。

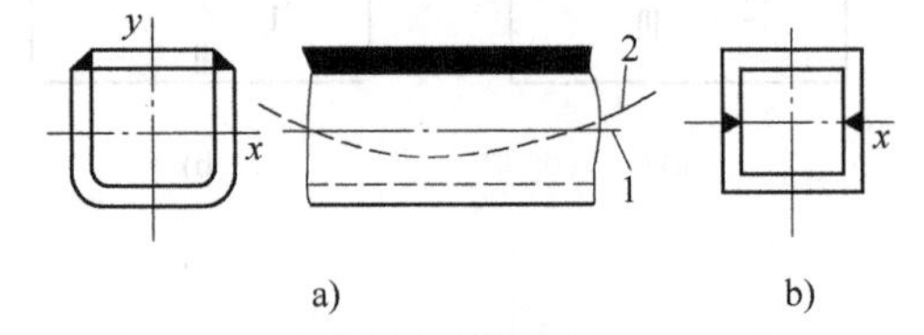


图9-10 合理安排焊缝位置的设计

a）焊缝不对称 b）焊缝对称

4）采用能量集中的热源、对称焊（见图9-11）、分段焊（见图9-12）和多层多道焊等可减小焊接变形。

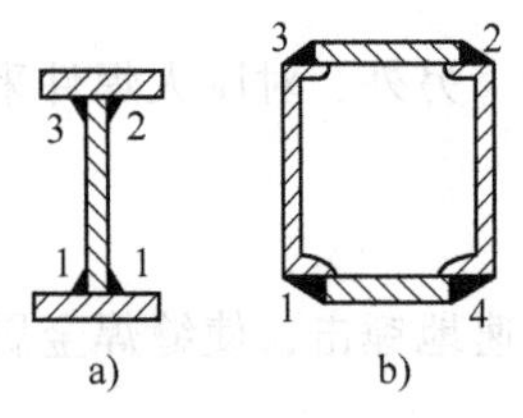


图9-11 对称焊

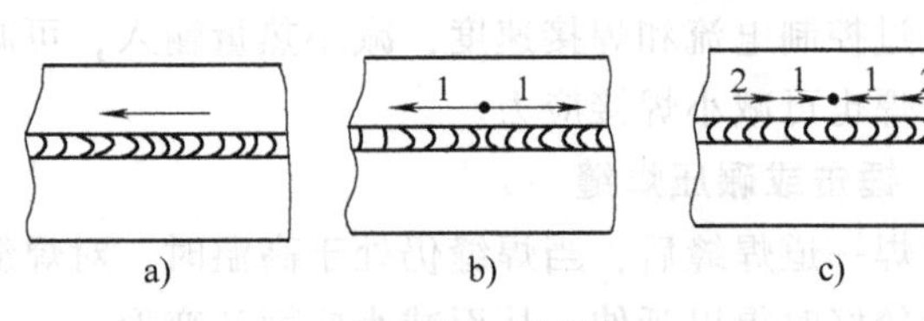


图9-12 分段焊

a）变形最大 b）变形较小 c）变形最小

5）预先反变形。预先反变形是在焊接前先判断结构焊后将产生的变形大小和方向，然后在装配或备料时预先给焊件一个相反方向的变形，抵消焊接变形，如图9-13所示。

6）焊前刚性固定。焊前刚性固定是采用夹具或点焊固定等来约束焊接变形的方法（见图9-14和图9-15）。该方法能有效防止角变形和波浪变形。但是焊前刚性固定会导致焊件内

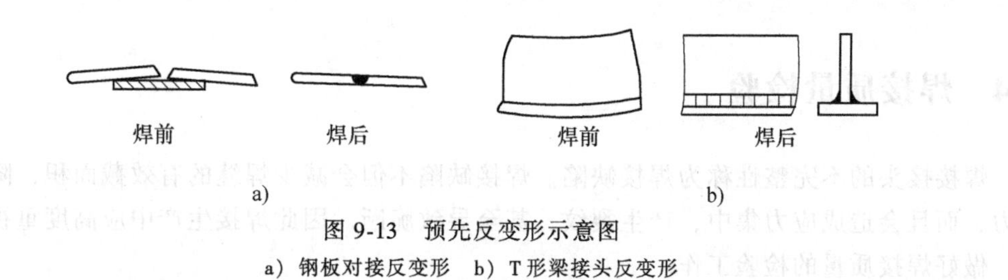


图 9-13　预先反变形示意图

a）钢板对接反变形　b）T 形梁接头反变形

图 9-14　用夹具防止焊件变形示意图

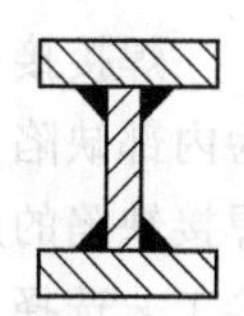

图 9-15　采用点焊防止焊件变形示意图

应力增大，不适合塑性差的焊件。

7）散热法。焊接时，通过强迫冷却，减小焊缝及其附近区域受热量，从而减小焊接变形。

**2. 矫正焊接变形方法**

焊接变形的矫正实质上是使焊件结构产生新的变形，以抵消焊接时已产生的变形。生产中常用的矫正方法如下：

（1）机械矫正法　机械矫正法是利用机械外力来强迫焊件的焊接变形区域产生相反的塑性变形，以抵消焊接变形（见图 9-16）。但此法会使金属产生加工硬化，造成塑性、韧性下降，适合塑性好的焊件。

（2）火焰加热矫正法　火焰加热矫正法（见图 9-17）是利用氧-乙炔火焰在焊件上产生伸长变形的部位上加热，利用冷却时产生的收缩变形来矫正焊件原有伸长变形的方法。加热区一般呈三角形，防止热量集中。此法也适合塑性较好的焊件。

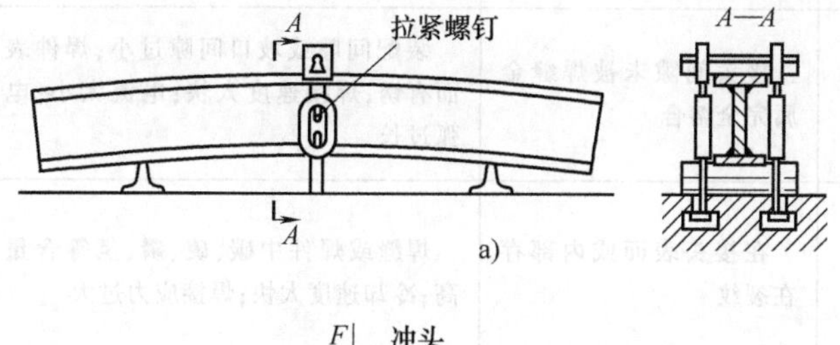


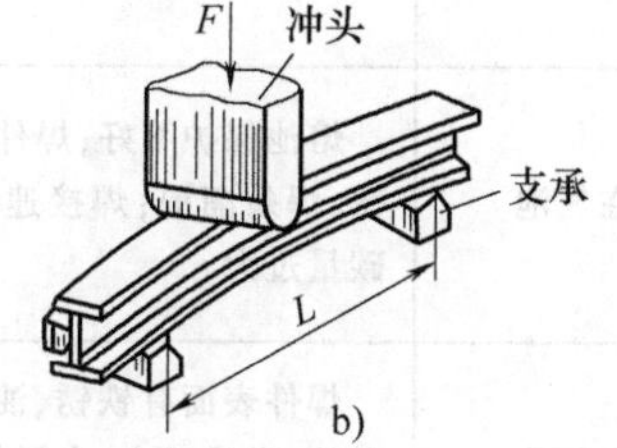


图 9-16　工字梁弯曲变形的机械校正示意图

a）拉紧器矫正　b）压力机矫正

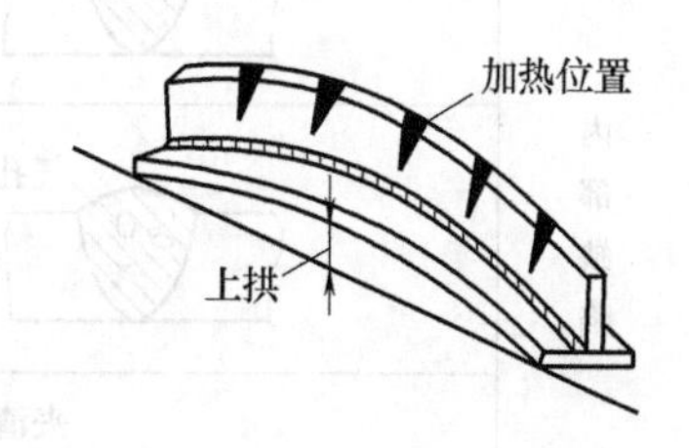


图 9-17　工字梁火焰矫正法示意图

## 9.4 焊接质量检验

焊接接头的不完整性称为焊接缺陷。焊接缺陷不但会减少焊缝的有效截面积，降低承载能力，而且会造成应力集中，产生裂纹，甚至导致脆断。因此焊接生产中应高度重视焊接质量，做好焊接质量的检验工作。

### 9.4.1 焊接接头缺陷分析

焊接接头缺陷可分为两大类，一类为外观缺陷，主要有焊瘤、咬边、未焊透等；另一类为内部缺陷，有焊接裂纹、气孔、夹渣等。其中对焊接接头性能危害最大的是裂纹和气孔。焊接缺陷的产生一般是因为结构设计不合理、原材料不符合要求、焊前接头准备不仔细、焊接工艺选择不当或焊接操作技术不高等原因所致的。表 9-3 是对各种常见的焊接缺陷特征和产生原因的分析。

表 9-3 焊缝缺陷特征和产生原因

| 缺陷种类 | 缺陷名称 | 特征 | 产生原因 |
| --- | --- | --- | --- |
| 外观缺陷 | 焊缝外形尺寸不符合要求 | 焊缝高低不平；焊缝宽度不均；焊缝余高过大或过小 | 焊条施焊角度不合适或运条速度不均匀；焊接电流过大或过小；坡口角度不当或装配间隙不均匀 |
| | 焊瘤 | 焊缝边缘上存在多余的未与焊件熔合的金属 | 焊接速度太快；焊条熔化太快；电弧过长；运条不正确 |
| | 咬边 | 焊件与焊缝交界处存在小的沟槽 | 电流太大；焊条角度和运条方法不正确 |
| | 未焊透 | 接头间隙未被焊缝金属完全熔合 | 装配间隙或坡口间隙过小；焊件表面有锈；焊接速度太快；电流太小；电弧过长 |
| 内部缺陷 | 裂纹 | 在接头表面或内部存在裂纹 | 焊缝或焊件中碳、硫、磷、氢等含量高；冷却速度太快；焊接应力过大 |
| | 气孔 | 焊缝内部存在气泡 | 熔池保护不好；焊件表面有油污、铁锈；焊条潮湿；焊接速度太快；焊条含碳量过大 |
| | 夹渣 | 焊缝内部存在熔渣 | 焊件表面有铁锈、油污等；冷却速度过快；电流过小；多层焊时前一层焊缝熔渣未除净 |

## 9.4.2 焊接质量检验

焊接质量检验是鉴定焊接产品质量优劣的手段，是焊接结构生产过程中必不可少的组成部分。

### 1. 焊接质量检验过程

焊接质量检验包括焊前检验、焊接生产过程中的检验及焊后成品检验。

（1）焊前检验　焊前检验是指焊接前对焊接原材料的检验，对设计图与技术文件的论证检查，以及焊前对焊接工人的培训考核等。焊前检验是防止焊接缺陷产生的必要条件，其中原材料的检验特别重要，应对原材料进行化学成分分析、力学性能试验和必要的可焊性试验。

（2）焊接生产过程中的检验　焊接生产过程中的检验是在焊接生产各工序间的检验。这种检验通常由每道工序的焊工在焊完后自己认真进行检验，检验内容主要是外观检验。如果检验合格，打上焊工代号钢印。

（3）焊后成品检验　焊后成品检验是指焊接产品制成后的最后质量评定检验。焊接产品只有在经过相应的检验，证明已达到设计要求的质量标准，保证以后的安全使用性能，成品才能出厂。

### 2. 焊接质量检验方法

焊接质量检验的方法可分为无损检验和破坏检验两大类。无损检验是不损坏被检查材料或成品的性能及完整性情况下检验焊接缺陷的方法。破坏检验是从焊件或试件上切取试样，或以产品（或模拟体）整体做破坏试验，以检查其各种力学性能的试验方法。

（1）外观检验　外观检验是用肉眼或用低倍数（小于20倍）放大镜观察焊缝区内是否有表面气孔、咬边、焊接裂纹、未焊透等表面缺陷，同时检查焊缝外形与尺寸是否符合要求。经过外观检验后合格的产品，才能进行下一步的检验。

（2）磁粉检验　磁粉检验是利用铁磁性材料在外加磁场作用下，表层缺陷产生的漏磁场吸附磁粉的现象而进行的无损检验方法。

如图9-18所示，磁粉检验时，在焊缝表面撒上铁粉，然后在工件外加一磁场，当磁力线通过完好的焊件时，它是直线进行的，撒在焊缝表面上的铁粉不被吸附。当焊件存在缺陷时，磁力线会发生扰乱，在缺陷上方形成漏磁场，铁粉就吸附在裂缝等缺陷之上。因此，通过检查焊缝上铁粉的吸附情况，可以简单判断焊缝中缺陷的所在位置、大小和形貌，但不能确定缺陷的深度。

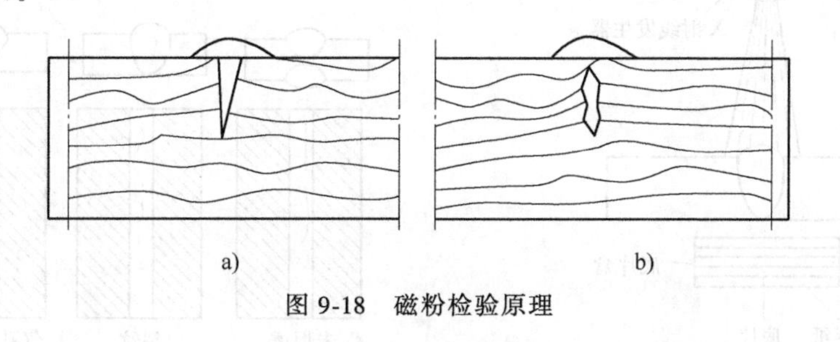


图9-18　磁粉检验原理

磁粉检验快速、简单，一般用于检验磁性材料焊件表面和深度不超过6mm的气孔、裂纹、未焊透等缺陷。

（3）着色检验 着色检验是借助毛细管吸附作用检验焊件表面缺陷。检验时，首先将焊件表面加工打磨到 $Ra$ 值为 12.5μm 左右，用清洗剂除去杂质污垢，随后涂上具有强渗透能力的红色渗透剂，渗透剂可通过工件表面渗入缺陷内部。10min 以后，将表面渗透剂擦掉，再一次清洗，随后涂上白色显示剂。借助毛细管作用，渗进缺陷的内部的红色渗透剂会在工件表面显示出来。借助 4~10 倍的放大镜便可形象地观察到缺陷的位置和形状。

着色检验成本低，不受焊件形状、尺寸的限制，可检验磁性、非磁性材料表面微小的裂纹（0.005~0.01mm）、气孔夹渣等缺陷，灵敏度高。

（4）超声波探伤 超声波探伤是利用超声波在不同介质的界面上发生反射的原理来探测材料内部缺陷的无损检验法。超声波的频率在 20000Hz 以上，具有透入金属材料深处的特性。如图 9-19 所示，当超声波由一种介质进入另一种介质时，在界面会发生反射波。检测焊件时，如果焊件中无缺陷，则在荧光屏上只存在始波和底波。如果焊件中存在缺陷，则在缺陷处另外发生脉冲反射波形，界于始波和底波之间。根据脉冲反射波形的相对位置及形状，即可判断出缺陷的位置和大小，但判断缺陷的种类较困难。

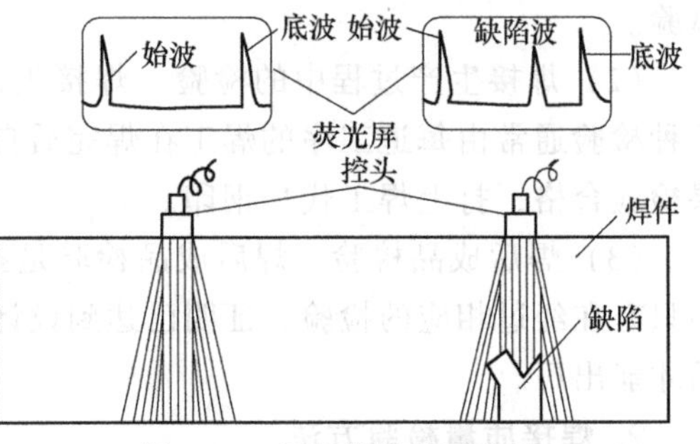

图 9-19 超声波检验示意图

超声波探伤穿透能力强、效率高，对焊件无污染，一般用于检验厚度大于 8mm 的焊件，能探出直径大于 1mm 的气孔、夹渣等缺陷。

（5）射线探伤 射线探伤是利用 X 射线或 γ 射线在不同介质中穿透能力的差异，检查内部缺陷的无损检验法。X 射线和 γ 射线都是电磁波，当经过不同物质时，其强度会有不同程度的衰减，从而使置于金属另一面的照相底片得到不同程度的感光，如图 9-20 所示。当焊缝中存在未焊透、裂缝、气孔和夹渣时，射线通过时衰减程度小，置于金属另一面的照相底片相应部位的感光较强，底片冲洗后，缺陷部位上则会显示出明显的黑色条纹和斑点，如图 9-21 所示，由底片可形象地判断出缺陷的位置、大小和种类。

X 射线穿透能力较强，可检验厚度为 25~60mm 的焊件，能检验出尺寸大于焊缝厚度

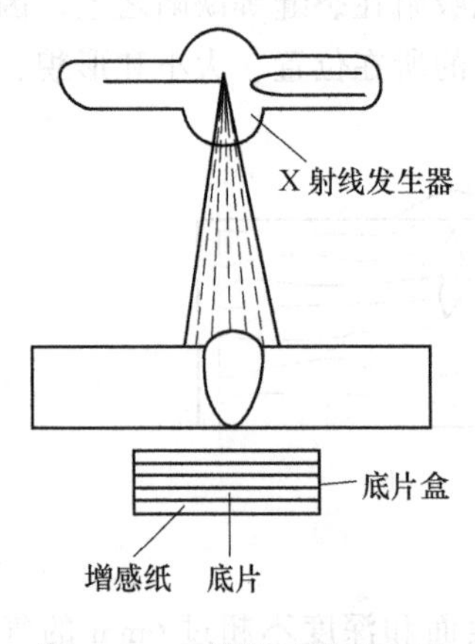

图 9-20 X 射线透视示意图

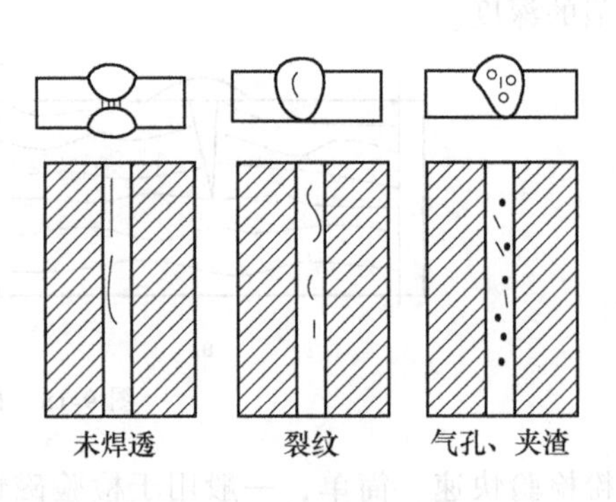

图 9-21 X 射线底片的识别

1%~2%的各种缺陷。γ射线穿透能力超过X射线，采用不同的放射源可检验150mm以下不同厚度的焊件，能检验出约为焊缝厚度3%的各种缺陷。

射线探伤一般用于重要产品的检验，检验标准根据国家标准GB 3323—2005《钢焊缝射线照相及底片等级分类法》来评定。质量等级共分为四级：Ⅰ级焊缝缺陷最少，质量最高；Ⅱ、Ⅲ级焊缝的内部缺陷依次增多，质量逐次下降；缺陷数量超过Ⅲ级者为Ⅳ级。在标准中明确规定了各级焊缝不允许哪种缺陷和允许哪种缺陷达到何种程度，依据标准规定，可由检验人员利用计算机对焊接质量进行评定。

（6）密封性检验　密封性检验是检验常压或受压很低的容器或管道的焊缝致密性的方法。常用于检查是否有漏水、漏气、渗油、漏油等现象。主要检验方法有静气压试验和煤油检验。

1）静气压试验是往容器或管道内通入一定压力压缩空气的方法。小体积焊件可放在水槽中，观察水槽中是否冒出气泡；对大型容器和管道，则在焊缝外侧涂肥皂水，若有穿透性缺陷，涂刷肥皂水的部位则会起泡，从而可发现缺陷。

2）煤油检验是在需检测的焊缝及热影响区的两侧分别涂刷石灰水溶液和煤油的方法。由于煤油渗透力强，当被检部位存在微细裂纹或穿透性缺陷，煤油便会渗过缺陷，使另一侧的石灰白粉呈现黑色斑纹，由此便可发现焊接缺陷。

（7）耐压检验　耐压检验是将水、油、气等充入焊接容器内逐渐加压至工作压力的1.25~1.5倍，以检验接头的致密性和强度，并可降低焊接残余应力的方法。

（8）焊接接头力学性能试验　焊接接头力学性能试验是为了评定焊接接头或焊缝金属的力学性能，主要用于研究试制工作（如新钢种的焊接、焊条试制、焊接工艺试验评定等）。试样的制备和试验方法都要按相关国家标准进行。常做的力学性能试验有拉伸试验、冲击试验、弯曲及压扁试验、硬度试验和疲劳试验等。

各种焊接检验方法，各有其相应的适用范围，并非任何焊接构件都要用所有方法去检验，而应具体情况具体分析，根据焊接结构的技术要求，选择经济可靠的焊接检验方法。

## 复习思考题

1. 焊接电弧的特点是什么？各区温度分布如何？

2. 电弧焊的三要素是什么？对各要素要求如何？

3. 焊接接头包括哪些区域？提高焊接接头质量应从哪些方面考虑？

4. 焊接应力与变形产生的原因是什么？焊接过程中和焊接后，焊缝区的受力是否一样？消除焊接应力与变形的方法有哪些？

5. 常用焊接缺陷检验方法有哪些？各有何特点？

6. 两块材质、厚度相同，宽度不同的钢板，采用相同规范分别在边缘各焊一条焊缝，哪块钢板的应力和变形大？为什么？

7. 图9-22所示的框架结构，中间杆件断裂，需焊接修复，确定出减应区。

8. 焊接图9-23所示结构时，应如何确定焊接次序（在图中标出），并说明理由。

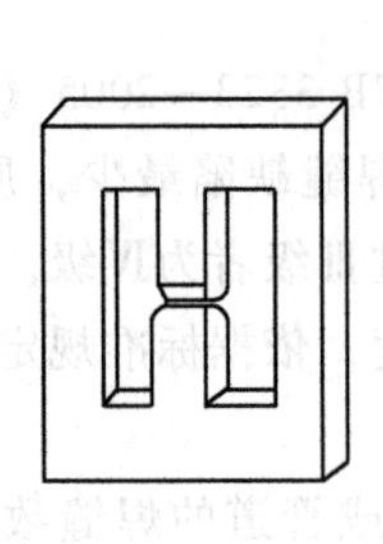

图 9-22　题 7 图

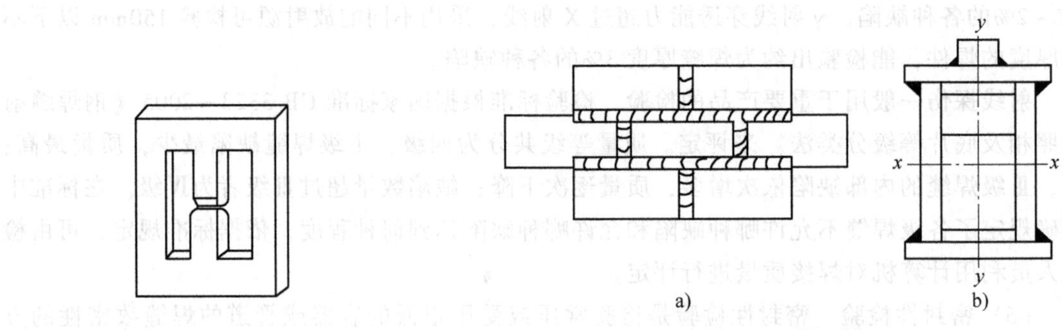


图 9-23　题 8 图
a）平板　b）起重机主梁

# 第10章　焊接方法及其发展

自从20世纪20年代发现电弧以来，随着科技发展和实际生产的需要，到目前已有多种焊接方法。通常按焊接工艺的特点分为：熔化焊、压焊和钎焊三大类。每一类焊接方法根据所用热源、保护措施、焊接设备的不同又分成多种焊接方法。常用的焊接方法如下所示：

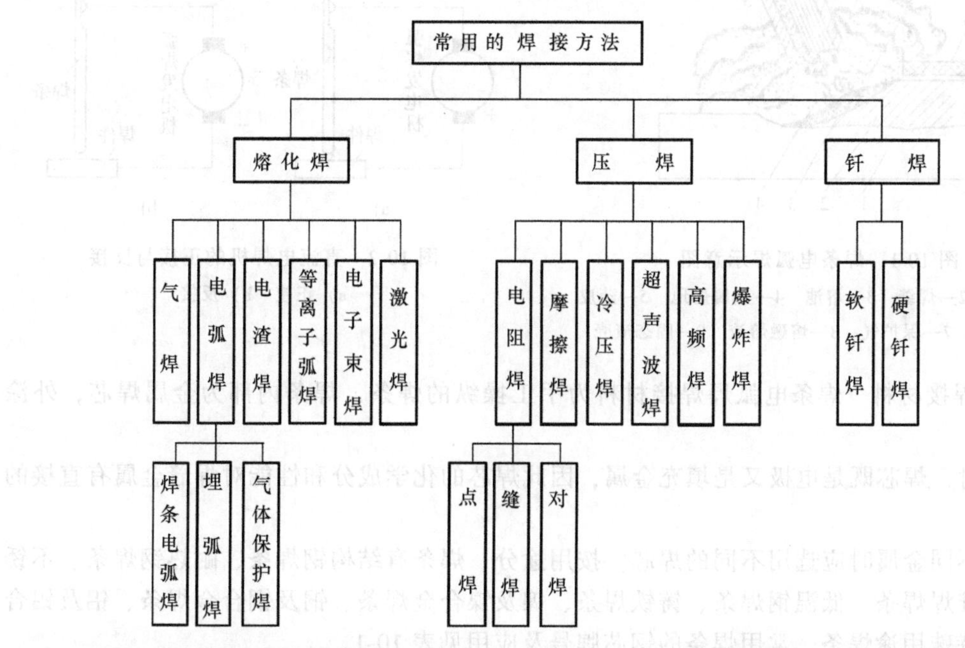


本章较为详细地讲述了目前焊接生产中常用的焊接方法及其应用，另外简要介绍了一些较新的焊接方法和计算机在焊接中的应用。

## 10.1　熔化焊

熔化焊是将待焊处的母材金属熔化、结晶形成焊缝的焊接方法。常见的熔焊方法有：焊条电弧焊、埋弧焊、气体保护焊和药芯焊丝气体保护焊、电渣焊等。

### 10.1.1　焊条电弧焊

焊条电弧焊如图10-1所示，是焊条和工件分别作为两个电极进行焊接的方法。焊条和工件之间通过短路引燃电弧，电弧热使焊件和焊条端部同时熔化，熔滴与熔化的母材形成熔池，焊条药皮熔化形成熔渣覆盖于熔池表面并产生大量保护气体，实现气体-熔渣联合保护，同时在高温下熔渣与熔池液态金属之间发生冶金反应。随焊条的移动，熔池冷却、结晶，形成连续的焊缝，熔渣凝固成渣壳。

**1. 焊条电弧焊电源与焊接材料**

（1）焊接电源　常用的焊接电源有交流电焊机、直流电焊机。采用直流弧焊电源焊接时，由于电流输出端有正、负之分，焊接时有两种接法，如图 10-2 所示。将焊件接正极，焊条接负极称为正接法；将焊件接负极，焊条接正极称为反接法。正接法焊件为阳极，产生热量较多，温度较高，可获得较大的熔深，适合焊接厚板；反接法焊条熔化快，焊件受热小，温度较低，适合焊接薄板及有色金属。

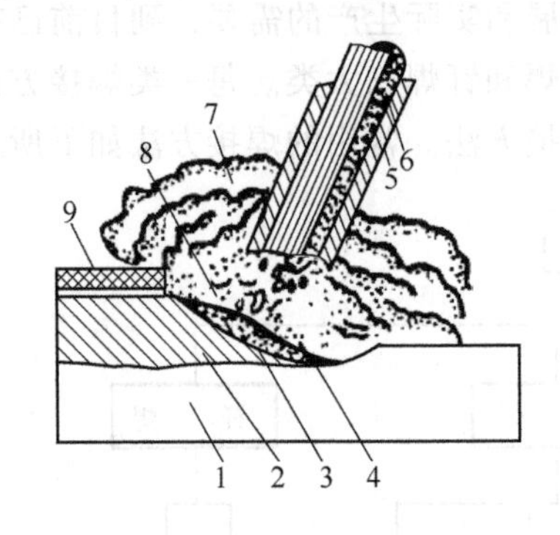


图 10-1　焊条电弧焊示意图

1—焊件　2—焊缝　3—熔池　4—金属熔地　5—药皮　6—焊芯　7—保护气　8—熔融熔渣　9—固态渣壳

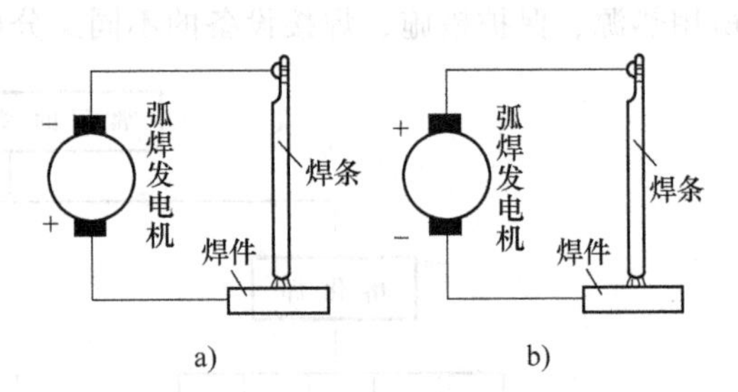


图 10-2　直流电焊机的正接与反接

a）正接　b）反接

（2）焊接材料　焊条电弧焊焊接材料为手工操纵的焊条，焊条内部为金属焊芯，外涂药皮。

焊接时，焊芯既是电极又是填充金属，因此焊芯的化学成分和性能对焊缝金属有直接的影响。

焊接不同金属时应选用不同的焊芯。按用途分，焊条有结构钢焊条、耐热钢焊条、不锈钢焊条、堆焊焊条、低温钢焊条、铸铁焊条、镍及镍合金焊条、铜及铜合金焊条、铝及铝合金焊条和特殊用途焊条。常用焊条的钢芯牌号及应用见表 10-1。

**表 10-1　焊条钢芯牌号及应用**

| 钢芯牌号 | 特点 | 应用 | 钢芯牌号 | 特点 | 应用 |
|---|---|---|---|---|---|
| H08 | 普低 | 普通碳素结构钢 | H08CrMoA | 高优合金 | 低合金结构钢 |
| H08A | 高级优质 | 普通碳素结构钢 | H08Cr20Ni10Ti | 不锈钢 | 不锈钢 |
| H08E | 特级优质 | 优质结构钢 | H08Cr21Ni10 | 超低碳 | 重要不锈钢 |
| H08Mn2 | 普低合金 | 低合金结构钢 | | | |

注：表中“A”表示高级优质钢，“E”表示特级优质钢。

药皮的主要作用有：产生保护气体和熔渣；稳定电弧、减少飞溅，并使焊缝成形美观；与熔池金属发生冶金反应，去除杂质，并添加有益合金元素，提高焊缝性能。

药皮的主要成分为造气剂和造渣剂，还含有稳弧剂、脱氧剂和合金剂等。根据药皮熔化后形成的熔渣性质不同，焊条分为酸性焊条和碱性焊条两大类。

酸性焊条熔渣以酸性氧化物为主，生成气体主要为 $H_2$ 和 CO，各占 50%左右，氧化性强，净化焊缝能力差，焊缝含氢量高，韧性较差。但酸性焊条电弧稳定，焊缝成形良好，使用方便，一般用于焊接不受冲击作用的焊接结构。碱性焊条熔渣以碱性氧化物和萤石为主，生成气体主要为 $CO_2$ 和 CO，氢含量小于 5%，还原性强，净化焊缝能力强，合金元素过渡效果好，焊缝含氢量低、韧性好。碱性焊条一般用于焊接重要结构，如锅炉、桥梁、船舶等，采用直流电源。但碱性焊条价格较高，工艺性能差，焊缝成形较差，焊前必须严格烘干（350~400℃，保温 2h），焊接时应保持通风良好。

焊条型号按国际标准表示为：E××××，如 E4303、E5015、E5016 等。其中 E 表示焊条；前两位数字表示熔敷金属最小抗拉强度，单位为 MPa；后两位数字组合表示焊接电流种类和药皮类型，03 表示酸性药皮，15、16 表示碱性药皮，并要采用直流电焊接。例如 E4303、E5015 焊条药皮配方见表 10-2。

**表 10-2　典型焊条药皮配方**

| 焊条型号 | 药皮配方(%) | | | | | | | | | | | | |
|---|---|---|---|---|---|---|---|---|---|---|---|---|---|
| | 大理石 | 菱苦土 | 金红石 | 钛白粉 | 萤石 | 中碳锰铁 | 钛铁 | 硅铁 | 白泥 | 长石 | 云母 | 石英 | 碳酸钠 |
| E4303 | 14 | 7 | 26 | 10 | | 13 | | | 12 | 8 | 10 | | |
| E5015 | 44 | | | 5 | 20 | 5 | 12 | 5 | | | 2 | 6 | 1 |

**2. 焊条的选用**

焊条的种类和型号很多，应根据焊件的成分、使用要求以及焊接结构的形状和受力情况选用适当的焊条。

焊接低碳钢或低合金钢时，一般应使焊缝金属与母材等强度；焊接耐热钢、不锈钢时，应使焊缝金属的成分和性能与母材相近；焊接形状复杂或刚度大的结构及承受冲击载荷或交变载荷的结构时，应选用碱性焊条。

**3. 焊条电弧焊的特点及应用**

焊条电弧焊设备简单，操作灵活，能进行全位置焊接，可在室内、室外和高空施焊。选用不同焊条可焊接多种类型金属材料。但是焊条电弧焊接头热影响区宽、质量较差，而且生产率低、劳动条件差。所以适合一般钢材的单件、小批量短焊缝或不规则焊缝的焊接，焊件厚度在 1.5mm 以上。

## 10.1.2　埋弧自动焊

埋弧自动焊是电弧引燃后在焊剂层下燃烧，引燃电弧、送丝、电弧移动等过程全部由机械自动完成的焊接方法。

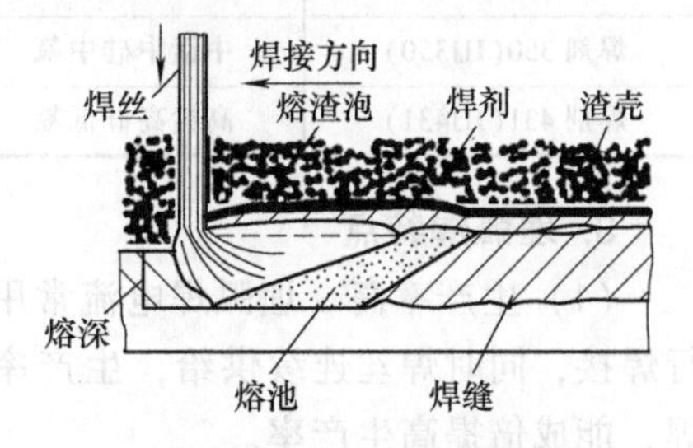

图 10-3　埋弧焊的焊接过程

**1. 埋弧焊焊接过程**

埋弧焊焊接过程如图 10-3 所示。焊接时，先在待焊接头上覆盖一层足够量的焊剂（一般厚为 30~50mm），送丝机构连续地将盘状光焊丝自动送入电弧区并保证一定弧长。引弧后熔池上方焊剂熔化形成封闭的熔渣泡，封闭的熔渣泡既保护了熔池又可防止金属飞溅。随着自动焊机的移动，形成平直的焊缝。焊接前和焊接过程中可调整并控制焊机的焊接电流、电压、电弧长度和移动速度。

**2. 焊接材料**

埋弧焊所用的焊接材料为光焊丝和颗粒状焊剂。

常用的焊丝牌号、特点及应用见表 10-3。埋弧焊用的焊丝与焊条钢芯相比，含有较多的锰、硅等合金元素，杂质含量低，可提高焊缝性能。

**表 10-3 常用的焊丝牌号、特点及应用**

| 焊丝牌号 | 特点 | 应用 | 焊丝牌号 | 特点 | 应用 |
|---|---|---|---|---|---|
| H08MnA | 优质结构钢 | 低碳钢、普低钢 | H0Cr14 | 铁素体不锈钢 | 高铬铁素体钢 |
| H10MnSi | 低合金结构钢 | 低合金钢 | H0Cr18Ni9 | 奥氏体不锈钢 | 不锈钢 |
| H30CrMnSi | 优质合金结构钢 | 高强度钢 | H08Cr22Ni15 | 双相不锈钢 | 重要不锈钢 |
| H10Mn2MoVA | 优质合金钢 | 重要高强度钢 | | | |

埋弧焊焊剂一般是由 $SiO_2$、MnO、MgO、$CaF_2$ 等组成的硅酸盐，硫、磷含量低。焊剂不仅起到保护效果，还会向焊缝金属过渡锰、硅等元素。根据制造方法不同，焊剂可分为熔炼焊剂和陶制焊剂两大类，熔炼焊剂是原料经过熔炼而成的，颗粒强度大，化学成分均匀，不吸收水分，主要起保护作用；陶制焊剂是颗粒状原料在 300~400℃下干燥固结而成的，不仅起保护作用，还容易向焊缝金属添加合金元素，但颗粒强度低，容易吸潮。埋弧焊焊丝与焊剂选用的总原则是，首先根据焊接金属的成分和力学性能选择焊丝，然后根据焊丝选配相应的焊剂。焊剂的牌号名称及其用途见表 10-4。

**表 10-4 焊剂的牌号名称及其用途**

| 焊剂牌号 | 焊剂类型 | 配用焊丝 | 用　途 |
|---|---|---|---|
| 焊剂 130(HJ130) | 无锰高硅低氟 | H10Mn2 | 焊接低碳钢、低合金钢 |
| 焊剂 150(HJ150) | 无锰中硅中氟 | 2Cr13、铜焊丝 | 焊接铜合金、轧辊 |
| 焊剂 172(HJ172) | 无锰低硅高氟 | H30CrMnSi | 焊接高合金钢 |
| 焊剂 230(HJ230) | 低锰高硅低氟 | H10Mn2、H08MnA | 焊接低碳钢、低合金钢 |
| 焊剂 260(HJ260) | 低锰高硅中氟 | H0Cr18Ni9 | 焊接不锈钢 |
| 焊剂 250(HJ250) | 低锰中硅中氟 | H10Mn2MoVA、10Mn2MoV | 焊接低合金高强钢 |
| 焊剂 350(HJ350) | 中锰中硅中氟 | H08Mn2Mo | 焊接低合金高强钢 |
| 焊剂 431(HJ431) | 高锰高硅低氟 | H08MnA、H08MnSiA | 焊接低碳钢、低合金钢 |

**3. 埋弧焊特点**

（1）生产率高　埋弧焊电流常用到 1000A，熔深大，20~25mm 以下工件可不开坡口进行焊接，同时焊丝连续供给，生产率比焊条电弧焊提高 5~10 倍。大尺寸焊缝可采用多丝焊，能成倍提高生产率。

（2）节省金属　埋弧焊不开坡口，节省了工件材料，也减少了焊丝的需求量。另外，没有焊条头，熔滴飞溅很小，因此能节省大量金属材料。

（3）焊接质量好且稳定　在焊接过程中，保护效果好，熔池处于液态的时间长，冶金反应较充分，焊缝缺陷少，而且焊接工艺参数稳定，因而焊缝不仅质量高而且成形美观。

（4）劳动条件好 由于电弧埋在焊剂之下，看不到弧光，烟雾很少，焊接过程中焊工只需预先调整焊接参数、管理焊机，焊接过程便可自动进行，所以劳动条件好。

**4. 埋弧焊的应用**

埋弧焊通常用于碳钢、低合金结构钢、不锈钢和耐热钢，也可用于焊接特殊性能钢，如镍基合金、有色金属等。在压力容器、造船、车辆、桥梁等工业生产中得到广泛应用。但是，埋弧焊设备费用高，焊前准备复杂，对接头加工与装配要求较高，只适于批量生产中厚板（6~60mm）的长直焊缝及直径大于250mm环缝的平焊。

在实际生产中，为防止引弧和熄弧时产生焊接缺陷，一般在接头两端分别安装引弧板和引出板（见图10-4）。为保持焊缝成形，常采用焊剂垫或垫板（见图10-5）进行单面焊双面成形。进行大型环焊缝焊接时（见图10-6），焊丝位置不动，焊件旋转，并且电弧引燃位置向焊件旋转反方向偏离焊件中心线一定距离 $e$，以防止液态金属流失。

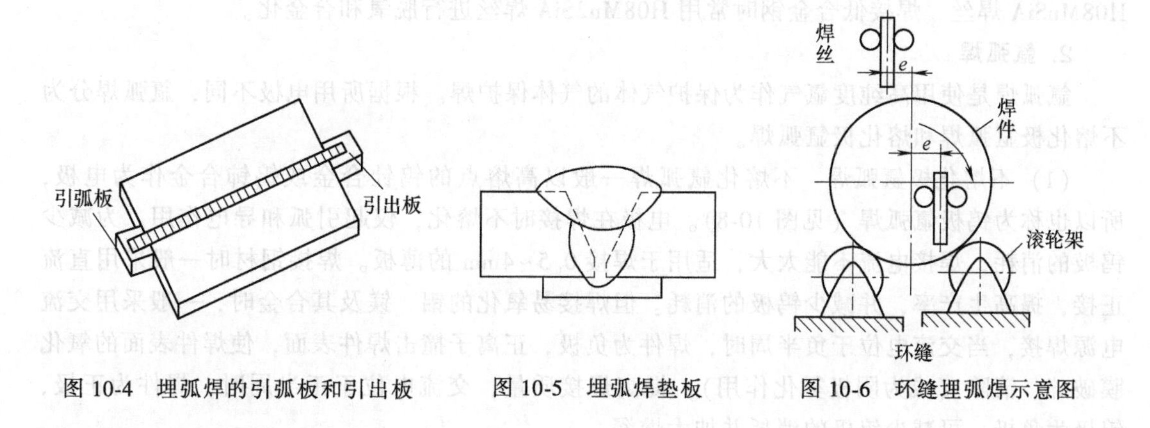


图10-4 埋弧焊的引弧板和引出板　图10-5 埋弧焊垫板　图10-6 环缝埋弧焊示意图

## 10.1.3 气体保护电弧焊

用外加气体作为电弧介质并保护电弧和焊接区的电弧焊称为气体保护电弧焊。根据保护气体的种类不同，气体保护电弧焊分为二氧化碳气体保护焊和氩弧焊两大类。

**1. 二氧化碳气体保护焊**

$CO_2$ 气体保护焊利用 $CO_2$ 作为保护气体，以焊丝作为电极，靠焊丝和焊件之间产生的电弧熔化金属与焊丝，以自动或半自动方式进行焊接。如图10-7所示，焊丝由送丝机构通过软管经导电嘴自动送进，纯度超过99.8%的 $CO_2$ 气体以一定流量从喷嘴中喷出。电弧引燃后，焊丝末端、电弧及熔池被 $CO_2$ 气体包围，从而使高温金属受到保护，避免空气的有害影响。

$CO_2$ 气体保护焊的特点和应用：

（1）生产率高 由于焊丝自动送进，焊接速度快、电流密度大、熔深大、焊后没有熔渣，节省清渣时间。因此其生产率比焊条电弧焊提高1~4倍。

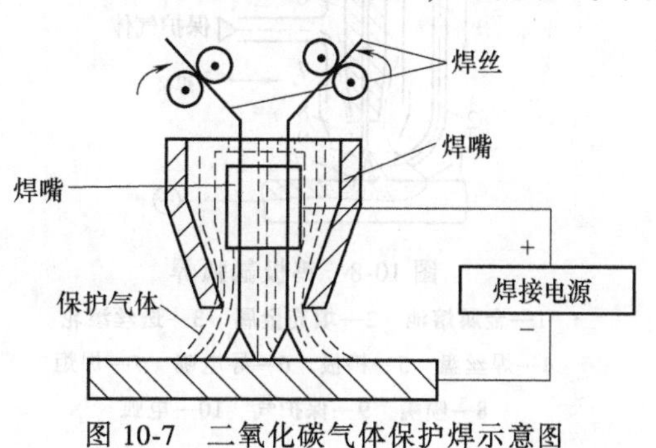


图10-7 二氧化碳气体保护焊示意图

（2）焊接质量较好 由于焊接过程中有 $CO_2$ 的保护，焊缝中氢含量低，采用合金钢焊丝，脱氧、脱硫作用好。同时 $CO_2$ 气流冷却能力较强，焊接热影响区小，焊件变形小。

（3）焊接时操作性能好　$CO_2$ 气体保护焊是明弧焊，可以清楚地看到焊接过程，容易发现问题并及时处理，适合各种位置的焊接。

（4）成本低　$CO_2$ 气体价格低廉，而且节省了熔化焊剂或焊条药皮的电能。$CO_2$ 气体保护焊的成本仅为焊条电弧焊和埋弧焊的40%～50%。

$CO_2$ 气体保护焊的不足：$CO_2$ 有氧化作用，高温下能分解成CO和 $O_2$，使合金元素容易烧损，不宜焊接有色金属和不锈钢。并且由于生成的CO密度小，体积急剧膨胀，导致熔滴飞溅较为严重，焊缝成形不够光滑。另外，焊接烟雾较大，弧光强烈，如果控制或操作不当，容易产生CO气孔。

$CO_2$ 气体保护焊目前广泛应用于造船、机车车辆、汽车、农业机械等工业部门，主要用于焊接1～30mm厚的低碳钢和部分合金结构钢，一般采用直流反接法。焊接低碳钢时常用H08MnSiA焊丝，焊接低合金钢时常用H08Mn2SiA焊丝进行脱氧和合金化。

**2. 氩弧焊**

氩弧焊是使用高纯度氩气作为保护气体的气体保护焊。根据所用电极不同，氩弧焊分为不熔化极氩弧焊和熔化极氩弧焊。

（1）不熔化极氩弧焊　不熔化氩弧焊一般以高熔点的钨钍合金或钨铈合金作为电极，所以也称为钨极氩弧焊（见图10-8）。电极在焊接时不熔化，仅起引弧和导电作用。为减少钨极的消耗，焊接电流不能太大，适用于焊接0.5～4mm的薄板。焊接钢材时一般采用直流正接，提高生产率，并减少钨极的消耗。但焊接易氧化的铝、镁及其合金时，一般采用交流电源焊接，当交流电位于负半周时，焊件为负极，正离子撞击焊件表面，使焊件表面的氧化膜破碎、清除（成为阴极雾化作用），提高焊接质量；交流电位于正半周时，焊件为正极，钨极为负极，可减少钨极的消耗并加大熔深。

（2）熔化极氩弧焊　熔化极氩弧焊是以可熔化的焊丝为电极，焊接时焊丝熔化，起导电和填充作用，如图10-9所示。焊接时，焊接电流较大，焊丝熔滴通常呈雾状颗粒喷射过渡进入熔池，所以，熔深较大，适于焊接8～25mm厚的焊件。为使电弧稳定，一般采用直流反接。

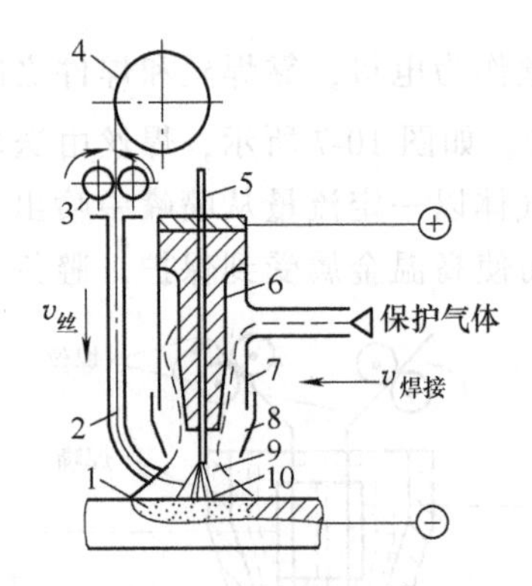

图10-8　钨极氩弧焊

1—金属熔池　2—填充金属　3—送丝滚轮

4—焊丝盘　5—钨极　6—导电嘴　7—焊炬

8—喷嘴　9—保护气　10—电弧

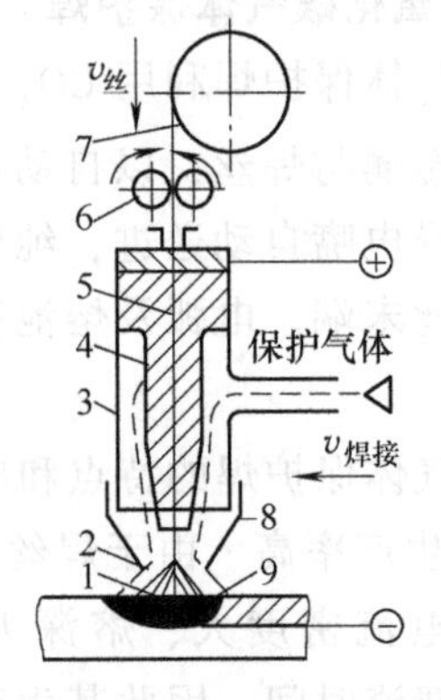

图10-9　熔化极氩弧焊

1—焊接电弧　2—保护气　3—焊炬

4—导电嘴　5—焊丝　6—送丝滚轮

7—焊丝盘　8—喷嘴　9—金属熔池

（3）脉冲氩弧焊　脉冲氩弧焊的电流为脉冲形式，如图 10-10 所示。利用高脉冲电流熔化焊件，形成焊点，低脉冲电流时焊点凝固，并维持电弧稳定燃烧。通过调整脉冲电流的大小和脉冲间歇时间的长短可准确控制焊接规范和焊缝尺寸。

脉冲氩弧焊可降低热输入，避免薄板烧穿，实现单面焊双面成形，并能进行全位置焊接。适于焊接 0.1～5mm 的管材和薄板。

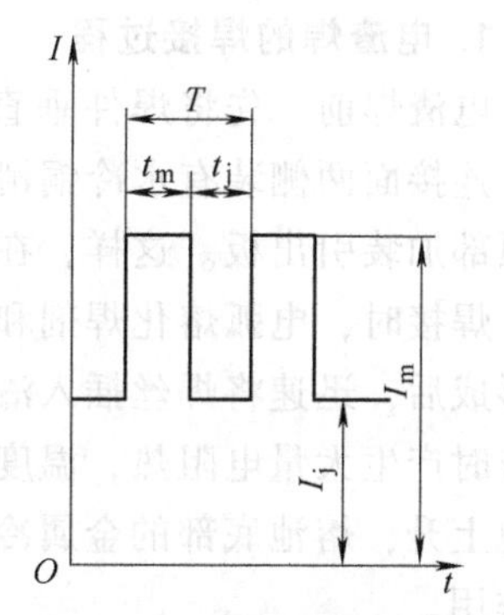

图 10-10　脉冲氩弧焊电流波形及焊缝示意图

$I_m$—脉冲电流　$I_j$—基本电流

$t_m$—脉冲电流持续时间

$t_j$—基本电流维持时间

（4）氩弧焊的特点和应用

1）氩气是一种惰性气体，焊接过程中对金属熔池的保护作用非常好，焊缝质量好。但是氩气没有冶金作用，所以焊前必须将接头表面清理干净，防止出现夹渣、气孔等。

2）电弧稳定、飞溅小，焊缝致密，表面没有熔渣，成形美观。

3）电弧在氩气流压缩下燃烧，热量集中，熔池较小，焊接热影响区小，焊后焊件变形较小。

4）操作性能好，可进行全位置焊接，并易实现机械化、自动化生产，目前焊接机器人一般采用氩弧焊或 $CO_2$ 气体保护焊。

5）氩气价格较高，一般要求纯度在 99.9%左右，焊接成本较高。

氩弧焊一般用来焊接铝、镁、铜、钛等化学性质活泼的金属及不锈钢、耐热钢等合金钢和锆、钽、钼等稀有金属。

### 10.1.4　药芯焊丝气体保护焊

药芯焊丝气体保护焊如图 10-11 所示，其基本原理与普通熔化极气体保护焊一样，采用纯 $CO_2$ 或 $CO_2$+Ar 混合气体作为保护气，区别在于采用内部装有焊剂的药芯焊丝，药芯的成分和焊条药皮类似，可实现气体-熔渣联合保护，一般采用直流反接。

其特点是：飞溅少，电弧稳定，焊缝成形美观；焊丝熔敷速度快，生产率比焊条电弧焊高 3～5 倍；调整焊剂成分，可以焊接多种材料；抗气孔能力较强。但药芯焊丝制造较困难，且容易变潮，使用前应在 250～300℃下烘烤。

药芯焊丝气体保护焊一般采用半自动焊，可进行全位置焊接，通常用于焊接碳钢、低合金钢、不锈钢和铸铁。

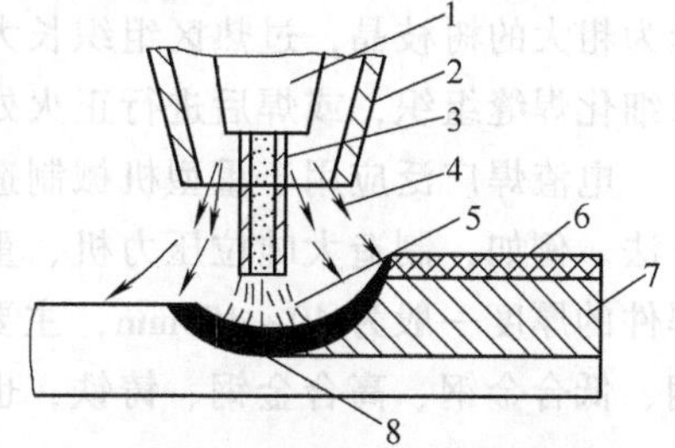

图 10-11　药芯焊丝气体保护焊

1—导电嘴　2—喷嘴　3—药芯焊丝　4—保护气体　5—电弧　6—焊渣　7—焊缝　8—熔池

### 10.1.5　电渣焊

电渣焊是利用电流通过液体熔渣所产生的电阻热熔化焊件和焊丝进行焊接的方法。根据焊接时使用电极的形状不同，可分为丝极电渣焊（见图 10-12）、板极电渣焊和熔嘴电渣焊等。

#### 1. 电渣焊的焊接过程

电渣焊前，先将焊件垂直放置，使焊缝直立，在接触连接面之间预留20~40mm的间隙。连接面两侧装有水冷铜滑块（防止熔渣流失，使焊缝成形），在工件底部加装引弧板，在顶部加装引出板。这样，在焊接前先在焊接部位形成一个封闭空间。

焊接时，电弧熔化焊剂和焊丝，形成渣池和熔池。渣池相对密度小，浮在熔池上面。渣池形成后，迅速将焊丝插入渣池中，并降低焊接电压，使电弧熄火，电渣焊开始。电流流经熔渣时产生大量电阻热，温度高达2000℃，将焊丝和焊件边缘熔化，随着焊丝的不断送进，熔池上升，熔池底部的金属冷却结晶形成焊缝。在焊接过程中渣池不仅作为热源，又起到保护作用。

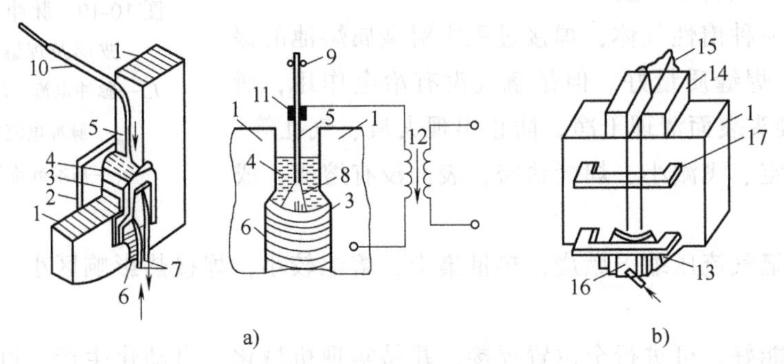


图10-12　丝极电渣焊示意图

a）电渣焊过程　b）电渣焊焊件装配

1—焊件　2—焊缝成形滑块　3—金属熔池　4—渣池　5—电极（焊丝）　6—焊缝
7—冷却水管　8—金属熔滴　9—送丝机构　10—导丝管　11—导电板　12—变压器
13—引弧板　14—引出板　15、16—水冷却铜滑块　17—∩形定位板

#### 2. 电渣焊的特点及应用

（1）生产效率高，成本低　电渣焊对厚大工件不需开坡口，可一次焊接完成，因此既提高了生产率又降低了焊接材料和电能的消耗。

（2）焊接质量好　由于渣池覆盖在熔池上，保护作用良好，同时熔池保持液态的时间较长，冶金过程进行比较完善，气体和杂质有较多时间浮出。因此出现气孔、夹渣等缺陷的可能性小，焊缝成分较均匀，焊接质量好。

电渣焊主要不足：由于熔池在高温下停留时间较长，焊接热影响区可达25mm左右，焊缝为粗大的树枝晶，过热区组织长大严重，所以焊接时焊丝、焊剂中应加入钼、钛等元素，以细化焊缝组织，或焊后进行正火处理。

电渣焊广泛应用于重型机械制造业中，它是制造大型铸-焊或锻-焊联合结构的重要工艺方法。例如，制造大吨位压力机、重型机床的机座、水轮机转子和轴和高压锅炉等。电渣焊焊件的厚度一般为40~450mm，主要用于直缝焊接，也可进行环缝焊接。电渣焊可焊接碳钢、低合金钢、高合金钢、铸铁，也可焊接有色合金和钛合金。

## 10.2　压力焊

压力焊是通过加热等手段使金属达到塑性状态，然后对焊件施加压力使其发生塑性变形，经过再结晶和扩散等作用，形成焊接接头的焊接方法。压力焊的两个要素是热源和压力。常用的压力焊方法根据加热手段的不同分为电阻焊和摩擦焊。

### 10.2.1　电阻焊

电阻焊是利用电流通过焊件接头的接触面及邻近区域产生的电阻热使焊件达到塑性状态或局部熔化，然后在压力作用下实现焊接的方法。

电阻焊的特点：焊接电压很低（几伏到十几伏），但焊接电流较大（几千到几万安培），因此焊接时间极短，一般为0.01s到几十秒，生产率高，焊接变形小；不需用填充金属和焊剂，操作简单、易实现机械化和自动化；设备复杂，价格昂贵。所以电阻焊适用于成批大量生产，在自动化生产线上应用较多。由于影响电阻大小和引起电流波动的因素均会导致电阻热的改变，因此电阻焊接头质量不稳，限制了在受力较大的构件上的应用。

电阻焊根据接头形式特点分为点焊、缝焊和对焊三种。

#### 1. 点焊

点焊是用圆柱状电极压紧工件，然后通电、保压获得焊点的电阻焊方法，如图10-13所示。

（1）点焊过程　点焊前先将表面清理好的两工件紧密接触（预压夹紧），然后接通电流。电极与工件接触处所产生的电阻热很快被导热性能好的铜（或铜合金）电极、冷却水传走，温度升高有限，电极不会熔化，而两工件相互接触处则由于电阻热很大，温度迅速升高，金属熔化形成液态熔核。断电后，继续保持或加大压力，使熔核在压力下凝固结晶，形成组织致密的焊点。焊点形成后，移动焊件，依次形成其他焊点。

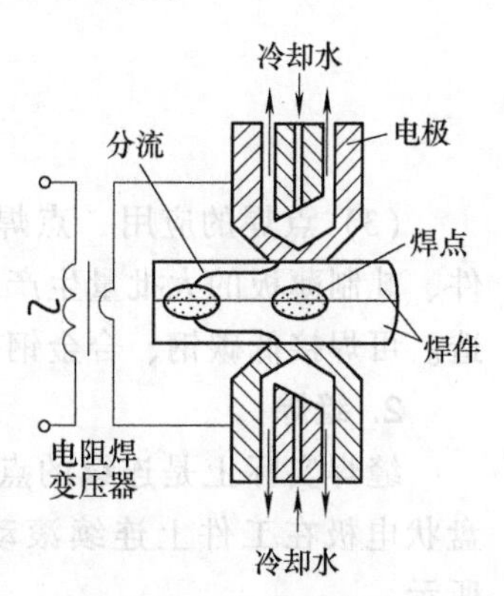


图10-13　点焊示意图

点焊第二个焊点时，有一部分电流会流经已焊好的焊点，这称为分流现象。分流现象导致焊接处电流减少，影响焊接质量。工件厚度越大、导电性越好、相邻焊点间距越小，分流现象越严重。因此，两焊点之间应有一定距离，其距离与焊件材料和厚度有关，其相互关系见表10-5。

表10-5　点焊接头焊点最小间距　（mm）

| 工件厚度 | 最小间距 | | |
|---|---|---|---|
| | 碳钢、低合金钢 | 不锈钢、耐热钢 | 铝合金、铜合金 |
| 0.5 | 10 | 7 | 11 |
| 1.0 | 12 | 10 | 15 |
| 1.5 | 14 | 12 | 18 |
| 2.0 | 18 | 14 | 22 |
| 3.0 | 24 | 18 | 30 |

（2）点焊接头形式　点焊接头一般采用搭接接头形式，图10-14为几种典型的点焊接头形式。在焊件搭边宽允许的条件下，焊点直径应尽量大一些，因为在焊点缺陷不超出允许范围时，焊点直径越大，点焊接头强度越高。

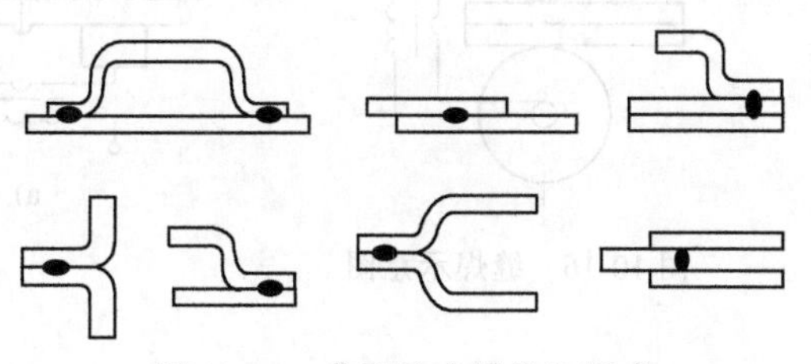

图10-14　典型的点焊接头形式

在焊接不同厚度或不同材料时，因为薄板和导热性好的材料吸热少，散热快，使熔核向厚板和导热性差的材料偏移，这一现象称为熔核偏移，如图 10-15a 所示。熔核偏移使焊点有效厚度减小，接头强度下降，甚至出现漏焊。一般在薄板处加一垫片增加厚度或采用导热性差的电极，减小薄板的散热，防止熔核偏移，如图 10-15b 所示。

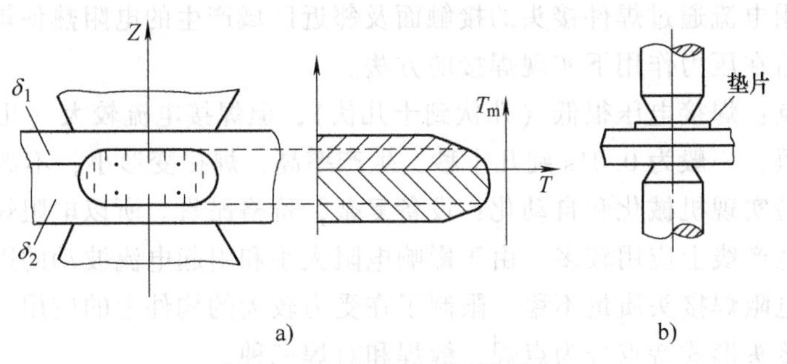


图 10-15　熔核偏移及其防止

a）熔核偏移　b）熔核偏移的防止

（3）点焊的应用　点焊是高速、经济的焊接方法，主要适用于厚度小于 6mm 的冲压件、轧制薄板的大批量生产，如金属网、蒙皮、汽车驾驶室、车厢、电器、仪表、飞机的制造。可焊接低碳钢、合金钢、铜合金、铝镁合金等。但点焊接头不具有封闭性。

**2. 缝焊**

缝焊实际上是连续的点焊，缝焊时将工件装配成搭接接头，置于两个盘状电极之间；盘状电极在工件上连续滚动，同时连续或断续送电，形成一条连续的焊缝，如图 10-16 所示。

由于缝焊焊缝中的焊点相互重叠 50%以上，因此密封性好。但缝焊分流现象严重，焊接电流比点焊大 1.5~2 倍，广泛应用于厚度为 0.1~2mm 薄板结构的焊接。缝焊主要用于制造要求密封的低压容器，如油箱、气体净化器和管道等。它可焊接低碳钢、不锈钢、耐热钢、铝合金等。由于铜及铜合金电阻小，不适于缝焊。

**3. 对焊**

对焊即对接电阻焊，焊件按设计要求装配成对接接头，利用电阻热加热至塑性状态，然后迅速施加顶锻力完成焊接。按焊接工艺过程不同，对焊分为电阻对焊和闪光对焊，如图 10-17 所示。

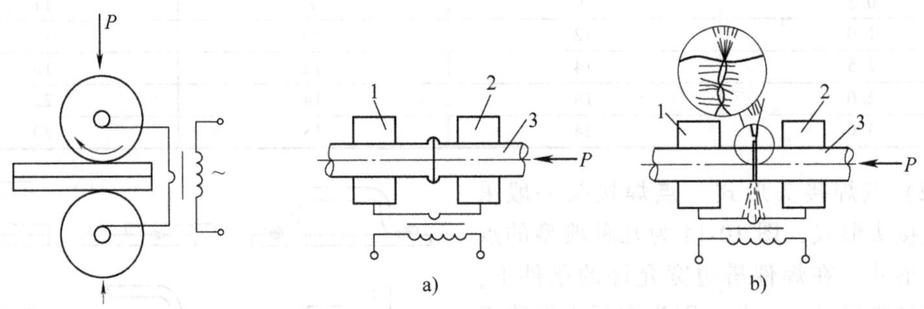


图 10-16　缝焊示意图

图 10-17　对焊示意图

a）电阻对焊　b）闪光对焊

1—固定电极　2—可移动电极　3—焊件

（1）电阻对焊 电阻对焊是先将两个焊件夹紧并加压，然后通电使对接表面及其邻近区域加热至塑性状态，随后断电，同时向工件施加较大的顶锻压力，使焊件产生塑性变形，通过金属原子间的溶解与扩散作用获得致密的金属组织。

电阻对焊的特点：焊接操作简便，生产率高，接头较光滑；但焊前对被焊工件的端面加工和清理要求较高，否则易造成加热不均，接合面易受空气侵袭，发生氧化、夹杂，焊接质量不易保证。因此，电阻对焊一般用于焊接接头强度和质量要求不太高，断面简单，直径小于 20mm 的棒料、管材，如钢筋、门窗等。可焊接碳钢、不锈钢、铜和铝等。

（2）闪光对焊 闪光对焊是先将焊件装配成对接接头，通电后使两焊件的端面逐渐靠近达到局部接触，由于局部接触点电流密度大，产生的电阻热使金属迅速熔化蒸发、爆破，呈高温颗粒飞射出来，形成闪光。多次闪光后，端面均匀达到预定温度时，断电并迅速施加顶锻力，使端面处的液态金属飞出，纯净的高温端面在顶锻力下完成焊接。

闪光对焊特点：由于闪光作用，排出了氧化物和杂质，接头质量好、强度高，对端面加工要求较低。闪光对焊常用于焊接重要零件和结构，如钢轨、锚链等；可焊接碳钢、合金钢、不锈钢、有色金属、镍合金、钛合金等，也可用于异种金属（如铜-钢，铝-钢，铝-铜等）的焊接；被焊工件可以是直径小到 0.01mm 的金属丝，也可以是断面大到数平方米的棒料和型材。

闪光对焊的主要不足是耗电量大，金属损耗多，接头处焊后有毛刺需要加工清理。

对焊接头工件的接触端面形状应尽量相同，圆棒直径、方棒边长和管子壁厚之差不应超过 15%，常用的对焊接头形式如图 10-18 所示。

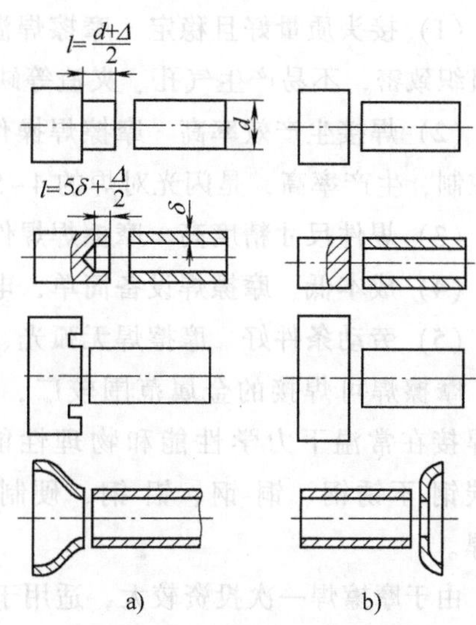

图 10-18 常用对焊接头形式
a）合理的接头 b）不合理接头

## 10.2.2 摩擦焊

摩擦焊是使焊件在一定压力下相互接触并相对旋转运动，利用摩擦所产生的热量使端面达到塑性状态，然后迅速施加顶锻力，在压力作用下完成焊接的方法。

### 1. 摩擦焊的焊接过程

如图 10-19 所示，先将两工件同心地安装在焊机夹紧装置中，回转夹具做高速旋转，非回转夹具做轴向移动，使两工件端面相互接触，并施加一定轴向压力，依靠接触面强烈摩擦产生的热量把该接触面金属迅速加热到塑性状态。当达到要求的温度后，立即使焊件停止旋转，同时对接头施加较大的轴向压力进行顶锻，使两焊件产生塑性变形而焊接起来，整个过程只有 2~3s。

### 2. 摩擦焊接头形式

摩擦焊接头一般是等断面的，也可以是不等断面的，但需要有一个焊件为圆形或筒形（见图 10-20），并且要避免过大截面工件和薄壁管件。目前摩擦焊工件最大截面积不超过 $2000mm^2$。对非圆截面接头，可采用先焊接后锻造的方法实现。

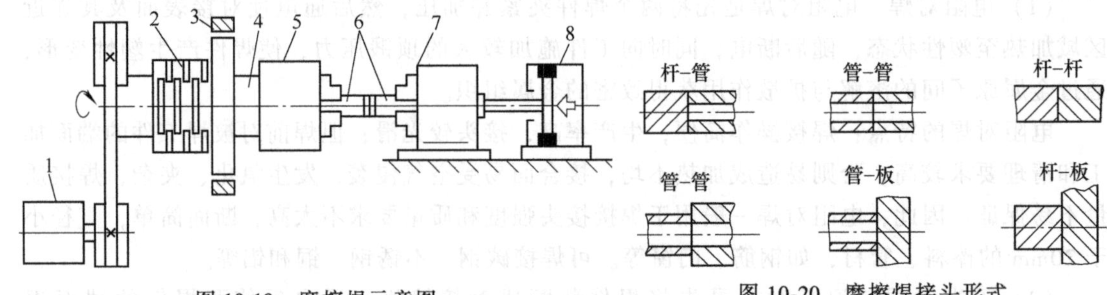


图 10-19　摩擦焊示意图

1—电动机　2—离合器　3—制动器　4—主轴　5—回转夹具
6—焊件　7—非回转夹具　8—轴加压液压缸

图 10-20　摩擦焊接头形式

**3. 摩擦焊的特点及应用**

(1) 接头质量好且稳定　摩擦焊温度一般都低于焊件金属的熔点，热影响区很小，接头组织致密，不易产生气孔、夹渣等缺陷。摩擦焊的废品率只有闪光对焊的 1%左右。

(2) 焊接生产效率高　摩擦焊操作简单，焊接时无需添加焊接材料，操作容易实现自动控制，生产率高，是闪光对焊的 4~5 倍。

(3) 焊件尺寸精度高　摩擦焊焊件变形小，可以实现直接装配焊接。

(4) 成本低　摩擦焊设备简单，电能消耗少，比闪光对焊节省电能 80%~90%。

(5) 劳动条件好　摩擦焊无弧光、火花、烟尘。

摩擦焊可焊接的金属范围较广，除用于焊接普通黑色金属和有色金属材料外，还适于焊接在常温下力学性能和物理性能差别很大，不适合熔焊的特种材料和异种材料，如碳钢-不锈钢、铜-钢、铝-钢、硬制合金-钢等。摩擦系数小的铸铁、黄铜不宜采用摩擦焊。

由于摩擦焊一次投资较大，适用于大批量生产，主要用于汽车、飞机、锅炉、电力、金属切削刀具等工业部门中重要零件的生产。

## 10.3　钎焊

钎焊是采用比母材熔点低的金属材料作钎料，将焊件和钎料加热，只将钎料熔化而焊件不熔化，利用液态钎料填充间隙、浸润母材并与母材相互扩散实现连接的方法。

钎焊时不仅需要一定性能的钎料，一般还要使用钎剂。钎剂是钎焊时使用的熔剂，其作用是去除钎料和母材表面的氧化物和油污，防止焊件和液态钎料在钎焊过程中的氧化，改善熔融钎料对焊件的润湿性。对应不同的钎料，加热方法有烙铁加热、火焰加热、电阻加热和感应加热等。

### 10.3.1　钎焊过程

钎焊过程如图 10-21 所示，分为钎料的浸润、铺展和连接三个阶段，最终钎料与焊件之间相互扩散，形成合金层。

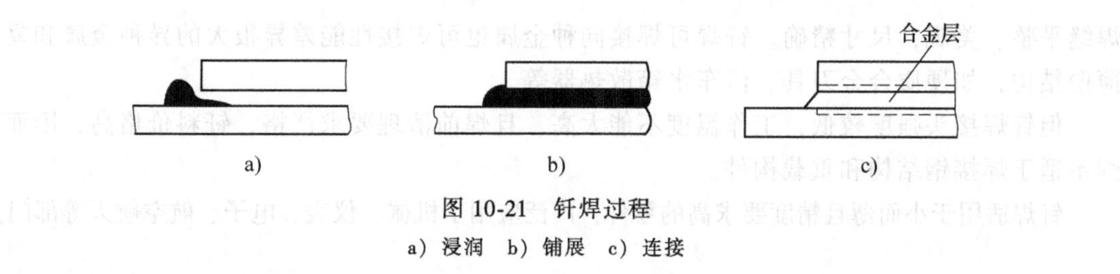


图 10-21　钎焊过程

a）浸润　b）铺展　c）连接

## 10.3.2　钎焊的分类

根据所用钎料熔点的不同，可将钎焊分为硬钎焊和软钎焊两大类。

**1. 硬钎焊**

钎料熔点高于 450℃ 的钎焊称为硬钎焊。常用的硬钎料有铜基、银基、铝基合金。硬钎焊钎剂主要有硼砂、硼酸、氟化物、氯化物等。

硬钎焊接头强度较高，大于 200MPa，工作温度也较高，主要用于受力较大的钢铁及铜合金构件的焊接，如焊接自行车车架等。

**2. 软钎焊**

钎料熔点低于 450℃ 的钎焊称为软钎焊。常用的软钎料有锡-铅合金和锌-铝合金。软钎焊钎剂主要有松香、氯化锌溶液等。加热方式一般为烙铁加热。

软钎焊接头强度低，一般在 70MPa 以下，工作温度在 100℃ 以下。软钎焊钎料熔点低，渗入接头间隙能力较强，具有较好的焊接工艺性能。最常使用的锡-铅钎料焊接俗称锡焊，焊接接头具有良好的导电性。软钎焊广泛应用于受力不大的电子、电器、仪表等工业部门。

## 10.3.3　钎焊的接头形式

由于钎焊接头的强度与结合面大小有关，钎焊的接头一般采用板料搭接和套件镶接，以增加接头强度，如图 10-22 所示。接头的间隙不能太小，影响钎料的浸润与铺展；间隙太大会降低接头强度，且浪费钎料。接头间隙一般为 0.05~0.2mm。

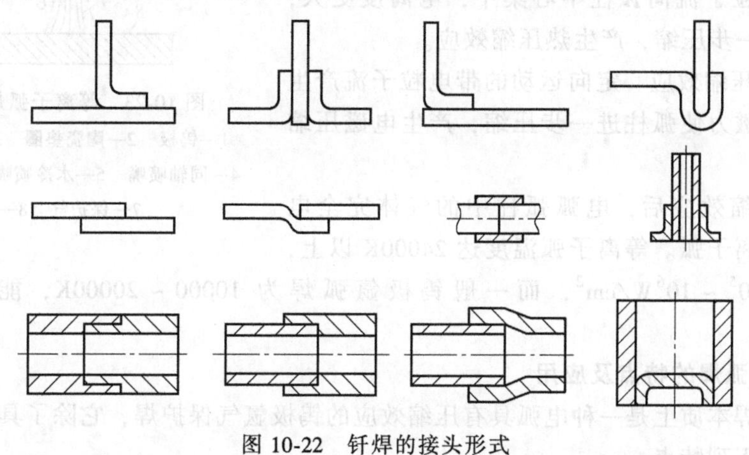

图 10-22　钎焊的接头形式

## 10.3.4　钎焊的特点及应用

钎焊设备简单，易于实现自动化。加热温度低，接头组织和性能变化小，焊件变形小，焊缝平整、美观，尺寸精确。钎焊可焊接同种金属也可焊接性能差异很大的异种金属和复杂薄壁结构，如硬质合金刀具、汽车水箱散热器等。

但钎焊接头强度较低，工作温度不能太高，且焊前清理要求严格，钎料价格高，因而钎焊不适于焊接钢结构和重载构件。

钎焊适用于小而薄且精度要求高的零件，广泛应用于机械、仪表、电子、航空航天等部门。

## 10.4 焊接新方法

随着科学技术的发展，焊接技术也得到了飞速发展，出现了许多新的焊接方法和工艺。焊接技术的发展体现在三个方面：一是原子能、航空、航天等技术的发展，出现了新材料、新结构，需要更高质量更高效率的焊接方法；二是常用方法的改进，以满足一般材料焊接的更高要求；三是采用电子计算机对焊接过程进行控制，并研制出大量的焊接机器人。本节将对一些新的焊接方法特点和应用做简要介绍。

### 10.4.1 等离子弧焊

等离子弧焊是利用电弧压缩效应，获得较高能量密度的等离子弧进行焊接的方法，如图10-23所示。等离子弧焊电极一般为钨极，保护气为氩气。

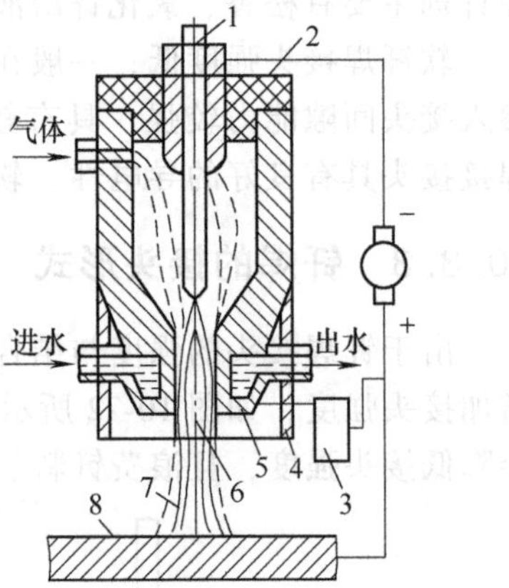

**1. 等离子弧的产生**

等离子弧的产生要经过以下三种压缩效应。

(1) 机械压缩效应　电弧通过具有细小孔道的水冷喷嘴时，弧柱被强迫缩小，产生机械压缩效应。

(2) 热压缩效应　由于喷嘴内壁的冷却作用，弧柱边缘气体电离度急剧降低，使弧柱外围受到强烈冷却，迫使带电粒子流向弧柱中心集中，电离度更大，导致弧柱被进一步压缩，产生热压缩效应。

(3) 电磁压缩效应　定向运动的带电粒子流产生的磁场间的电磁力使弧柱进一步压缩，产生电磁压缩效应。



图10-23　等离子弧焊示意图

1—钨极　2—陶瓷垫圈　3—高频振荡器　4—同轴喷嘴　5—水冷喷嘴　6—等离子弧　7—保护气　8—焊件

经以上压缩效应后，电弧弧柱中的气体完全电离，即获得等离子弧。等离子弧温度达24000K以上，能量密度达$10^5 \sim 10^6 W/cm^2$，而一般钨极氩弧焊为10000～20000K，能量密度小于$10^4 W/cm^2$。

**2. 等离子弧焊的特点及应用**

等离子弧焊本质上是一种电弧具有压缩效应的钨极氩气保护焊，它除了具有氩弧焊的优点外，还具有下列特点：

1) 等离子弧能量密度大，弧柱温度高，穿透能力强。厚度为10～12mm的焊件可不开坡口，无需填充金属就能一次焊透，双面成形。同时焊接速度快，热影响区小，焊接变形小，焊缝质量好。

2）当焊接电流小到0.1A时，等离子弧仍能保持稳定燃烧，并保持方向性。因此等离子弧焊可焊0.01~1mm的箔材和热电偶等。

等离子弧焊的主要不足是设备复杂、昂贵，气体消耗大，只适于室内焊接。目前，等离子弧焊在化工、原子能、仪器仪表、航天航空等工业部门中广泛应用。主要用于焊接高熔点、易氧化、热敏感性强的材料，如钼、钨、钛、铬及其合金和不锈钢等，也可焊接一般钢材或有色金属。

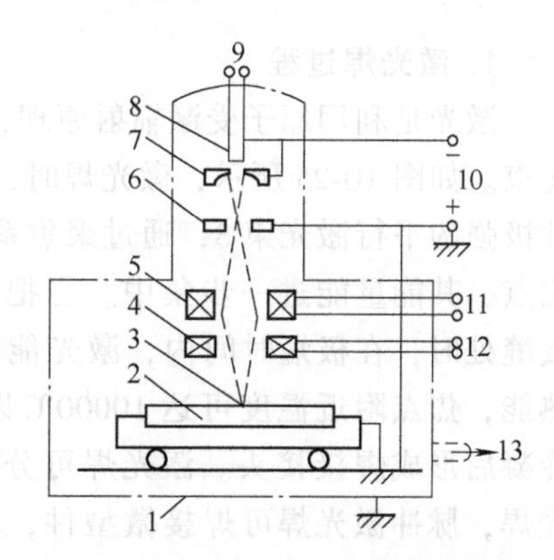

图 10-24 高真空电子束焊示意图

1—真空室 2—焊件 3—电子束 4—磁性偏转装置 5—聚焦透镜 6—阳极 7—阴极 8—灯丝 9—交流电源 10—直流高压电源 11、12—直流电源 13—排气装置

## 10.4.2 电子束焊

电子束焊是利用加速和聚焦的电子束撞击轰击焊件，电子动能99%以上会转变为热能将焊件熔化进行焊接。

电子束焊根据焊件所处环境的真空度不同，可分为高真空电子束焊、低真空电子束焊和非真空电子束焊，其中应用最广泛的是高真空电子束焊，如图10-24所示。

### 1. 高真空电子束焊的原理

在真空度大于$666\times10^{-2}$MPa的真空室中，电子枪的阳极被通电加热至2600K左右，发射出大量电子，这些电子在阴极和阳极之间受高电压作用而加快至很高的速度。高速运动的电子流经过聚束装置，形成高能量密度的电子束。电子束以极大速度（约16000km/s）射向焊件，能量密度高达$10^6\sim10^8$W/cm$^2$，使焊件受轰击部位迅速熔化，焊件移动便可形成连续焊缝。利用磁性偏转装置可调节电子束射向焊件不同的部位。

### 2. 高真空电子束焊特点及应用

1）由于焊件在高真空中焊接，金属不会被氧化、氮化，故焊接质量高。

2）焊接时热量高度集中，焊接热影响区小，仅为0.05~0.75mm$^2$，基本上不产生焊接变形，可对精加工后的零件进行焊接。

3）焊接适应性强，电子束焊工艺参数可在较广范围内进行调节，且控制灵活，既可焊接0.1mm的薄板，又可焊200~300mm的厚板，还可焊接形状复杂的焊件。能焊接一般金属材料，也可焊接难熔金属（如钛、钼等）、活性金属（除锡、锌等低沸点元素较多的合金外）、复合材料及异种金属构件。

高真空电子束焊的主要不足是设备复杂、造价高，焊前对焊件的清理和装配质量要求很高，焊件尺寸受真空室限制，操作人员需要防护X射线。

高真空电子束焊主要用于焊接航空航天、核工业中特殊的材料和结构。如微型电子线路组件、钼箔蜂窝结构、导弹外壳、核电站锅炉汽包等。在民用方面也得到应用，如焊接精度较高的轴承、齿轮组合件等。

## 10.4.3 激光焊

激光焊是利用聚集的激光束作为能源轰击焊件所产生的热量将焊件熔化，进行焊接的方法。

1. 激光焊过程

激光是利用原子受激辐射原理，使物质受激而产生波长均一、方向一致、强度非常高的光束。如图10-25所示，激光焊时，激光器1受激产生方向性极强的平行激光束3，通过聚焦系统4聚焦成十分微小的焦点，其能量能进一步集中。当把激光束调焦到焊件6的接缝处时，在极短时间内，激光能被焊件材料吸收转换成热能，焦点附近温度可达10000℃以上，使金属瞬间熔化，冷凝后形成焊接接头。激光焊可分为脉冲激光焊和连续激光焊，脉冲激光焊可焊接微型件，如几微米厚的薄膜和直径为0.02~0.2mm的金属丝等，连续激光焊可焊接厚度在50mm以下的结构件。

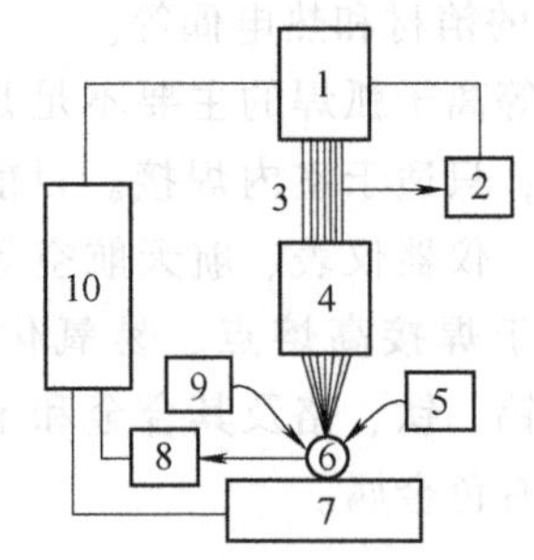


图10-25　激光焊示意图

1—激光器　2—信号　3—激光束　4—聚焦系统　5—辅助能源　6—焊件　7—工作台　8—信号器　9—观测瞄准器　10—程控设备

2. 激光焊特点及应用

1）由于激光焊热量集中，作用能量密度可达$10^{13}$W/cm$^2$，热影响区小，焊接变形小，焊件尺寸精度高，时间极短。

2）焊接适应性大，激光束可通过光学系统导引到很难焊接的部位进行焊接；还可通过透明材料壁对封闭结构内部进行无接触焊接（如真空管中电极的焊接）；可直接焊接绝缘材料；容易实现异种金属或金属与非金属的焊接（如金-硅、锗-金、钼-钛等）。此外，由于焊接速度极快，被焊材料不易氧化，在大气中焊接也能获得优良的焊接接头，无需气体保护或真空环境。

激光焊的主要不足是焊接设备复杂，价格昂贵，输出功率较小，焊件厚度受到一定限制，并且对激光束吸收率低的材料和低沸点材料不宜采用。

目前，激光焊已广泛用于电子工业和仪表工业中，主要用来焊接微型线路、集成电路、微电池上的引线等。激光焊还可用于焊接波纹管、小型电机转子、温度传感器等。

## 10.4.4　爆炸焊

爆炸焊是利用炸药爆炸时产生的冲击波使焊件迅速撞击，短时间内实现焊接的一种压焊方法。

爆炸焊时，压力高达700MPa，温度可达3000℃，金属接触处产生金属射流清除表面氧化物等杂质，液态金属在高压下冷却，形成焊接接头。

1. 爆炸焊过程

如图10-26所示，基板放在牢靠的基础上，覆板上面安装缓冲层再安放一定量炸药。点燃雷管后，炸药爆炸瞬间产生高温，使覆板产生金属射流，并且高速冲击波使覆板变形并加速向基板运动，两者撞击处实现焊接。整个过程必须沿焊接接头逐步连续地完成才能获得性能良好的焊接接头。理想的焊接接头结合面呈波浪形。

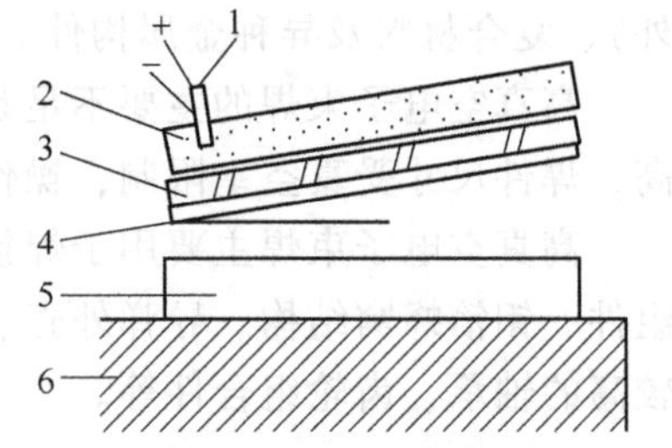


图10-26　爆炸焊示意图

1—雷管　2—炸药　3—缓冲层　4—覆板　5—基板　6—基础

2. 爆炸焊的特点及应用

爆炸焊是高速、高能成形，适于焊接双金属构件，可节省大量的贵重金属，如钢-铜、钢-铝、钛-钢、锆-铌等复合板和复合管等。

### 10.4.5 扩散焊

扩散焊是在真空或保护气氛中，在一定温度和压力下保持较长时间，使焊件接触面之间的原子相互扩散而形成接头的焊接方法。

**1. 扩散焊的焊接过程**

图 10-27 所示为管子与衬套进行真空扩散焊的示意图。首先对管壁内表面和衬套进行清理、装配，管子两端用封头封固，然后放入真空室内。利用高频感应加热焊件，同时向封闭的管子内通入高压的惰性气体。在一定温度、压力下，保持较长时间，接触表面首先产生微小的塑性变形，管子与衬套紧密接触，因接触表面的原子处于高度激活状态，很快通过扩散形成金属键，并经过回复和再结晶使结合界面推移，最后经长时间保温，原子进一步扩散，界面消失，实现固态焊接。因而，扩散焊实质上是在加热压力焊基础上，利用了钎焊的优点发展起来的新的焊接方法。

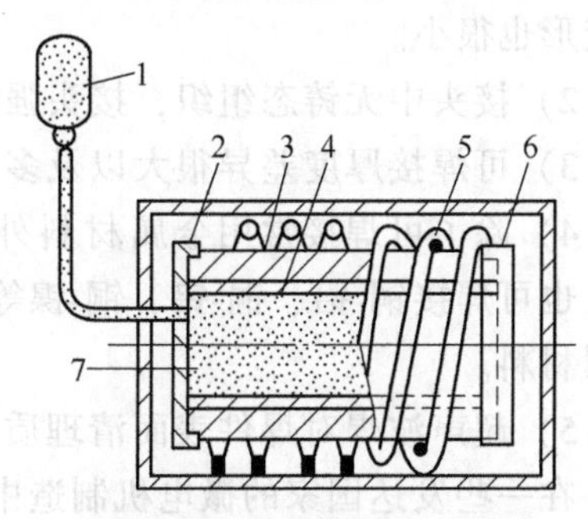


图 10-27 真空扩散焊示意图

1—高压气源 2—封头 3—管子 4—衬套 5—感应圈 6—真空室 7—惰性气体

**2. 扩散焊的特点及应用**

1）扩散焊加热温度低（约为母材熔点的 2/5~7/10），焊接过程靠原子在固态下扩散完成，所以焊接应力及变形小。同时，接头基本上无热影响区，母材性质也未改变，接头化学成分、组织性能与母材相同或接近，接头强度高。

2）扩散焊可焊接各种金属及合金，尤其是难熔金属，如高温合金、复合材料。还能焊接许多物理化学性能差异很大的异种材料，如金属与陶瓷。

3）扩散焊可焊接厚度差别很大的焊件，也可将许多小件拼成形状复杂、力学性能均一的大件以代替整体锻造和机械加工。

扩散焊的主要不足是单件生产率较低，焊前对焊件表面的加工清理和装配精度要求十分严格，除了加热系统、加压系统外，还要有抽真空系统。

扩散焊主要用于焊接熔焊、钎焊难以满足质量要求的精密、复杂的小型焊件。近年来，扩散焊在原子能、航空航天等尖端技术领域中解决了各种特殊材料的焊接问题。例如，在航天工业中，用扩散焊制成的钛制品可以代替各种金属制品，火箭发动机喷嘴耐热合金与陶瓷的焊接等。扩散焊在机械制造工业中也广泛应用，例如将硬质合金刀片镶嵌到重型刀具上等。

### 10.4.6 超声波焊

超声波焊是利用超声波的高频振荡能使焊件局部接触处加热和变形，然后施加一定压力实现焊接的压力焊方法。

**1. 超声波焊的过程**

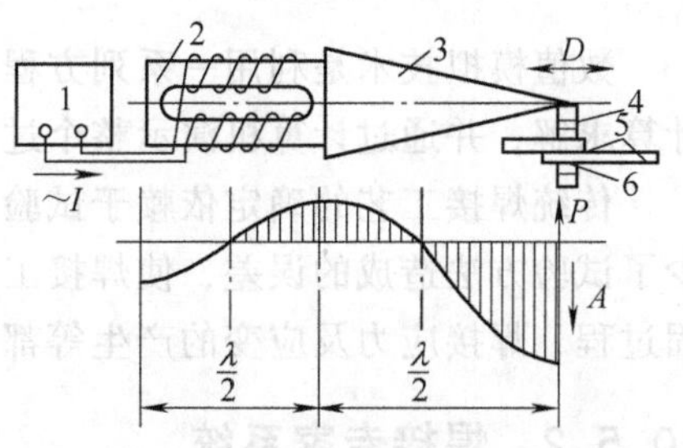


图 10-28 超声波焊示意图

1—超声波发生器 2—换能器 3—聚能器 4—上声极 5—下声极 6—焊件

如图 10-28 所示，超声波发生器产生超声波后，通过换能器转化为上、下声极的高频振动，通过聚能器可使振动增强。焊件局部接触处在一定压力 $P$ 下，高频、高速相对运动，产生强烈的摩擦、升温和变形，使接触面杂质清理，纯净的金属原子充分靠近并扩散形成焊接接头。在焊接过程中，焊件没有受到外加热源和电流的作用，而是综合了摩擦、塑性变形和扩散三种作用。

**2. 超声波焊的特点和应用**

1）超声波焊的焊件温度低，焊接过程对焊点附近的金属组织性能影响极小，焊接应力与变形也很小。

2）接头中无铸态组织，接头强度比电阻焊高15%~20%。

3）可焊接厚度差异很大以及多层箔片（2μm）结构。

4）除了可焊接常用金属材料外，特别适合焊接银、铜、铝等高导电性、高导热性材料，也可焊接铜-铝、铜-钨、铜-镍等物理性能相差很大的异种金属，以及如云母、塑料等非金属材料。

5）超声波焊对焊件表面清理质量要求不严，消耗电能较少，为电阻焊的5%。

在一些发达国家的微电机制造中，超声波焊已完全代替了电阻焊和钎焊，用来焊接铜、铝线圈和导线。

在实际生产中，应根据所焊材料性质、质量要求、结构特点等因素等选择合理的焊接方法。同时，所选用的焊接方法还要考虑生产成本，提高经济效益。另外，还要注意到不同的焊接方法存在不同的对环境和人体的危害因素，如噪声、有毒气体和烟尘、弧光辐射、高频磁场、射线等，在做好防护工作的同时应积极采取措施以改进焊接工艺。

## 10.5 计算机技术在焊接中的应用简介

焊接过程中，材料承受很高的温度，发生复杂的物理、化学、热学、力学、金属学的变化。某些特殊的焊接结构生产环境条件恶劣，如在预热到200℃的容器内的焊接、在深水中采油平台的焊接、在有辐射情况下原子反应堆的焊接。现代制造工业向高精度、高质量、低成本、快速度的发展趋势，对焊接技术提出了许多更新更高的要求，并且随着现代工业技术的发展出现了许多新材料和新结构。因此，为满足实际生产的需要，焊接生产中越来越多地应用计算机与信息技术，提高了焊接技术水平，并拓宽了焊接研究范围。

### 10.5.1 数值模拟技术

数值模拟技术是利用一系列方程来描述焊接过程中基本参数的变化关系，然后利用数值计算求解，并通过计算机演示整个过程的方法。

传统焊接工艺的确定依赖于试验和经验，而数值模拟技术可得到大量完整的数据，并减少了试验方法造成的误差，使焊接工艺的制订科学可靠。如焊接过程中温度的变化、焊缝凝固过程、焊接应力及应变的产生等都可以通过数值模拟进行直观、定量地描述。

### 10.5.2 焊接专家系统

焊接专家系统是解决焊接领域相关问题的计算机软件。它包括知识获取模块、知识库、推理机构和人机接口。知识获取模块可以实现专家系统的自主学习，将有关焊接领域的专家信息、数据信息转化成计算机能够利用的形式，并在知识库中存储起来。知识库是专家系统的重要组成部分，完整、丰富的知识库可使专家系统对遇到的问题进行全面、综合分析。推理机构可针对当前问题的有关信息进行识别、选取，与知识库匹配，得到问题的解决方案。

焊接专家系统可对大量数据进行快速、准确地分析。目前，在焊接领域中已出现多种焊接专家系统，如焊接结构断裂安全评定专家系统、焊接材料及焊接工艺专家系统等。

### 10.5.3　焊接 CAD/CAM 系统

焊接 CAD/CAM 系统即利用计算机辅助设计与制造控制焊机进行焊接。CAD/CAM 集成技术可将 CAD 与 CAM 不同功能规模的模块和信息相互传递和共享，实现信息处理的高度一体化。

图 10-29 所示为计算机数控焊接机器人的 CAD/CAM 焊接系统。计算机内部储存了关于焊接技术的操作程序、焊接程序、焊接参数调整程序等。首先对焊接电流、电压、焊接速度、保护气流量和压力等焊接参数进行综合分析，总结出焊接不同材料、不同结构的最佳焊接方案；然后利用计算机控制焊接机器人按照预定的运动轨迹执行最佳方案进行焊接过程。计算机通过传感器提取实际焊接情况，并进行对比、分析，然后通过数字模拟转换器将指令反馈到电源控制系统、送丝机构、气流阀、驱动装置进行调整，从而确保焊接质量。输出装置中还设有监控电视、打印设备等，用来记录质量情况，显示监控结果。

焊接机器人代表了焊接技术发展的最新水平，它是在控制工程、计算机技术、人工智能等多种学科基础上发展起来的，极大地促进了焊接自动化和柔性化。焊接机器人能自动进行所有焊接动作，并按预定的方案进行焊接。焊接机器人具有记忆功能，它会记忆每一步示教过程，然后重复所有动作，其控制部分采用了许多计算机技术，如编程控制技术、记忆存储装置等。图 10-30 所示为焊接管接头机器人示意图，机器人手部不仅可以沿坐标轴移动，还可以转动，保证焊炬沿接头运转一周完成焊接工作，并且在焊接过程中保证电弧长度、角度不变。

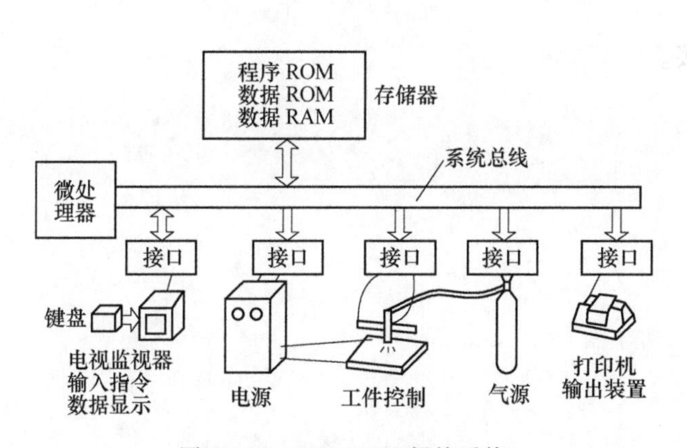


图 10-29　CAD/CAM 焊接系统

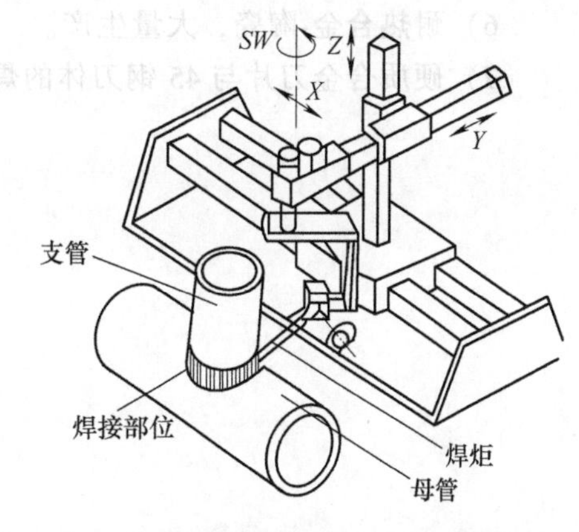


图 10-30　焊接管接头机器人示意图

焊接机器人的主要优点是：可以在危险、环境恶劣等特殊场合下焊接，如高温、高压、有毒、水下、放射线等；可连续生产，并保证质量；精度高，误差仅为±0.0025mm，可实现超小型焊件的精密焊接。目前各发达国家已在大量生产的焊接生产自动线上较多地采用机器人进行焊接，大大提高了质量和生产率，并且正大力研制具有视觉、听觉和触觉的高水平焊接机器人。

## 复习思考题

1. 熔化焊、压力焊和钎焊焊接接头的形成有何区别？
2. 埋弧焊和焊条电弧焊有何不同，应用范围怎样？
3. 钎焊和熔化焊的本质区别是什么？钎剂和钎料有何作用？
4. 比较电阻焊、电渣焊和摩擦焊所用热源并分析它们的加热特点。
5. 厚度不同的钢板或三块薄板搭接是否可以进行点焊？为什么？
6. 等离子弧焊和普通焊条电弧焊有何不同？分别应用于什么场合？
7. 用下列板料钢材制作容器，各应采用哪种焊接方法和焊接材料？
1）厚20mm的Q235A。
2）厚2 mm的20钢。
3）厚6mm的45钢。
4）厚10mm的不锈钢。
5）厚4mm的纯铜。
6）厚20mm的铝合金。
8. 为下列产品选择合理的焊接方法。
1）大型工字梁（钢板，厚20mm）。
2）铝制压力容器（厚3mm）。
3）汽车油箱（厚2mm）。
4）自行车车圈。
5）铜-钢接头，大量生产。
6）耐热合金-陶瓷，大量生产。
7）硬质合金刀片与45钢刀体的焊接。

# 第11章 常用金属材料的焊接

根据目前焊接技术水平，工业上应用的大多数金属材料都可进行焊接成形，但获得性能良好的焊接接头的难易程度是不同的。对不同性质和结构形式的金属材料和结构进行焊接成形，应当选择适当的焊接方法、焊接材料和工艺参数。

本章首先介绍金属材料焊接性的概念及评判方法，重点讲述了常用金属材料（碳钢、合金钢、不锈钢、有色金属）的焊接方法，简要介绍异种金属焊接。

## 11.1 金属材料的焊接性

### 11.1.1 金属材料焊接性概念

金属材料的焊接性是材料在一定的焊接方法、焊接材料、焊接工艺参数和结构形式条件下获得具有所需性能的优质焊接接头的难易程度。焊接性好，则容易获得合格的焊接接头。

焊接性包括两个方面：一是工艺焊接性，即在一定工艺条件下，材料形成焊接缺陷的可能性，尤其是指出现裂纹的可能性；二是使用性能，即在一定工艺条件下，焊接接头在使用中的可靠性，包括力学性能、耐热性、耐磨性等。

金属的焊接性与母材本身的化学成分、厚度、结构和焊接工艺条件密切相关。同一金属材料的焊接性，随焊接技术的发展有很大差异。例如铝及铝合金采用焊条电弧焊和气焊焊接时，难以获得优质焊接接头。此时，该类金属的焊接性较差，但随着氩弧焊技术的成熟和应用，铝及铝合金焊接接头质量良好，焊接性良好。尤其是出现电子束焊、激光焊等新的焊接方法后，以前焊接性很差，甚至不能焊接的材料都可以获得性能优良的焊接接头，如钨、钼、锆、陶瓷等。

### 11.1.2 焊接性的评定方法

影响金属材料焊接性的因素很多，一般是通过焊前间接评估法或用直接焊接试验法来评定材料的焊接性。下面简单介绍两种常用的焊接性评定方法。

**1. 碳当量法**

金属材料的化学成分是影响焊接性的最主要因素。焊接结构中最常用的材料为钢，除了含有碳外，还有其他的合金元素，其中碳含量对焊接性影响最大，其他合金元素可按影响程度的大小换算成碳的相对含量，两者加在一起便是材料的碳当量。碳当量法是评价钢材焊接性最简便的方法。

国际焊接学会推荐的碳钢和低合金结构钢的碳当量公式为：

$$C_{当量}=(C+\frac{Mn}{6}+\frac{Cr+Mo+V}{5}+\frac{Ni+Cu}{15})\times100\%$$

式中各元素符号表示该元素在钢中含量的质量分数。

钢材焊接时的冷裂倾向和热影响区的淬硬程度主要取决于化学成分，碳当量越高，焊接性越差。

$C_{当量}<0.4\%$时，钢材塑性良好，钢材淬硬和冷裂倾向较小，焊接性优良，焊前不必采取预热等措施。

$C_{当量}=0.4\%\sim0.6\%$时，钢材塑性下降，淬硬及冷裂倾向逐渐增加，焊接性下降，焊前需预热，焊后缓慢冷却，以防止裂纹产生。

$C_{当量}>0.6\%$时，钢材塑性差，淬硬和冷裂倾向严重，焊接性很差，焊前需高温预热，焊接时要采取减小焊接应力和防止开裂的工艺措施，焊后要进行适当的热处理，才能保证焊接接头质量。

由于碳当量法仅考虑了钢材的化学成分，忽略了焊件板厚、结构、焊缝氢含量、残余应力等其他影响焊接性的因素，所以评定结果较为粗略。

**2. 冷裂纹敏感系数法**

该方法考虑了合金元素的含量、板厚及含氢量，计算出冷裂纹敏感系数（$P_C$）来判断产生冷裂纹的可能性，并确定预热温度。冷裂纹敏感系数越大，则产生冷裂纹的可能性越大，焊接性越差。冷裂纹敏感系数 $P_C$ 和预热温度 $T$ 可用下式计算：

$$P_C=(C+\frac{Si}{30}+\frac{Mn}{20}+\frac{Cu}{20}+\frac{Ni}{60}+\frac{Cr}{20}+\frac{Mo}{15}+\frac{V}{10}+5B+\frac{h}{600}+\frac{H}{60})\times100\%$$

$$T=1440P_C-392$$

式中 $h$——板厚，mm；

$H$——焊缝金属扩散氢含量，ml/100g。

式中各元素符号表示该元素在钢中的质量分数。

碳当量法和冷裂纹敏感系数法中的元素含量取成分范围的上限。

在实际生产中，金属材料的焊接性除了按碳当量法、冷裂纹敏感系数法等评定方法估算外，还可以模拟实际情况进行小型抗裂性试验，并配合进行接头使用性能试验，以制订出正确的焊接工艺。

**3. 小型抗裂试验法**

小型抗裂试验法是模拟实际的焊接结构，按实际产品的焊接工艺进行焊接，根据焊后出现裂纹的倾向评判材料的焊接性。小型抗裂试验法的尺寸较小，结果直接可靠，能评定不同拘束形式的接头产生裂纹的倾向。根据接头类型的不同，有刚性固定对接试验法、十字接头试验法等方法。

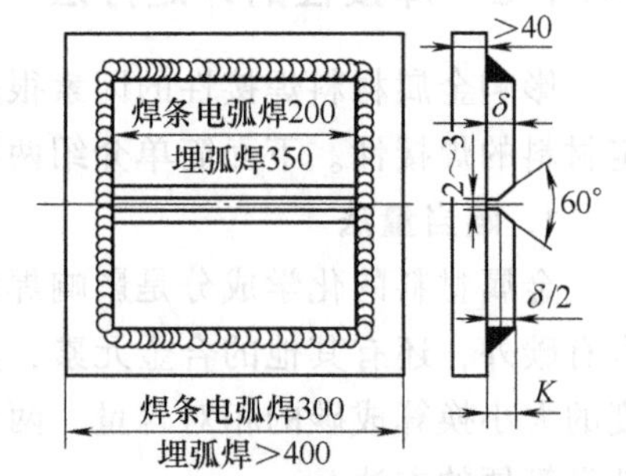

图 11-1 刚性固定对接试验法试验简图

图 11-1 所示为刚性固定对接试验法的试验简图。首先准备一方形刚性底板，其厚度大于 40mm，边长 300mm（焊条电弧焊）或大于 400mm（埋弧自动焊）。待试钢材按实际厚度切制两块长方形试样，按规定开坡口后将其焊在底板上，试样厚度 $\delta\leqslant12$mm 时，焊缝 $K=\delta$；$\delta>$

12mm 时，$K=12\text{mm}$。当固定焊缝冷却到室温后，按实际产品焊接工艺进行单层焊或多层焊。焊完后在室温下放置 24h，先检验焊缝表面和热影响区表面有无裂纹，再沿垂直焊缝方向切取厚度为 15mm 的金相试样两块，进行低倍放大检验内部裂纹。

根据是否出现裂纹或裂纹的多少可初步评定材料的焊接性，然后调整焊接工艺（如预热、缓冷等）再进行试验，直到不出现裂纹，最终得到合理的焊接工艺。

## 11.2　钢的焊接

### 11.2.1　低碳钢的焊接

低碳钢中碳的质量分数小于 0.25%，碳当量低、裂纹倾向小、焊接性能好，任何焊接方法和即使最普通的焊接工艺都能获得优质焊接接头。常用的焊接方法是焊条电弧焊、埋弧焊、$CO_2$ 气体保护焊、电阻焊和电渣焊。

在低温下焊接刚性较大的结构时，应焊前预热至 100~150℃，以防止裂纹的产生。对重要结构件，焊后应进行去应力退火或正火，以消除残余应力，改善接头组织性能。

### 11.2.2　中碳钢的焊接

中碳钢中碳的质量分数为 0.25%~0.6%，碳当量在 0.4%以上，碳当量较高，焊接性较差，焊接接头易产生淬硬组织和冷裂纹，焊缝易产生气孔。实际生产中，主要是焊接中碳钢铸件和锻件。

焊接中碳钢时，应采取以下措施来保证焊接接头的质量：

1）焊前预热，焊后缓冷，以减小焊接应力，避免脆硬组织出现，从而有效防止焊接裂纹的产生。如 35 钢和 45 钢要焊前预热至 150~250℃，厚大件预热温度应更高些。进行多层焊时，层间温度不能过低。

2）尽量选用碱性低氢型焊条，减少合金元素烧损，降低焊缝中硫、磷等低熔点元素的含量，焊缝具有较强的抗裂能力，能有效防止焊接裂纹的产生。

3）采用细焊丝、小电流、开坡口多层焊等措施减少含碳量高的母材金属过多地溶入焊缝，使焊缝的碳当量低于母材，同时可减小热影响区宽度。

### 11.2.3　高碳钢的焊接

高碳钢中碳的质量分数大于 0.6%，因此塑性差，导热性差，焊接性很差。高碳钢一般不用于制造焊接结构，主要是用焊条电弧焊和气焊来焊补一些损坏的机件，焊接时应采取更高的预热温度及更严格的工艺措施，防止裂纹出现。

### 11.2.4　低合金结构钢的焊接

低合金结构钢是在低、中碳钢的基础上，加入质量分数为 5%左右的合金元素来提高强度，并具有良好的塑性、韧性。低合金结构钢广泛应用于制造压力容器、桥梁、船舶、车辆和起重机等。

低合金结构钢按屈服强度的高低可分为三大类：屈服强度为 294~490MPa 的热轧钢及正

火钢，如09Mn2、09Mn2Si、16Mn、15MnV、15MnVN等；屈服强度为441~980MPa的低碳调制钢，如14MnMoVN、14MnMoNb等；屈服强度为800~1200MPa的中碳调制钢，如30CrMnSiA、35CrMoVA等。

不同级别钢的含碳量都较低，但其他元素种类和含量不同，性能差异较大，焊接性差别也比较明显。低合金高强度钢焊接时主要有两方面问题。一是热影响区的淬硬倾向，焊接时，热影响区可能形成高硬度的淬硬组织，强度等级越高，碳当量越大，焊后热影响区的淬硬倾向越大。淬硬组织的存在，将导致热影响区脆性增加，塑性、韧性下降。二是接头产生冷裂纹的倾向，强度级别高的钢种接头中的氢含量较高，同时热影响区易出现淬硬组织，焊接接头的应力较大，产生冷裂纹的倾向加剧。

热轧钢及正火钢焊接性较好，但有一定的冷裂和过热区脆化倾向。板厚较大时应进行100~200℃预热，焊后进行600℃左右的回火。一般采用焊条电弧焊、埋弧焊、气体保护焊、电渣焊、压力焊等。

低碳调制钢冷裂纹倾向较大，过热区有脆化和软化倾向。焊前一般应进行预热，焊接时采用细焊丝多层焊。一般采用焊条电弧焊、埋弧焊、气体保护焊、药芯焊丝气体保护焊。

中碳调制钢的碳当量大于0.45%，焊接性较差，焊缝容易淬硬，产生冷、热裂纹。焊前预热温度较高，适当加大焊接电流、减小焊速，以减缓冷却速度，并采用低氢焊条，防止冷裂纹产生。焊后及时进行消除应力热处理，如果生产中不能立即进行焊后热处理，则应先进行消氢处理，即将焊件加热至200~350℃，保温2~6h，以加速氢的逸出，减少冷裂纹产生的可能性。一般采用焊条电弧焊、埋弧焊、气体保护焊、压力焊，厚大件可采用电渣焊。

### 11.2.5 奥氏体不锈钢的焊接

奥氏体不锈钢是生产中广泛使用的耐腐蚀钢，常用的有12Cr18Ni9等，含有大量的合金元素铬、镍、钛等。奥氏体不锈钢焊接性能良好，焊接时，一般无需采取特殊工艺措施，但焊接材料选用不当或焊接工艺不合理时会产生晶界腐蚀和热裂纹。另外，奥氏体不锈钢导热性差，热胀系数大，焊接变形较大。

**1. 晶界腐蚀及其防止**

晶界腐蚀是在不锈钢焊接过程中，在500~800℃范围内长时间停留，晶界处将析出碳化铬，引起晶界附近铬含量下降，形成贫铬区，使焊接接头失去耐蚀能力的现象，晶界腐蚀还会造成构件过早失效。焊接时必须合理选择母材和焊接材料，焊丝的合金含量要大于母材；采用能量集中的热源，小电流、多层焊、强制冷却等措施来减少焊缝在500~800℃的停留时间，防止晶间腐蚀的产生。

**2. 热裂纹的防止**

奥氏体不锈钢本身热导率小，线胀系数大，焊接条件下会形成较大拉应力，同时晶界处可能形成低熔点共晶，使焊接时容易出现热裂纹。焊接时，需严格控制磷、硫等杂质的含量，适当提高锰、钼的含量，减少热裂纹产生的可能性。焊接工艺一般采用小电流、多道焊，并选用低氢焊条。

焊接方法一般采用焊条电弧焊和氩弧焊。

## 11.3　铸铁的补焊

铸铁中碳的质量分数大于2.11%，并且含有多种低熔点元素，组织不均匀，塑性很低，因此属于焊接性非常差的金属材料，一般不用来制造焊接结构。但是由于铸铁成本低、铸造性能好及切削性能优良等原因，在机械制造业中使用非常广泛。如果铸铁件在生产中出现的铸造缺陷、铸铁零件在使用过程中发生的局部损坏或断裂均能采用焊接方法修复，则具有很大的经济效益。因此，铸铁的焊接主要是补焊。

### 11.3.1　铸铁的焊接性特点

**1. 熔合区易产生白口组织**

铸铁焊接时，由于碳、硅等石墨化元素的烧损，再加上铸铁补焊属于局部加热，焊后冷却速度比铸造时的冷却速度大得多，因此不利于石墨的析出，以致补焊熔合区极易产生硬脆的白口组织和淬硬组织，硬度很高，导致焊后难以进行机械加工。

**2. 焊缝易产生裂纹**

铸铁的抗拉强度低、塑性差，因此焊接应力极易超过其抗拉强度极限而产生冷裂纹，特别是接头存在白口组织时，裂纹产生的倾向更严重，甚至沿焊缝整个开裂。此外，因铸铁中碳及硫、磷杂质的含量高，若母材过多溶入焊缝中，则容易产生热裂纹。

**3. 易产生气孔**

由于铸铁含碳量高，易生成CO与$CO_2$，铸铁凝固时间短，熔池中的气体来不及逸出，以致在焊缝中出现气孔。

**4. 熔池金属容易流失**

铸铁的流动性好，焊接时熔池金属很容易流失，因此，铸铁焊补时不宜立焊，只适于平焊。焊接方法一般采用焊条电弧焊和气焊，厚大件可采用电渣焊。

### 11.3.2　铸铁的补焊方法

根据铸铁的补焊工艺是否预热，可分为热焊与冷焊两大类。

**1. 热焊法**

铸铁的热焊是焊前将焊件整体或局部预热到600~700℃，补焊过程中温度不低于400℃，焊后缓慢冷却。热焊可防止焊件产生白口组织和裂缝，补焊质量较好，焊后可进行机械加工。但其工艺复杂、生产率低、成本高、劳动条件差。热焊法一般用于形状复杂、焊后要求切削加工的重要铸件，如汽缸、机床导轨、床头箱等。焊接方法一般采用气焊或焊条电弧焊，气体火焰可用于预热工件和焊后缓冷。

**2. 冷焊法**

冷焊是焊前不预热或采用预热温度较低（400℃以下）的补焊方法。冷焊常采用焊条电弧焊，主要依靠焊条来调整焊缝化学成分以提高塑性，防止或减少白口组织及避免裂缝。冷焊时常采用小电流、分段焊（每段小于50mm）、短弧焊，以及焊后轻锤焊缝以松弛应力等工艺措施防止焊后开裂。冷焊法生产效率高、成本低、劳动条件好，但焊接处切削加工困难。生产中冷焊法多用于补焊焊后不要求切削加工的铸件，或用于补焊高温预热易引起变形的焊件。常用的铸铁焊条见表 11-1。

表 11-1 铸铁焊条简介

| 种类 | 特点及应用 |
| --- | --- |
| 钢芯铸铁焊条 | 钢芯为低碳钢，药皮有两种类型。一类是药皮有强氧化性，使碳、硅大量烧损，获得低碳钢焊缝，但焊缝为白口组织，焊后不适于机械加工；另一类是药皮中加入大量钒铁，焊缝抗裂性强并可机械加工，一般用于球墨铸铁和高强度铸铁的补焊 |
| 铜基铸铁焊条 | 用铜丝或铜芯铁皮作焊芯，外涂低氢型涂料。焊缝金属为铜铁合金，铜的质量分数为 80%左右，焊缝韧性好，抗裂能力强，并可机械加工，一般用于灰铸铁的补焊 |
| 镍基铸铁焊条 | 焊丝为纯镍或镍铜合金，焊缝为塑性好的镍基合金，并且由于镍和铜可促进石墨化，焊缝不会出现白口组织，所以焊缝抗裂性好并可机械加工。但价格较高，一般用于重要铸件加工面的补焊 |

## 11.4 常用有色金属及其合金的焊接

有色金属及其合金具有比强度高、耐热性强、导电性强、耐腐蚀等特点，在机械、化工、发电、原子能、航空航天等部门应用较多。下面主要介绍铜及铜合金、铝及铝合金、钛及钛合金的焊接。

### 11.4.1 铜及铜合金的焊接

#### 1. 焊接特点

工业上用于焊接的有纯铜、黄铜和青铜。与低碳钢相比，其焊接性较差，焊接特点是：

1）难熔合。铜及铜合金的导热性很强，焊接时热量很快从加热区传导出去，导致焊件温度难以升高，金属难以熔化，填充金属与母材不能良好熔合。另外，由于流动性好，造成焊缝成形能力差。

2）易变形开裂。铜及铜合金的线胀系数及收缩率都较大，并且由于导热性好，使焊接热影响区变宽，导致焊件易产生较大的变形。另外，铜及铜合金在高温液态下极易氧化，生成的氧化铜与铜形成低熔点共晶体沿晶界分布，使焊缝的塑性和韧性显著下降，易产生热裂纹。

3）易形成气孔和产生氢脆现象。铜在液态时能溶解大量氢，而凝固时，溶解度急剧下降，氢气来不及析出，在焊缝中形成气孔并会造成氢脆。

4）铜合金中存在易氧化元素，如锌、镍、锰等，焊接时氧化严重，使焊接更加困难，接头力学性能和耐蚀能力下降。

#### 2. 焊接工艺

针对铜及铜合金的焊接特点，焊接过程中应采取以下工艺措施保证焊接质量：

1）选择热源能量密度大的焊接方法，并在焊前进行 150~550℃ 预热。

2）选择适当的焊接顺序，并在焊后锤击焊缝，以减小应力，防止变形、开裂。

3）焊前彻底清除氧化物、水分、油污，以减少铜的氧化和吸氢。

4）焊接过程中使用熔剂对熔池脱氢，在电焊条药皮中加入适量萤石，以增强去氢作用。降低熔池冷却速度，以利于氢的析出。

5）焊后进行退火热处理，以细化晶粒并减小晶界上低熔点共晶的不利影响。

3. 焊接方法

铜和铜合金的焊接可用焊条电弧焊、气焊、埋弧焊、氩弧焊、气体保护焊、等离子弧焊、电子束焊等方法进行。由于铜的电阻很小，不宜采用电阻焊。

焊接纯铜和青铜时，采用氩弧焊能有效地保证质量。因为氩弧焊能保护熔池不被氧化，而且热源热量集中，能减少变形，并保证焊透。焊接时，可用特制的含硅、锰等脱氧元素的纯铜焊丝进行焊接，也可用一般的纯铜丝或从焊件上剪料作焊丝，但此时必须使用熔剂来溶解铜的氧化物，以保证焊接质量。焊接纯铜和锡青铜所用熔剂主要成分为硼砂和硼酸，焊接铝青铜时所用溶剂主要成分是氯化物和氟化物。气焊时应采用严格的中性焰，防止氧化或吸氢。

黄铜焊接最常用的方法是气焊，因为气焊火焰温度较低，焊接过程中锌的蒸发较少。由于锌蒸发会引起焊缝强度和耐蚀性下降，且锌蒸气为有毒气体，会造成环境污染。因此气焊黄铜时，一般用轻微氧化焰，利用含硅的焊丝，使焊接时在熔池表面形成一层致密的氧化硅薄膜，以阻碍锌的蒸发和防止氢的溶解。

## 11.4.2　铝及铝合金的焊接

工业上用于焊接的主要有纯铝（熔点658℃）、铝锰合金、铝镁合金及铸铝。

1. 焊接特点

（1）容易氧化　铝极易氧化生成 $Al_2O_3$，其组织致密，熔点高达2050℃，它覆盖于金属表面，阻碍金属熔合，并易在焊缝形成夹渣。

（2）易形成气孔　铝及铝合金液态时能吸收大量的氢气，但在凝固点附近氢的溶解度会减小至原来的1/20左右，形成氢气孔。

（3）易变形、开裂　铝的热导率大，需大功率或能量密度高的热源，其热胀系数也大，造成焊接应力和较大变形，引起焊后开裂。另外各种铝合金中由于易熔共晶的存在，极易在焊接过程中产生热裂纹。

（4）操作困难　铝及铝合金从固态转变为液态时，颜色无明显改变。因此，焊接操作时，很容易造成温度过高，并且由于铝的高温强度低、塑性差，焊缝容易塌陷。

2. 焊接工艺

1）焊前清理。焊前清理除去焊件表面的氧化膜和油污、水分，便于熔焊及防止气孔、夹渣等缺陷。

2）焊前预热。厚度为5~8mm的焊件应焊前预热，以减小应力，避免裂纹，并利于氢的逸出，防止气孔的产生。

3）焊接时在焊件下放置垫板以保证焊缝成形。

3. 焊接方法

铝及铝合金常用的焊接方法有氩弧焊、气焊、电阻焊和钎焊等。其中氩弧焊应用较广，常用于焊接质量要求高的构件。因为氩弧焊电弧集中，操作容易，氩气保护效果好，且有阴极破碎作用，能去除 $Al_2O_3$ 氧化膜，所以焊缝质量高，成形美观，焊件变形小。厚度小于8mm的焊件采用钨极氩弧焊，大于8mm采用熔化极氩弧焊。

气焊主要用于焊接质量要求不高的纯铝和不能热处理强化的铝合金构件。气焊经济、方便，但生产率低，焊件变形大，焊接接头耐蚀性差，一般用于焊接小而薄的构件（0.5~2mm）。气焊时一般采用中性焰，焊接过程中要用含氯化物和氟化物的专用铝焊剂去除氧化膜和杂质。

电阻焊适合于焊接厚度在4mm以下的焊件，采用大电流、短时间通电，焊前必须彻底清除焊接部位和焊丝表面的氧化膜与油污。

### 11.4.3 钛及钛合金的焊接

钛及钛合金的密度小（4.5g/cm$^3$），抗拉强度高（441~1470MPa），即使在300~350℃高温下仍具有较高的强度，钛及钛合金还具有良好的低温冲击韧性和耐蚀性，在化工、造船、航空航天等工业部门日益获得广泛的应用。

**1. 焊接特点**

（1）易氧化、脆化　钛及钛合金化学性质非常活泼，极易氧化，并且在250℃开始吸氢，在400℃开始吸氧，在600℃开始吸氮，使接头塑性严重下降并形成气孔。钛及钛合金导热性差，热输入过大，过热区晶粒粗大，塑性下降；热输入过小，冷却速度快，会出现钛马氏体，从而使塑性下降而脆化。

（2）容易出现裂纹　焊接接头脆化后，在焊接应力和氢的作用下容易出现冷裂纹。

**2. 焊接工艺**

（1）加强保护　焊接时不仅要严格清理焊件表面，并且要保护好电弧区和熔池金属，还要保护好已呈固态但仍处于高温的焊缝金属。焊接时焊炬带有较长的拖罩，要加强保护。一般可根据接头金属的颜色大致判断保护效果：银白色表明保护效果良好；黄色表明出现TiO，有轻微氧化；蓝色表明出现$Ti_2O_3$，氧化较为严重；灰白色表明出现$TiO_2$，氧化严重。

（2）采用焊接质量好的焊接方法　钛及钛合金的焊接一般采用钨极氩弧焊，或采用等离子弧焊、真空电子束焊。

## 11.5 异种金属的焊接

在实际生产中，为满足使用要求，节省贵重金属，往往需要进行异种金属材料的焊接。由于物理化学性能的差异，异种金属材料的焊接比同种金属的焊接困难。

### 11.5.1 焊接特点

1）由于不同金属的晶体结构、原子半径不同，影响了金属在液态和固态下能否互溶或形成化合物。例如铅与铜、铁与镁等，由于不相溶，在凝固过程中产生分离，不能实现焊接。所以异种金属的焊接首先要满足材料间的互溶性。

2）材料熔点、热胀系数、热导率、电阻率等的差异使焊接困难。熔点的差异使金属熔化、凝固不同步；热胀系数等的差异使焊接应力增大，产生裂纹。

3）异种金属间易形成脆性大的金属间化合物，焊缝容易产生裂纹，甚至脆断，还会出现更多的金属氧化物。如钢与铝焊接会生成FeAl、$Fe_2Al_3$、$Fe_2Al_7$，钢与钛焊接会生成FeTi、$Fe_2Ti$等。

4）焊缝的成分、组织结构和力学性能与被焊接的异种金属存在差异。如奥氏体不锈钢1Cr18Ni9Ti与低碳钢焊接，如果采用焊接12Cr18Ni9用的焊条，或采用碳钢焊条，焊缝金属因低碳钢的溶入，合金元素质量分数低于不锈钢焊件，冷却时生成马氏体，易出现冷裂纹。

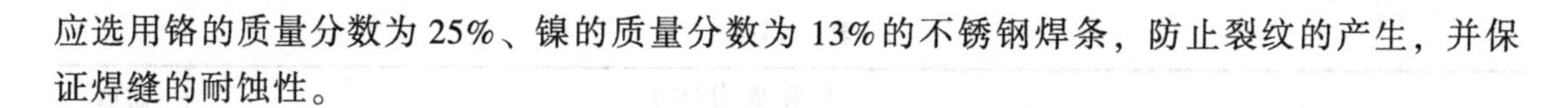

应选用铬的质量分数为25%、镍的质量分数为13%的不锈钢焊条，防止裂纹的产生，并保证焊缝的耐蚀性。

### 11.5.2　焊接工艺

1）缩短金属处于液态的时间，防止或减少金属间化合物的生成，或增加抑制金属间化合物产生和长大的合金元素。

2）异种金属之间增加中间过渡层。过渡层是为提高异种金属接头的性能，焊接前在金属表面添加的一层金属。过渡层应与异种金属间的焊接性均较好。

### 11.5.3　焊接方法

（1）熔化焊和压焊　目前异种金属的焊接采用较多的是熔化焊和压力焊。对接头性能要求不高的可采用钎焊。

熔化焊时重点考虑的问题是异种金属间的互溶性和异种金属不同的熔化量对焊缝成分和性能的影响。对于互溶性很差的异种金属的焊接，普遍存在的问题是焊缝成分不均匀和容易生成金属间化合物。熔化焊一般通过增加过渡层金属来提高焊缝质量，表11-2所示为异种金属电子束焊时所采用的过渡层金属。

**表11-2　异种金属电子束焊的过渡层金属**

| 被焊金属 | 过渡层金属 | 被焊金属 | 过渡层金属 |
|---|---|---|---|
| 碳钢与低合金钢 | 10MnSi8 | 钢与钼 | 铌 |
| 钢与硬质合金 | 钴、镍 | 铝与铜 | 锌、银 |
| 铬镍钢与钛 | 钒 | 镍与钽 | 铂 |
| 铬镍钢与锆 | 钒 | | |

压焊与熔化焊相比，具有一定的优越性，因为金属熔化少或不熔化，并且焊接时间短，可防止金属间化合物的生成，而且被焊材料对焊缝成分影响很小。但压焊对焊接接头类型有一定的要求，限制了压焊的应用范围。

（2）熔化焊-钎焊法　该方法是对低熔点金属采用熔化焊、高熔点金属利用钎焊的一种焊接方法。钎料一般是与低熔点金属相同的金属。该方法首先要求熔化的钎料应与高熔点的金属有良好的浸润与扩散性能，并保证焊接温度控制在所需的范围内。

（3）液相过渡焊　液相过渡焊是指利用扩散焊原理，在接头中间加入可熔化的中间夹层进行焊接的方法。焊接时，在0~0.98MPa压力下加热，夹层熔化，形成少量液相充满接头间隙，通过扩散和等温凝固形成焊接接头。然后再经过一定时间的扩散处理，达到与被焊金属完全均匀化，使接头彻底消除铸造组织，获得与焊件金属性能相同的焊接接头。

液相过渡焊是一种较新的异种金属焊接方法，它介于熔化焊和压焊之间，不需要很大的压力和严格的表面加工，接头性能远超过一般的钎焊。

## 复习思考题

1. 比较表11-3所列低合金的焊接性。

表 11-3

| 材料 | 主要成分(%) | | | | | 板厚/mm |
|---|---|---|---|---|---|---|
| | w(C) | w(Mn) | w(Si) | w(Mo) | V | |
| 09Mn2 | ≤0.12 | 1.40~1.80 | 0.20~0.50 | | | 90 |
| 16Mn | 0.12~0.20 | 1.20~1.60 | 0.20~0.60 | | | 50 |
| 15MnV | 0.12~0.18 | 1.20~1.60 | 0.20~0.60 | | 0.04~0.12 | 20 |
| 14MnMoV | 0.10~0.18 | 1.20~1.60 | 0.17~0.37 | 0.40~0.65 | 0.05~0.15 | 20 |

2. 下列铸铁件的补焊应选用哪种焊接方法和焊接材料？

1）机床的机座在使用过程中出现裂纹。

2）车床导轨面（铸件毛坯）裂纹，要求焊补层与基体性能相同。

3）汽车汽缸在使用过程中出现裂纹。

4）变速箱轴孔局部尺寸过大。

3. 用下列板材制作圆筒型低压容器，试分析其焊接性，并选择焊接方法与焊接材料。

1）20 钢板，厚 2mm，批量生产。

2）45 钢板，厚 6mm，单件生产。

3）纯铜板，厚 4mm，单件生产。

4）铝合金板，厚 20mm，单件生产。

5）镍铬不锈钢板，厚 10mm，小批生产。

4. 有直径为 500mm 的铸铁带轮和齿轮各一件，铸造后出现图 11-2 所示断裂现象，曾先后用 E4301 焊条和钢芯铸铁焊条进行电弧焊焊补，但焊后再次断裂，试分析再次断裂的原因。用什么方法能保证焊补后不再裂，并可进行机械加工？

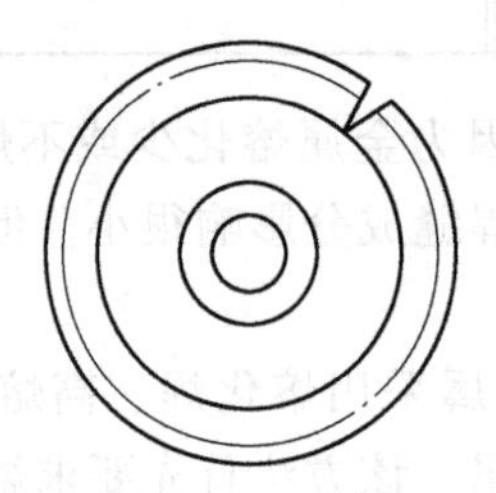
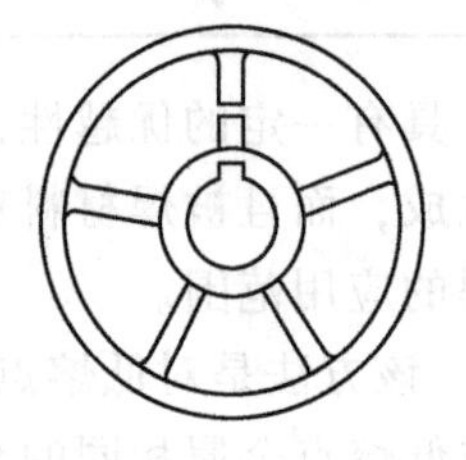

图 11-2　题 4 图

# 第12章 焊接结构与工艺设计

焊接结构对焊接的质量和生产率有较大影响，焊接结构设计应在保证产品质量的前提下，尽量降低生产成本，提高经济效益。设计焊接结构时，应考虑焊接结构材料和焊接方法的合理选择以及焊接结构工艺性，并绘制出焊接结构图。

本章简要介绍了焊接结构材料和焊接方法的选择，重点讲述了焊接结构工艺性和焊接结构图的绘制。

## 12.1 焊接材料和焊接方法的选择

### 12.1.1 焊接材料的选择

焊接选材总的原则是在满足使用性能的前提下，选用焊接性好的材料。

1）碳的质量分数小于0.25%的碳钢和碳当量小于0.4%的合金钢焊接性良好，应优先选择。

2）对于不同部位选用不同强度和性能的钢材拼焊而成的复合构件，应按低强度金属选择焊接材料，按高强度金属制定焊接工艺（如预热、缓冷、焊后热处理等）。

3）焊接结构中需采用焊接性不确定的新材料时，则必须预先进行焊接性试验，以便保证设计方案及工艺措施的正确性。

4）焊接材料应尽量采用工字钢、槽钢、角钢和钢管等型材构成，这样，可以减少焊缝数量，简化焊接工艺，增加结构件的强度和刚性。对于形状比较复杂的结构或大型结构，可采用铸钢件、锻件或冲压件焊接而成。

表12-1为常用金属材料的焊接性能表，可在设计焊接结构材料选用时参考。

表12-1 常用金属材料的焊接性能表

| 金属材料＼焊接方法 | 气焊 | 焊条电弧焊 | 埋弧自动焊 | $CO_2$气体保护焊 | 氩弧焊 | 电子束焊 | 电渣焊 | 点焊、缝焊 | 对焊 | 摩擦焊 | 钎焊 |
|---|---|---|---|---|---|---|---|---|---|---|---|
| 低碳钢 | A | A | A | A | A | A | A | A | A | A | A |
| 中碳钢 | A | A | B | B | A | A | A | B | A | A | A |
| 低合金钢 | B | A | A | A | A | A | A | A | A | A | A |
| 不锈钢 | A | A | B | B | A | A | B | A | A | A | A |
| 耐热钢 | B | A | B | C | A | A | D | B | C | D | A |

（续）

| 金属材料＼焊接方法 | 气焊 | 焊条电弧焊 | 埋弧自动焊 | $CO_2$ 气体保护焊 | 氩弧焊 | 电子束焊 | 电渣焊 | 点焊、缝焊 | 对焊 | 摩擦焊 | 钎焊 |
|---|---|---|---|---|---|---|---|---|---|---|---|
| 铸钢 | A | A | A | A | A | A | A | — | B | B | B |
| 铸铁 | B | B | C | C | B | — | B | — | D | D | B |
| 铜及铜合金 | B | B | C | C | A | B | D | D | D | A | A |
| 铝及铝合金 | B | C | C | D | A | A | D | A | A | B | C |
| 钛及钛合金 | D | D | D | D | A | A | D | B~C | C | D | B |

注：A 表示焊接性良好；B 表示焊接性较好；C 表示焊接性较差；D 表示焊接性不好；—表示很少采用。

### 12.1.2 焊接方法的选择

焊接方法的选择必须根据被焊材料的焊接性、接头的类型、焊件厚度、焊缝空间位置、焊件结构特点、工作条件和生产批量等方面综合考虑。选择原则是在保证产品质量的条件下优先选择常用的方法。若成批生产，还必须考虑提高生产率和降低生产成本。例如，低碳钢材料制造的中等厚度（10~20mm）焊件，由于材料的焊接性能优良，任何焊接方法均可保证焊件的质量。当焊件焊缝为长直焊缝或圆周焊缝，生产批量较大时，则应采用埋弧自动焊；当工件为单件生产或焊缝短且处于不利于焊接的空间位置时，则应采用焊条电弧焊或 $CO_2$ 气体保护焊；当工件是薄板轻型结构且无密封要求时，则采用点焊，如果有密封要求，则可选用缝焊。如果是焊接合金钢、不锈钢等重要焊件，则应采用氩弧焊等保护条件较好的焊接方法。对于稀有金属或高熔点合金的特殊构件，焊接时可考虑采用等离子弧焊接、真空电子束焊接、脉冲氩弧焊，以确保焊件质量。对于微型箔件，则应选用微束等离子弧焊或脉冲激光焊。各种焊接方法焊接一般钢材时的特点见表 12-2。

**表 12-2 各种焊接方法焊接一般钢材时的特点**

| 焊接方法 | 适用板厚/mm | 可焊空间位置 | 生产率 | 热影响区大小 | 变形 | 设备费用/万元 |
|---|---|---|---|---|---|---|
| 气焊 | 1~3 | 全位置 | 低 | 大 | 大 | <0.5 |
| 焊条电弧焊 | >1(一般 3~20) | 全位置 | 较低 | 较小 | 较小 | 0.5~1.0 |
| 埋弧自动焊 | >3(一般 6~60) | 平焊 | 高 | 小 | 小 | 1.0~2.0 |
| $CO_2$ 保护焊 | 0.8~30 | 全位置 | 较高 | 小 | 小 | 1.0~2.0 |
| 氩弧焊 | 0.5~25 | 全位置 | 较高 | 小 | 小 | 1.0~2.0 |
| 电渣焊 | 25~1000(一般 35~450) | 立焊 | 高 | 大 | 大 | 1.0~2.0 |
| 等离子焊 | >0.025(一般 1~12) | 全位置 | 高 | 小 | 小 | >2.0 |
| 电子束焊 | 5~60 | 平焊 | 高 | 很小 | 很小 | >2.0 |
| 点焊 | <10(一般 0.5~3) | 全位置 | 高 | 小 | 小 | 1.0~2.0 |
| 缝焊 | <3 | 平焊 | 高 | 小 | 小 | 1.0~2.0 |

## 12.2 焊接结构工艺设计

### 12.2.1 焊接接头形式和坡口设计

根据被焊件的相互位置焊接接头有四种基本形式：对接接头、T 形接头、搭接接头和角接接头。接头形式应根据结构形状、强度要求、工件厚度、变形大小和焊条消耗量选择。当板料较厚时，为保证焊透，同时为提高生产率、降低成本，待焊部位要加工成一定形状的坡口。常用的焊条电弧焊焊接接头及坡口形式如图 12-1 所示。

**1. 对接接头及坡口设计**

对接接头承受外力时，应力分布均匀，接头质量易于保证，接头具有较高的强度，且外形平整美观，是焊接结构中应用最多的接头形式。但对接接头在焊前装配要求较高。

当焊件比较厚时，为了保证焊透，应根据板厚加工出各种坡口，坡口的尺寸应按标准选用。对接接头常采用的坡口形式有 I 形坡口（不开坡口）、V 形坡口、X 形坡口、U 形坡口、双 U 形坡口。V 形坡口、U 形坡口只需单面焊，但焊后角变形大，焊条消耗量较大。X 形坡口、双 U 形坡口双面焊，焊件受热均匀，焊件变形小，焊条消耗量少，但坡口加工费时，成本较高，一般只在重要的承受动载荷的厚板结构中采用。

对于不同厚度的板材焊接，如果两板的厚度差超过表 12-3 所示厚度范围，则应在厚板上加工出单面或双面斜边的过渡形式，如图 12-2 所示，防止出现应力集中和焊不透等缺陷。

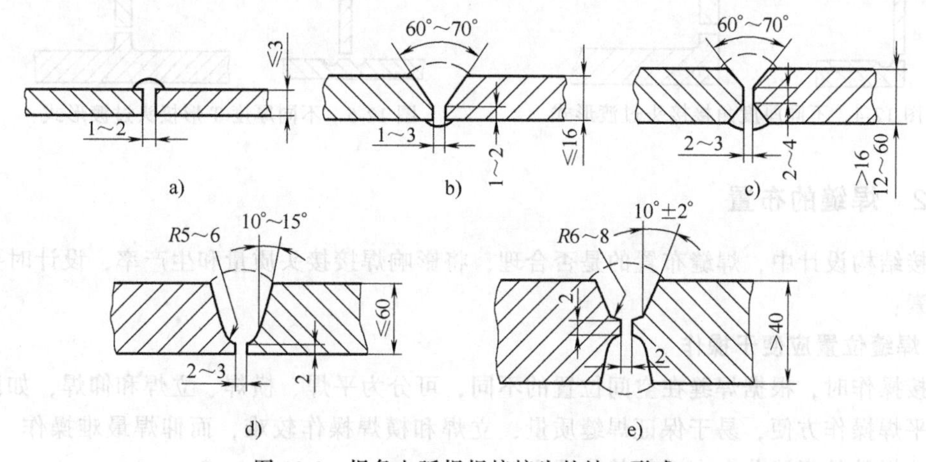


图 12-1　焊条电弧焊焊接接头的坡口形式

a) I 形坡口　b) V 形坡口　c) X 形坡口　d) U 形坡口　e) 双 U 形坡口

表 12-3　不同厚度板料焊接时允许的厚度差范围　（mm）

| 较薄板厚度 | 2~5 | 6~8 | 9~11 | ≥12 |
|---|---|---|---|---|
| 允许厚度差 | 1 | 2 | 3 | 4 |

**2. 搭接接头及坡口选择**

搭接接头无须开坡口，焊前准备和装配工作比对接接头简单。但是，搭接接头两焊件不在同一平面上，受拉应力时产生附加弯曲应力，如图 12-3 所示，并且浪费金属，增加结构质量。

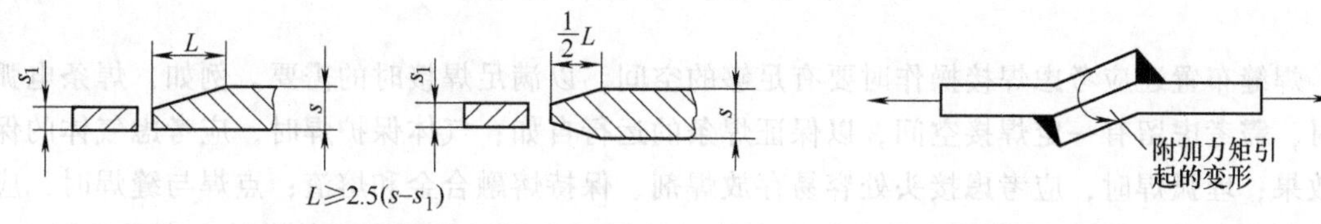


图 12-2　不同厚度板材对接的过渡形式

图 12-3　搭接接头受力示意图

搭接接头常用于受拉应力不大的平面连接与空间结构，如厂房屋架、桥梁、起重机吊臂等。

**3. 角接接头及坡口选择**

角接接头通常只起连接作用，不能用来传递工作载荷，且应力分布很复杂，承载能力低。根据焊件厚度不同，角接接头可选择 I 形（不开坡口）、单边 V 形、V 形及 K 形四种坡口形式。不同厚度的材料角接时，其过渡形式如图 12-4 所示。

**4. T 形接头及坡口选择**

T 形接头广泛应用于空间类焊接结构上。例如，船体结构中约 70% 的焊缝采用 T 形接头。完全焊透的单面坡口和双面坡口的 T 形接头在任何一种载荷下都具有很高的强度。根据焊件的厚度不同，T 形接头可选 I 形（不开坡口）、单边 V 形、K 形、单边双 U 形四种坡口形式。不同厚度的 T 形接头过渡形式如图 12-5 所示。

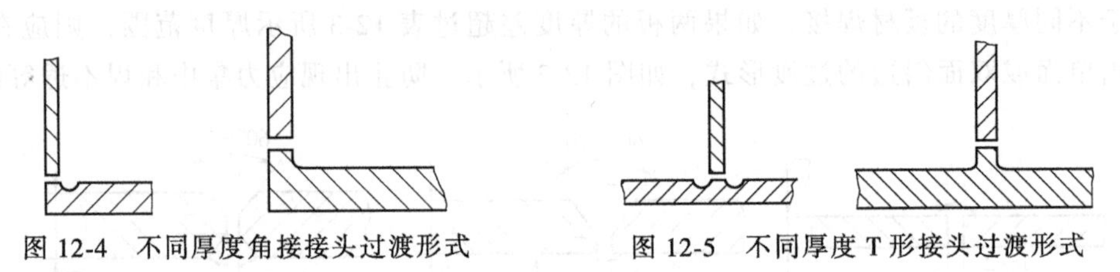

图 12-4　不同厚度角接接头过渡形式　　图 12-5　不同厚度 T 形接头过渡形式

## 12.2.2　焊缝的布置

焊接结构设计中，焊缝布置的是否合理，将影响焊接接头质量和生产率，设计时要考虑以下因素：

**1. 焊缝位置应便于操作**

焊接操作时，根据焊缝在空间位置的不同，可分为平焊、横焊、立焊和仰焊，如图 12-6 所示。平焊操作方便，易于保证焊缝质量，立焊和横焊操作较难，而仰焊最难操作。因此，应尽量使焊件的焊缝分布在平焊的位置上。

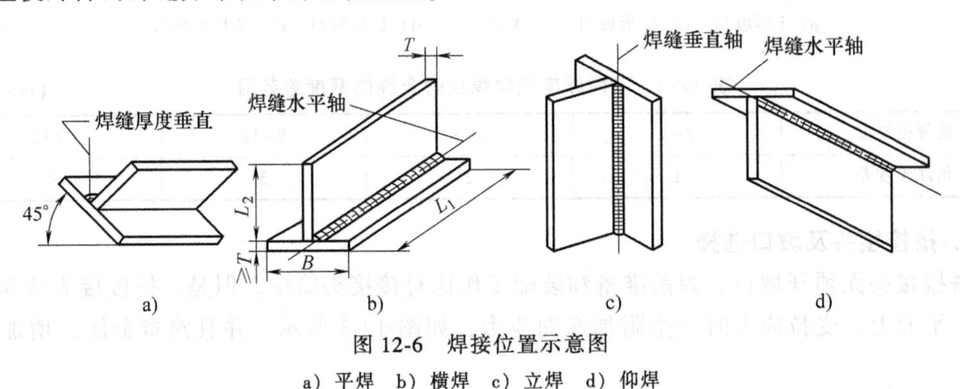


图 12-6　焊接位置示意图

a）平焊　b）横焊　c）立焊　d）仰焊

焊缝布置还应考虑焊接操作时要有足够的空间，以满足焊接时的需要。例如，焊条电弧焊时，需考虑留有一定焊接空间，以保证焊条的运行自如；气体保护焊时，应考虑气体的保护效果；埋弧焊时，应考虑接头处容易存放焊剂、保持熔融合金和熔渣；点焊与缝焊时，应考虑电极安放。图 12-7 所示为几种焊接方法设计焊缝位置时是否合理的设计方案示意图。

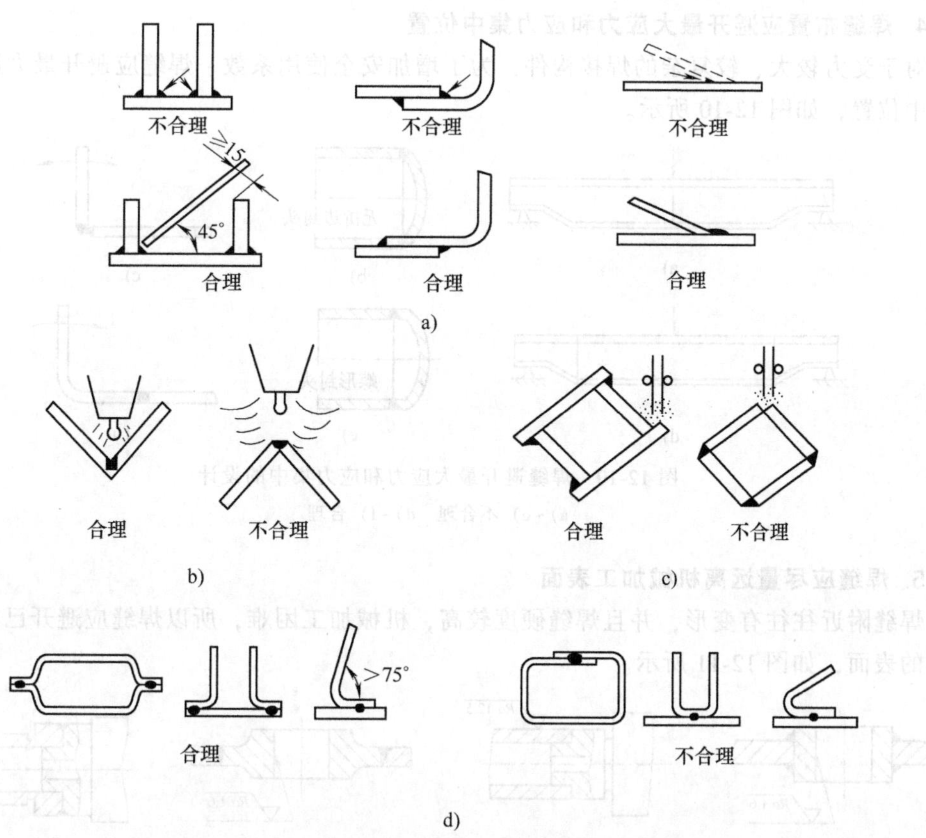


图 12-7 焊缝位置是否合理的设计方案示意图

a）焊条电弧焊 b）气体保护焊 c）埋弧焊 d）电阻焊

**2. 焊缝尽量分散，避免密集交叉**

密集交叉的焊缝会使接头热影响区增大、组织粗大、力学性能下降、甚至出现裂纹。一般焊缝间距要大于焊件厚度的 3 倍且不小于 100mm，如图 12-8 所示。

**3. 焊缝尽量对称分布**

焊缝对称布置可使焊缝冷却收缩时产生的变形相互抵消，如图 12-9 所示。

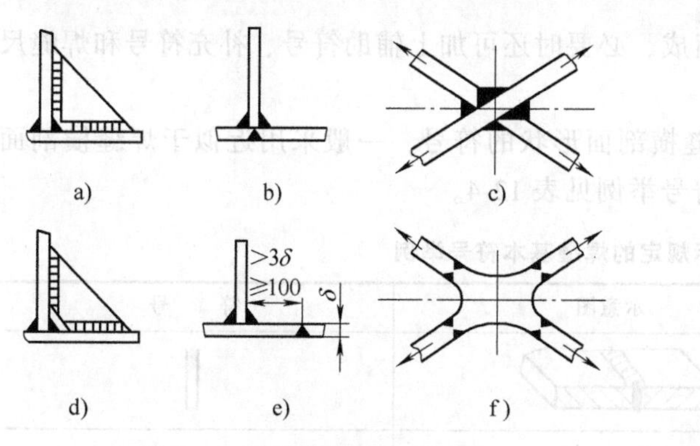


图 12-8 焊缝分散布置的设计

a)～c) 不合理；d)～f) 合理

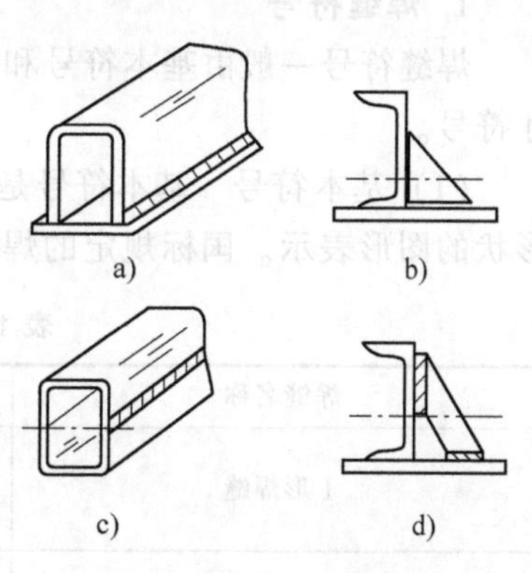


图 12-9 焊缝对称布置的设计

a)、b) 不合理；c)、d) 合理

#### 4. 焊缝布置应避开最大应力和应力集中位置

对于受力较大、较复杂的焊接构件，为了增加安全使用系数、焊缝应避开最大应力和应力集中位置，如图 12-10 所示。

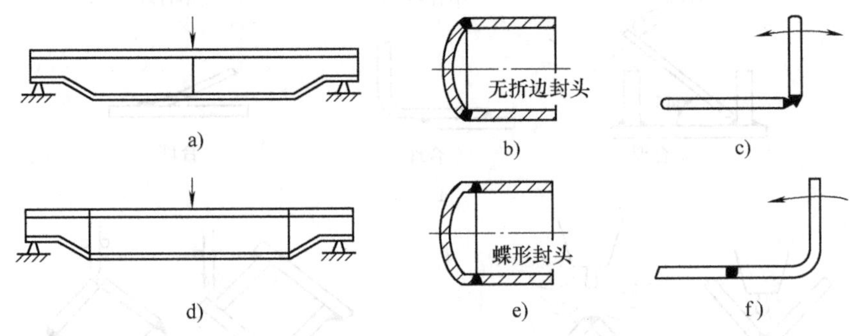


图 12-10 焊缝避开最大应力和应力集中的设计

a)～c) 不合理 d)～f) 合理

#### 5. 焊缝应尽量远离机械加工表面

焊缝附近往往有变形，并且焊缝硬度较高，机械加工困难，所以焊缝应避开已加工和待加工的表面，如图 12-11 所示。

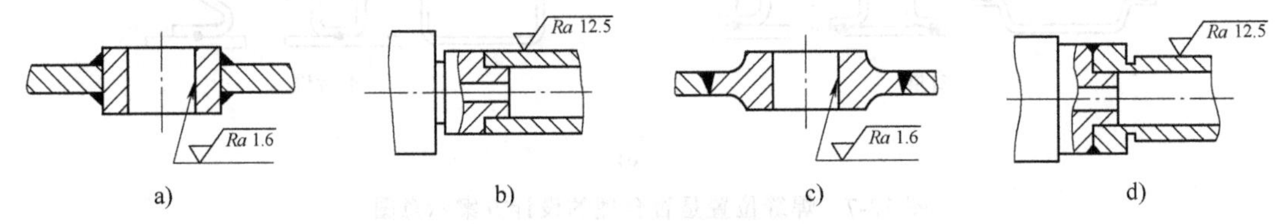


图 12-11 焊缝远离机械加工表面的设计

a)、b) 不合理 c)、d) 合理

### 12.2.3 绘制焊接结构图

焊接结构图是用焊缝符号表示焊接结构上焊缝的图样，可避免图样出现过多的注解，使图样简洁、明确。

#### 1. 焊缝符号

焊缝符号一般由基本符号和指引线组成，必要时还可加上辅助符号、补充符号和焊缝尺寸符号。

(1) 基本符号 基本符号是表示焊缝横剖面形状的符号，一般采用近似于焊缝横剖面形状的图形表示。国标规定的焊缝基本符号举例见表 12-4。

表 12-4 国标规定的焊缝基本符号举例

| 焊缝名称 | 示意图 | 符 号 |
|---|---|---|
| I 形焊缝 | | ‖ |
| V 形焊缝 | | V |

（续）

| 焊缝名称 | 示意图 | 符　号 |
| --- | --- | --- |
| Y形焊缝 | 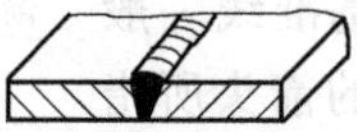  | Y |
| 封底焊缝 | 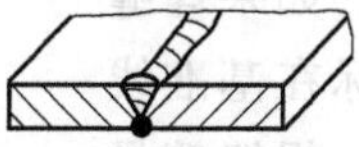  | ◡ |
| 角焊缝 | 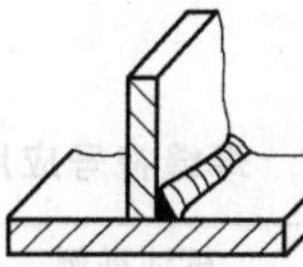  | ◺ |

（2）辅助符号　辅助符号是表示焊缝表面形状特征的符号，见表12-5。

表12-5　焊缝辅助符号举例

| 符号名称 | 示意图 | 符　号 | 说　明 |
| --- | --- | --- | --- |
| 平面符号 |   | — | 焊缝表面齐平(一般需要机械加工) |
| 凹面符号 | 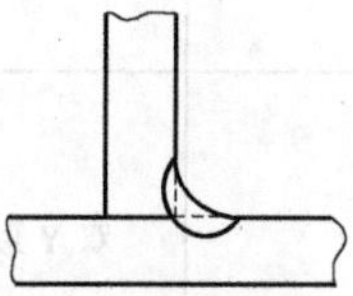  | ◡ | 焊缝表面凹陷 |
| 凸面符号 | 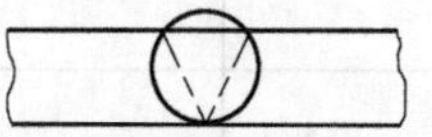  | ◠ | 焊缝表面凸起 |

（3）补充符号　补充符号是为了说明焊缝其他特征而采用的符号，见表12-6。

表12-6　焊缝补充符号举例

| 符号名称 | 示意图 | 符　号 | 说　明 |
| --- | --- | --- | --- |
| 带垫板符号 | 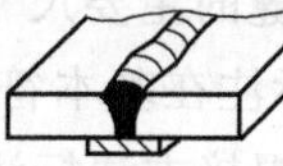  | ▭ | 表示焊缝底部有垫板 |
| 三面焊缝符号 | 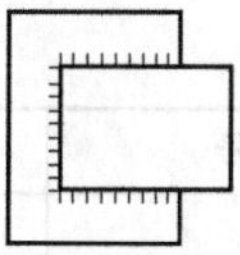  | ⊏ | 表示三面带有焊缝 |
| 周围焊缝符号 | 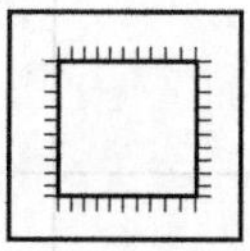  | ○ | 表示环绕工件周围有焊缝 |
| 尾部符号 |  | < | 标注焊接工艺方法等内容(焊条电弧焊代号为“111”) |

（4）指引线　指引线一般由箭头线和两条基准线（一条为实线，另一条为虚线）组成，如图 12-12 所示。箭头指向焊缝位置，基准线一般与图样的底边平行，如果焊缝在接头的箭头所指一侧，应将焊缝基本符号标在实线侧；如果焊缝在接头的非箭头所指一侧，基本符号标在基准线的虚线侧，对称焊缝可不画虚基准线。焊缝符号应用举例见表 12-7。

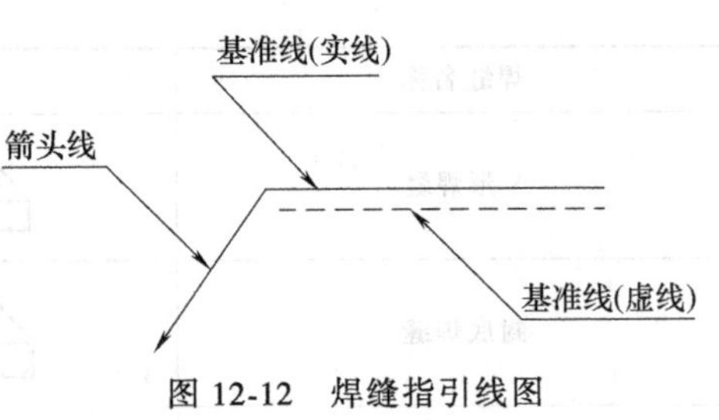


图 12-12　焊缝指引线图

表 12-7　焊缝符号应用举例

| 示意图 | 标注举例 | 说　明 |
| --- | --- | --- |
|  |  | 表示 V 形焊缝，底面带有垫板 |
|  | 111 | 表示工件三面带有焊缝，焊接方法为焊条电弧焊 |
|  |  | 双 Y 形坡口并要求表面凸起 |
|  |  | 表示角焊缝并要求焊缝表面凹陷 |

（5）焊缝尺寸符号　尺寸符号是结合焊缝符号表示焊缝的主要尺寸的符号，见表 12-8。尺寸符号标注原则如图 12-13 所示。焊缝横截面上的尺寸标注在基本符号的左侧，焊缝长度方向的尺寸标注在基本符号的右侧，相同焊缝的数量 $N$ 和焊接方法标注在尾部符号右侧。

表 12-8　焊缝尺寸符号举例

| 焊缝名称 | 示意图 | 焊缝尺寸符号 | 说明 |
| --- | --- | --- | --- |
| 对接 V 形焊缝 | $S$ | $S$ | $S$ 表示焊缝有效厚度 |
| 对接 I 形焊缝 | $S$ | $S$ | $S$ 表示焊缝有效厚度 |

（续）

| 焊缝名称 | 示意图 | 焊缝尺寸符号 | 说明 |
|---|---|---|---|
| 连续角焊缝 | K | K | K 表示焊脚尺寸 |
| 断续角焊缝 | l (O) l | K n×l(e) | l 表示焊缝长度<br>n 表示焊缝段数<br>e 表示焊缝间距 |

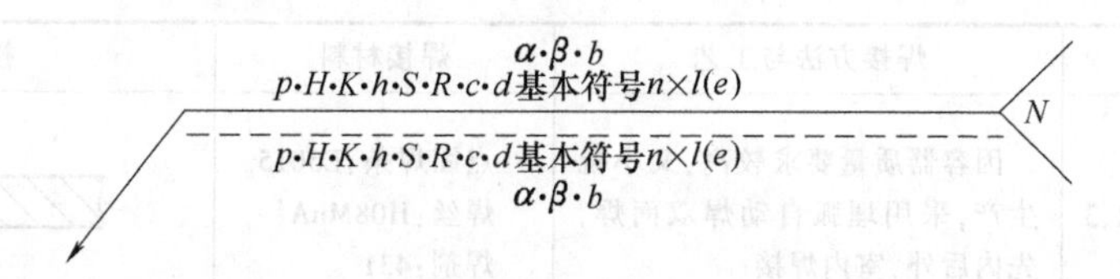


图 12-13　焊缝尺寸标注原则

**2. 焊接结构图举例**

图 12-14 所示的齿轮由轮缘、轮辐和轮箍三部分焊接而成，图样上的焊缝符号表示 8 条相同的环绕轮辐的角焊缝，将轮缘和轮箍焊接成齿轮毛坯，焊脚尺寸为 10mm。

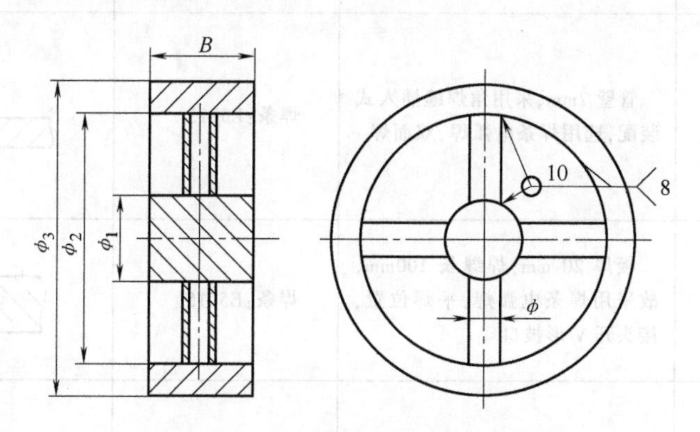


图 12-14　焊接结构的齿轮毛坯

## 12.2.4　典型焊件的工艺设计

结构名称：中压容器（见图 12-15）。

材料：16Mn 无缝钢管（原材料尺寸为 1200mm×5000mm）。

件厚：筒身 12mm；封头 14mm；入孔圈 20mm；管接头 7mm。

生产数量：小批生产。

工艺设计要点：根据原材料和容器尺寸，筒身分为 3 节，由 3 块钢板冷卷焊接而成。为避免焊缝密集，筒身纵焊缝应相互错开 180°。封头采用热压成形，为使焊缝避开转角应力集中位置，封头与筒身连接处应有 3~5mm 的直段。其工艺图如图 12-16 所示。

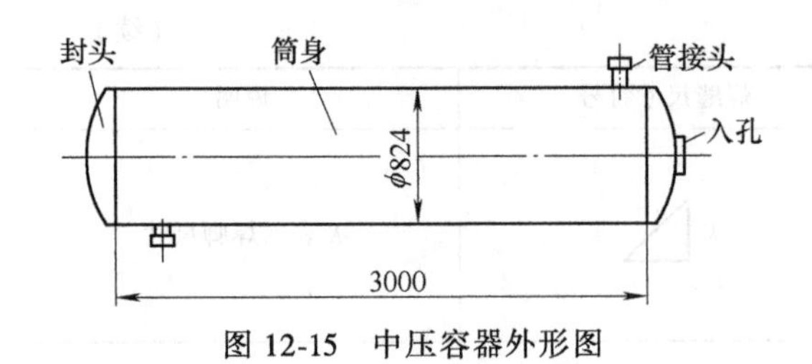

图 12-15　中压容器外形图

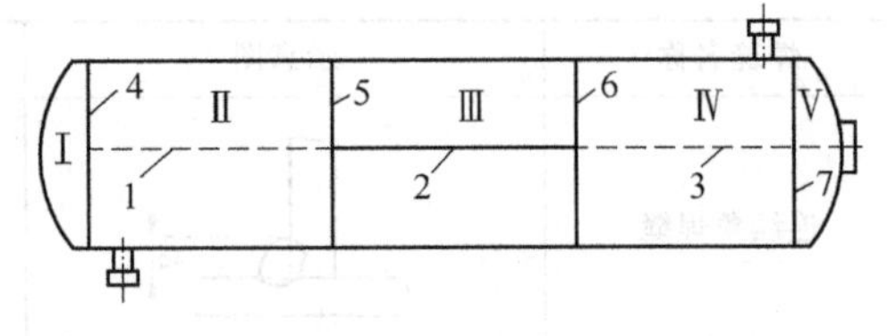

图 12-16　中压容器焊接工艺图

根据各条焊缝的不同情况，应选用相应的焊接方法、接头形式、焊接材料与工艺，其工艺设计见表 12-9。

**表 12-9　中压容器焊接工艺设计**

| 序号 | 焊缝名称 | 焊接方法与工艺 | 焊接材料 | 接头形式 |
|---|---|---|---|---|
| 1 | 筒身纵缝 1、2、3 | 因容器质量要求较高，又小批生产，采用埋弧自动焊双面焊，先内后外，室内焊接 | 点固焊条：E5015<br>焊丝：H08MnA<br>焊剂：431 | |
| 2 | 筒身环缝 4、5、6、7 | 采用埋弧焊依次焊 4、5、6 焊缝，先内后外。焊缝 7 装配后先在内部用焊条电弧焊封底，再用埋弧自动焊焊外环缝 | 点固焊条：E5015<br>焊丝：H08MnA<br>焊剂：431 | |
| 3 | 管接头焊缝 | 管壁 7mm，采用角焊缝插入式装配，选用焊条电弧焊，双面焊 | 焊条：E5015 | |
| 4 | 入孔圈纵缝 | 板厚 20 mm，焊缝长 100mm，故采用焊条电弧焊，平焊位置，接头开 V 形坡口 | 焊条：E5015 | |
| 5 | 入孔圈环缝 | 入孔圈圆周角焊缝处于立焊位置，采用焊条电弧焊。单面坡口，双面焊，焊透 | 焊条：E5015 | |

# 复习思考题

1. 设计焊接结构时，焊缝的布置应考虑哪些因素？
2. 如图 12-17 所示焊件，其焊缝布置是否合理？若不合理，请加以改正。

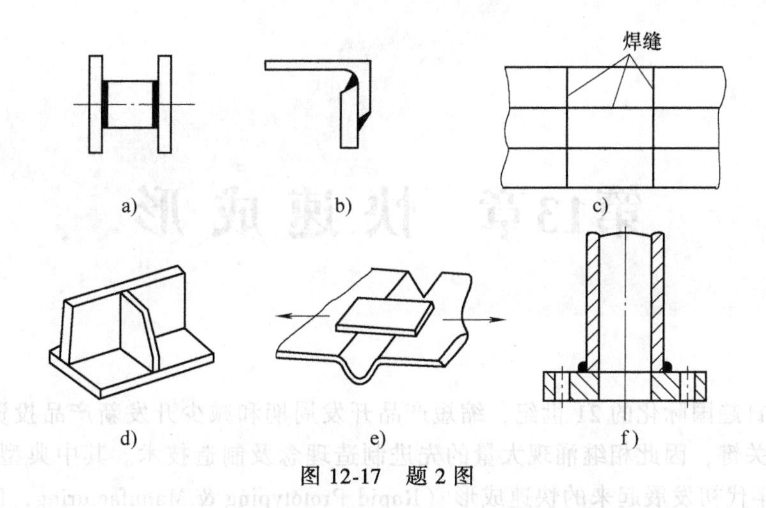


图 12-17　题 2 图

3. 如图 12-18 所示两种铸造支架，材料为 HT150，因单件生产拟改为焊接结构，请选择原材料、焊接方法，并画简图表示焊缝及接头形式。

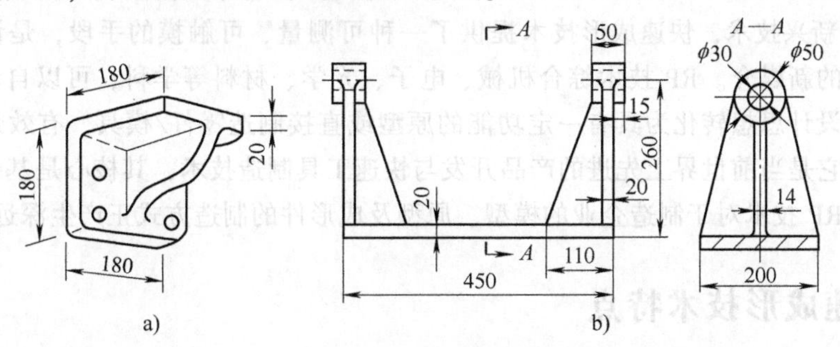


图 12-18　题 3 图

4. 一焊接梁结构如图 12-19 所示，选用 15 钢成批生产，现有钢板的最大长度为 2500mm，试确定：①腹板、翼板的焊缝位置；②各焊缝的接头形式和坡口；③各焊缝的焊接方法；④各焊缝的焊接顺序。

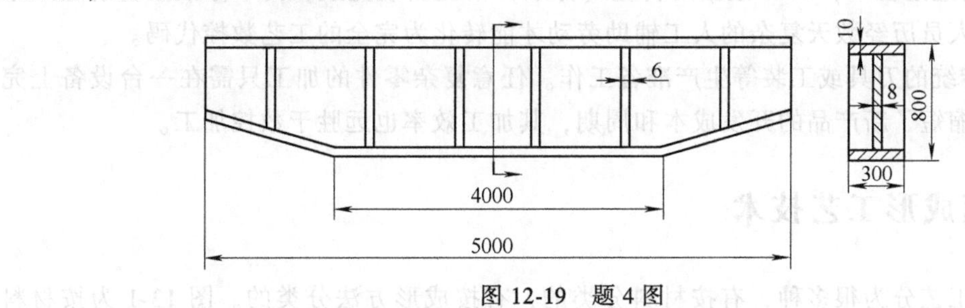


图 12-19　题 4 图

5. 汽车制动用压缩空气储存罐如图 12-20 所示。材料为低碳钢，罐体壁厚 2mm，端盖厚 3mm，管接头为标准件 M10，工作压力 0.6MPa。根据焊接结构确定焊缝的布置、焊接方法、焊接材料和接头类型。

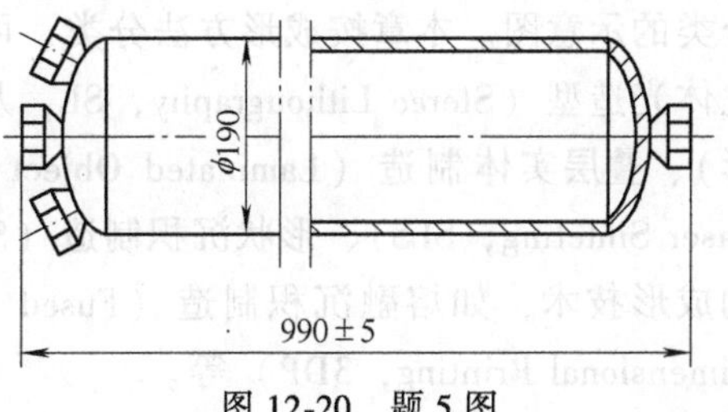


图 12-20　题 5 图

# 第13章 快速成形

在制造业日趋国际化的21世纪，缩短产品开发周期和减少开发新产品投资风险成为企业赖以生存的关键，因此相继涌现大量的先进制造理念及制造技术。其中典型的是20世纪80年代末90年代初发展起来的快速成形（Rapid Prototyping & Manufacturing，RPM，本书中简称为RP）技术。它突破了传统的加工模式，无需机械加工设备即可快速制造形状极为复杂的工件，被认为是近20年制造技术领域的一次重大突破。作为与科学计算可视化和虚拟现实相匹配的新兴技术，快速成形技术提供了一种可测量、可触摸的手段，是设计者、制造者与用户之间的新媒介。RP技术综合机械、电子、光学、材料等学科，可以自动、直接、快速、精确地将设计思想转化为具有一定功能的原型或直接制造零件/模具，有效地缩短了产品的研发周期。它是当前世界上先进的产品开发与快速工具制造技术，其核心是基于数字化的新型成形技术。RP技术对于制造企业的模型、原型及成形件的制造方式正产生深远影响。

## 13.1 快速成形技术特点

快速成形技术较之传统的诸多加工方法展示了以下的优越性：

1）可以制造几何形状复杂的零件，而不受传统机械加工中刀具无法达到某些型面的限制。

2）曲面制造过程中，CAD数据的转化（分层）可全自动完成，而不像数控切削加工中需要高级工程人员历经数天复杂的人工辅助劳动才能转化为完全的工艺数控代码。

3）无需传统的刀具或工装等生产准备工作。任意复杂零件的加工只需在一台设备上完成，因而大大缩短了新产品的开发成本和周期，其加工效率也远胜于数控加工。

## 13.2 快速成形工艺技术

快速成形工艺分为很多种，有按材料分类的，有按成形方法分类的。图13-1为按材料分类的示意图。本章按成形方法分类，可分为两大类：基于激光或其他光源的成形技术，如立体光造型（Stereo Lithougraphy，SL，从该技术成形过程角度，本章称之为光固化快速成形）、叠层实体制造（Laminated Object Manufacturing，LOM）、选择性激光烧结（Selected Laser Sintering，SLS）、形状沉积制造（Shape Deposition Manufacturing，SDM）等；基于喷射的成形技术，如熔融沉积制造（Fused Deposition Modeling，FDM）、三维印刷成形（Three Dimensional Printing，3DP）等。

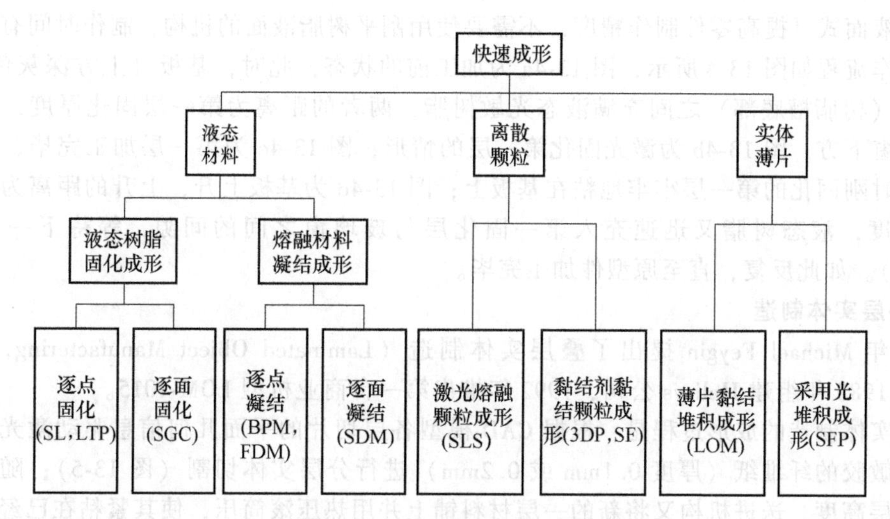


图 13-1　快速成形技术按材料分类

**1. 光固化快速成形**

1987 年，美国 3D Systems 公司推出了名为 Stereo Lithography Apparatus（SLA）的快速成形装置，中文直译为立体印刷装置，有人称之为激光立体造型、激光立体雕刻等。因为目前 SL 中的光源不再是单一的激光器，还有其他新的光源，如紫外灯等，但是各种 SL 使用的成形材料均是对某特种光束敏感的树脂。因此，SL 工艺又称为光固化成形。光固化成形加工方式分为自由液面式和约束液面式。

（1）自由液面式　自由液面式 SL 的成形过程是：液槽中盛满液态光固化树脂（即光敏树脂），一定波长的激光光束按计算机的控制指令在液面上有选择地逐点扫描固化（或整层固化），每层扫描固化后的树脂便形成一个二维图形；一层扫描结束后，升降台下降一层厚度，然后进行第二层扫描，同时新固化的一层牢固地粘在前一层上；如此重复直至整个成形过程结束。光固化成形过程如图 13-2 所示。

（2）约束液面式　约束液面式与自由液面式正好相反：光从下面往上照射，成形件倒置于基板上，即最先成形的层片位于最上方，每层加工完后，$Z$ 轴向上移动一层距离，液态树脂充盈于刚加工的层片与底板之间，光继续从下方照射。如此重复，直至完成加工过程。SL 工艺约束液面式工作原理如图 13-3 所示。

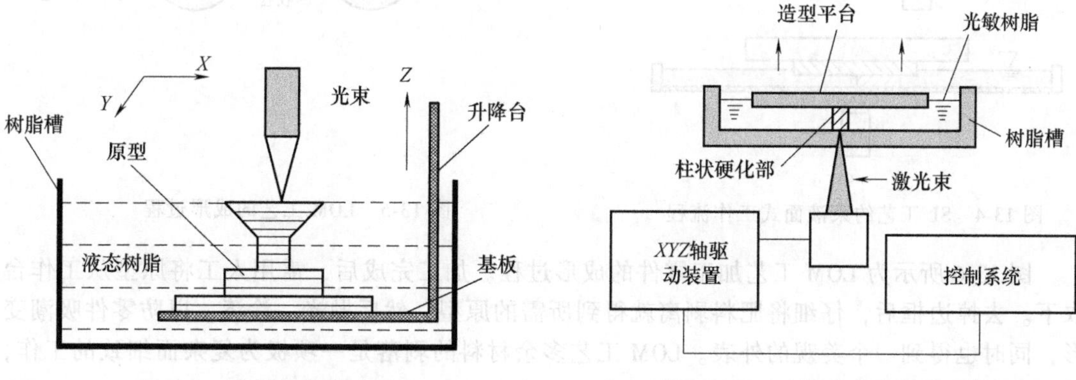


图 13-2　光固化成形过程　　图 13-3　SL 工艺约束液面式工作原理

约束液面式可提高零件制作精度，不需要使用刮平树脂液面的机构，制作时间有较大缩短。其工作流程如图 13-4 所示，图 13-4a 为加工前的状态，此时，基板（上方深灰色部分）与玻璃窗（树脂槽底部）之间充满液态光敏树脂，两者的距离为第一层固化厚度，激光头位于玻璃窗下方；图 13-4b 为激光固化第一层的情形；图 13-4c 为第一层加工完毕，激光束关闭，此时刚固化的第一层牢牢地粘在基板上；图 13-4d 为基板上升，上升的距离为第二层的固化厚度，液态树脂又迅速充入第一固化层与玻璃窗之间的间隙，等待下一次固化（图 13-4e）。如此反复，直至原型件加工完毕。

**2. 叠层实体制造**

1984 年 Michael Feygin 提出了叠层实体制造（Laminated Object Manufactering，LOM）法，并于 1985 年组建 Helisys 公司，1992 年推出第一台商业机型 LOM-1015。

叠层实体制造的成形过程是：根据 CAD 模型各层切片的平面几何信息驱动激光头，对涂覆有热敏胶的纤维纸（厚度 0.1mm 或 0.2mm）进行分层实体切割（图 13-5）；随后工作台下降一层高度，送进机构又将新的一层材料铺上并用热压滚筒压，使其紧粘在已经成形的基体上，激光头再次进行切割切出第二层平面轮廓。如此重复，直至整个三维零件制作完成。其原型件的强度相当于优质木材的强度。

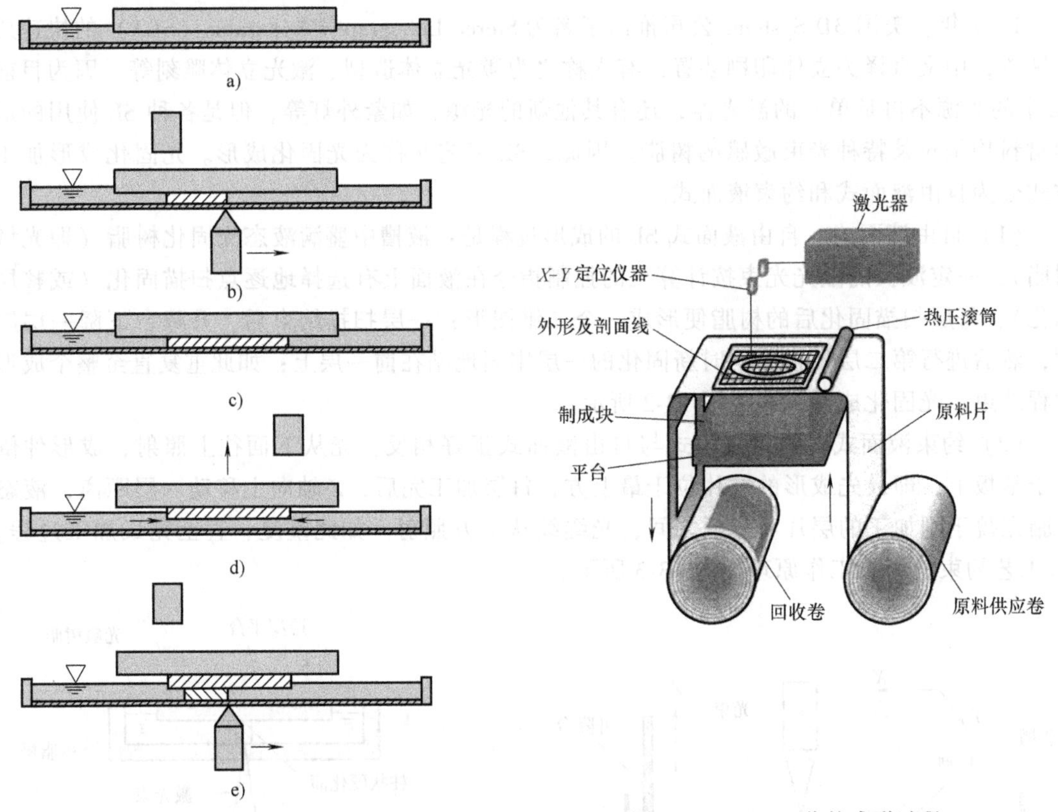


图 13-4　SL 工艺约束液面式工作流程

图 13-5　LOM 工艺的成形过程

图 13-6 所示为 LOM 工艺加工零件的成形过程。加工完成后，需用人工将原型从工作台取下。去掉边框后，仔细将肥料剥离就得到所需的原型。然后抛光、涂漆，以防零件吸潮变形，同时也得到一个美观的外表。LOM 工艺多余材料的剥落是一项极为复杂而细致的工作，图 13-7 所示为该项工作的主要流程。

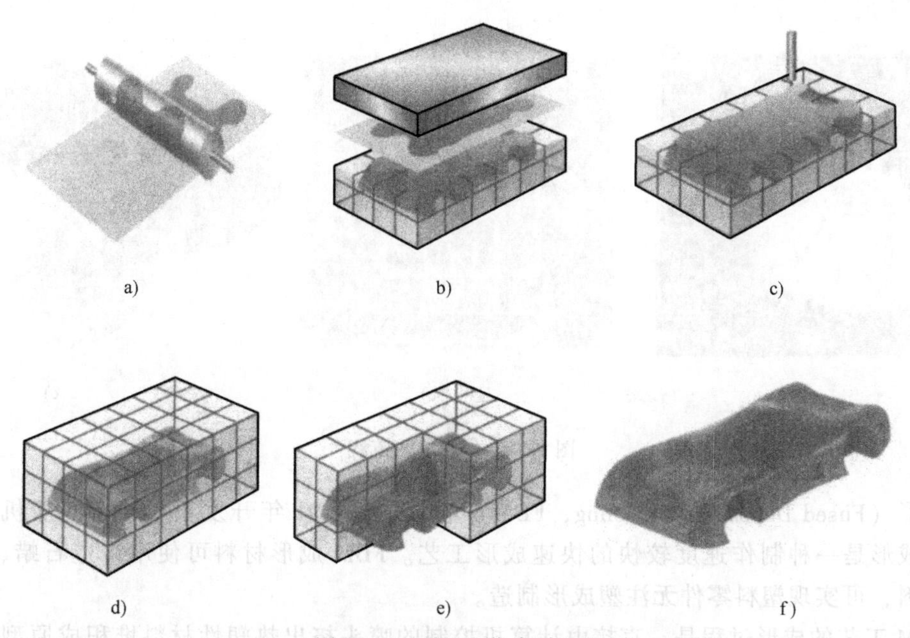


图 13-6 LOM 工艺成形过程

a) 铺纸 b) 压紧黏合 c) 切割轮廓线 d) 切割完成 e) 剥离 f) 完成

图 13-7 LOM 工艺成形的原型取出过程

**3. 选择性激光烧结**

1986 年，美国 Texas 大学的研究生 C. R. Deckard 提出了选择性激光烧结（Selected Laser Sintering，SLS）思想，稍后组建了 DTM 公司，1992 年推出 SLS 成形机。选择性激光烧结的成形过程是：由 CAD 模型各层切片的平面几何信息生成 *X-Y* 激光扫描器在每层粉末上的数控运动指令，铺粉器将粉末一层一层地撒在工作台上，再用滚筒将粉末滚平、压实，每层粉末的厚度均对应于 CAD 模型的切片厚度；各层铺粉被 $CO_2$ 激光器选择性地烧结到基体上，而未被激光扫描。烧结的粉末仍留在原地起支撑作用，直至烧结出整个零件，SLS 成形原理如图 13-8 所示，其工艺流程如图 13-9 所示。

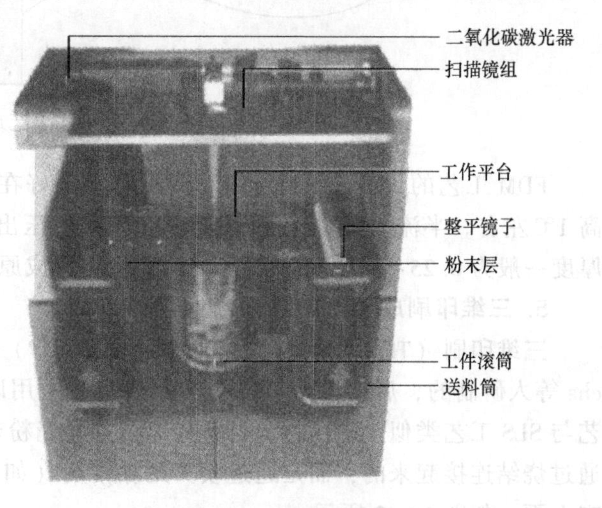


图 13-8 SLS 成形原理

**4. 熔融堆积成形**

Scott Crump 在 1988 年提出了熔融

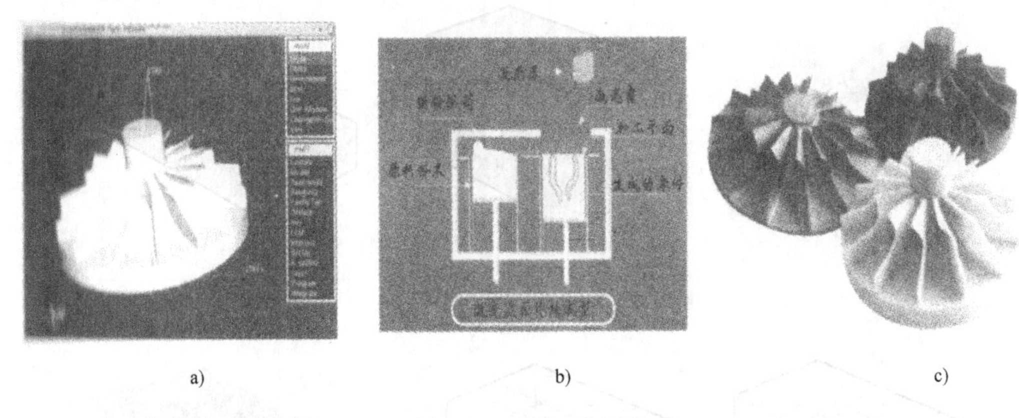

a)　　b)　　c)

图 13-9　SLS 工艺流程

堆积成形（Fused Deposition Modeling，FDM）的思想，1991 年开发了第一台商业机型。熔融堆积成形是一种制作速度较快的快速成形工艺。FDM 成形材料可使用铸造石蜡、尼龙、ABS 塑料，可实现塑料零件无注塑成形制造。

FDM 工艺的成形过程是：直接由计算机控制的喷头挤出热塑性材料堆积成原型的每一薄层；整个模型从基座开始，由上而下逐层生成。FDM 工艺成形原理如图 13-10 所示，FDM 工艺成形零件如图 13-11 所示。

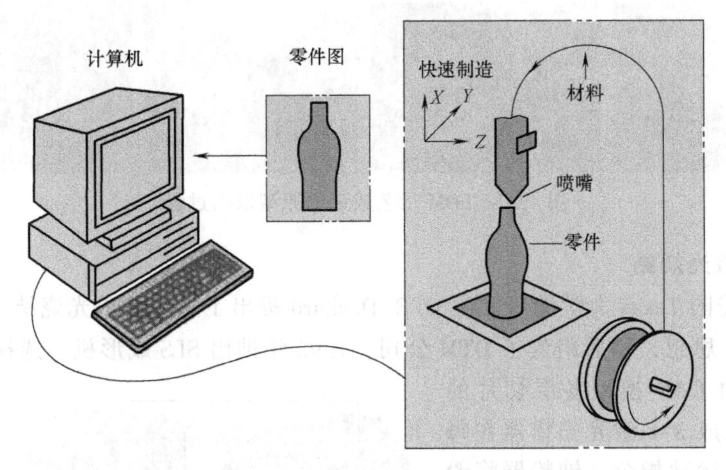


图 13-10　FDM 工艺成形原理

FDM 工艺的关键是保持半流动成形材料刚好在凝固温度点上，通常控制在比凝固温度高 1℃左右。半流动熔丝材料从 FDM 喷嘴中挤压出来，很快凝固，形成精确的薄层。每层厚度一般为 0.25~0.75mm，层层叠加，最后形成原型。

**5. 三维印刷成形**

三维印刷（Three Dimensionnal Printing，3DP）成形工艺是麻省理工学院的 Emanual Sachs 等人研制的，后被美国 Soligen 公司商品化，用以制造铸造用的陶瓷壳体和芯子。3DP 工艺与 SLS 工艺类似，采用粉末材料成形，如陶瓷粉末、金属粉末。所不同的是材料粉末不是通过烧结连接起来的，而是通过喷头用黏结剂（如硅胶）将零件的截面“印刷”在材料粉末上面，如图 13-12 所示。

图 13-11 FDM 工艺成形零件

3DP 工艺的成形原理是将粉末由储料桶送出，再用滚筒将送出的粉末在加工平台上铺一层很薄的原料，喷嘴依照 3D 计算机模型切片后定义出来的轮廓喷出黏结剂，黏着粉末；做完一层，加工平台自动下降，储料桶上升，刮刀由升高了的储料桶上方把粉末推至工作平台并把粉末推平，再喷黏结剂。如此循环，便可得到所有要加工的形状。图 13-13 所示为 3DP 工艺制作的扳手，采用 3DP 技术很容易，且能一次成形，无需装配，真正做到了“天衣无缝”。

由于完成原型制作后，原型件完全被埋没于工作台的粉末中，操作员需小心地把工件从工作台中挖出来，再用气枪等工具吹走原型件的粉末。一般刚成形的原型件本身很脆弱，在压力下会粉碎，所以原型件完成后需涂上一层蜡、乳胶或环氧树脂作为保护层。

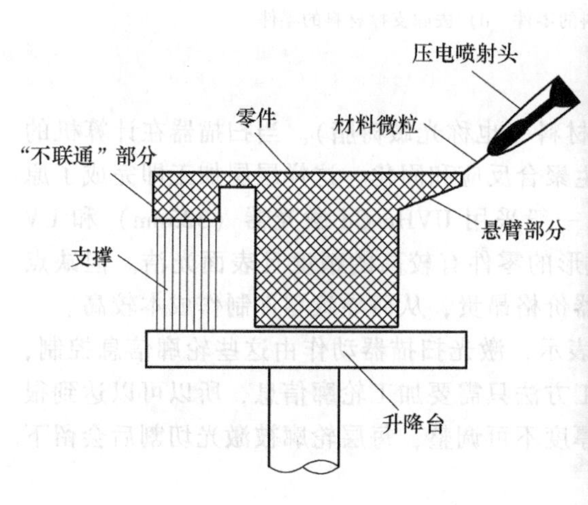


图 13-12 3DP 工艺成形原理

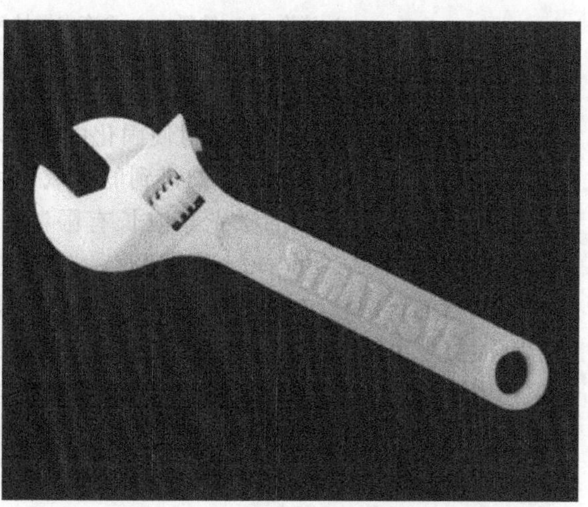

图 13-13 3DP 工艺制作的连环链

### 6. 形状沉积制造

形状沉积制造（SDM）是 Carnegie Mellon 大学的专利，该工艺过程是：把熔融的金属（即基体材料）层层喷涂到基底上，用数控方式铣去多余的材料，每层的支撑材料喷涂到其他区域，再进行铣削；支撑材料可视零件的特征而在基体材料之前或之后喷涂，如图 13-14 所示。

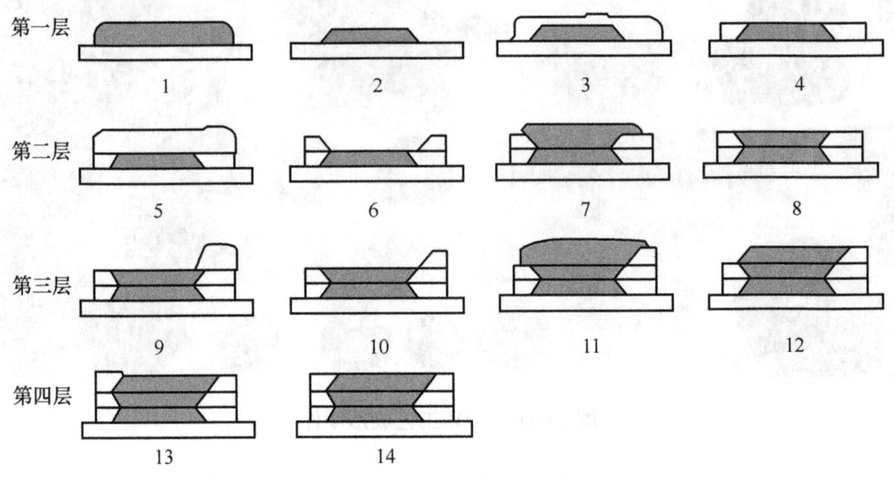


图 13-14 形状沉积制造

SDM 中多余材料的铣削是由一个机械手完成的，其工作方式如图 13-15 所示。

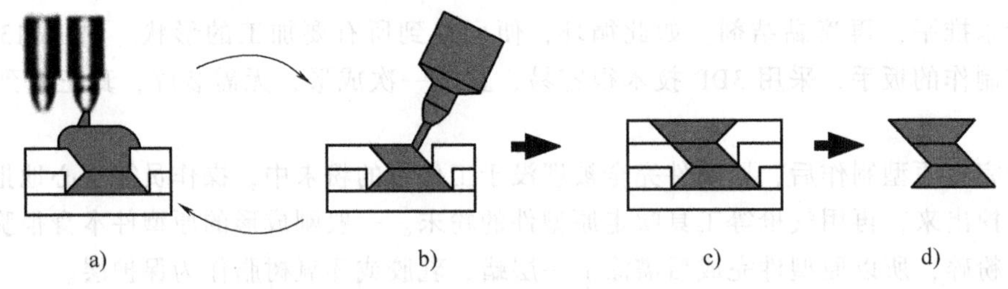


图 13-15 SDM 的工作方式

a）喷涂 b）铣削 c）含有支撑材料的零件 d）去除支撑材料的零件

### 7. RP 各成形工艺比较

SL 工艺使用的是遇到光照射便固化的液体材料（也称光敏树脂）。当扫描器在计算机的控制下扫描光敏树脂液面时，扫描到的区域发生聚合反应和固化，这样层层加工即完成了原型的制造。SL 工艺所用的激光器波长有限制，一般采用 UVHe-Cd 激光器（325nm）和 UV $Ar^+$激光器（351nm，364nm）。采用这种工艺成形的零件有较高的精度且表面光洁。但缺点是可用材料的范围较窄，材料成本较高，激光器价格昂贵，从而导致零件制作成本较高。

LOM 工艺的层面信息通过每一层的轮廓来表示，激光扫描器动作由这些轮廓信息控制，它采用的材料是具有厚度信息的片材。这种加工方法只需要加工轮廓信息，所以可以达到很高的加工速度。其缺点是材料范围很窄，每层厚度不可调整，每层轮廓被激光切割后会留下燃烧的灰烬，且燃烧时有较大的烟雾。

SLS 工艺使用固体粉末材料，该材料在激光的照射下，吸收能量，发生熔融固化，从而完成每层信息的成形。这种工艺的材料适用范围很广，特别是在金属和陶瓷材料的成形方面有独特的优势。其缺点是所形成的零件精度和表面质量较差。

FDM 工艺不采用激光作为能源，而是用电能加热塑料丝，使其在挤出喷头前达到熔融状态，喷头在计算机的控制下将熔融的塑料丝喷涂到工作平台，从而完成整个零件的加工过程。这种方法的能量传输和材料传输均不同于前面的三种工艺，系统成本较低。其缺点是由于喷头的运动是机械运动，速度有一定限制，所以加工时间稍长；成形材料适用范围不广；喷头孔径不可能很小，因此原型的成形精度较低。

3DP 工艺是一种简单的 RP 技术，可配合个人计算机使用，操作简单，速度快，适合办公室环境使用。其缺点是工件表面顺滑度受制于粉末的粒径，所以工件表面粗糙，需用后续处理来改善；原型件结构较松散，强度较低。

## 13.3　快速成形制造的应用

随着 RP 技术的成熟与发展，其在航空航天、汽车、家电、医疗卫生、建筑、工艺品、玩具等各个领域的应用越来越广泛和深入。本节主要介绍 RP 技术在快速模具制造、医疗工程、微机电系统、新产品开发、建筑模型、艺术创作等领域的应用。

### 13.3.1　快速成形技术在快速模具制造中的应用

在快速成形技术领域中，目前发展最迅速、产值增长最明显的应属快速模具制造技术(RT)。快速模具制造技术能够解决大量传统加工方法（如切削加工）难以解决甚至不能解决的问题，可以获得一般切削加工不能获得的复杂形状，可以根据 CAD 模具而无需数控切削加工，直接将型腔曲面制造出来。应用快速成形技术制造快速模具，在最终生产模具开模之前进行新产品试制与小批量生产，可以大大提高产品一次开发的成功率，有效缩短开发时间和节约开发费用，使快速模具制造具有很好的发展条件。

快速模具的制造过程如图 13-16 所示。

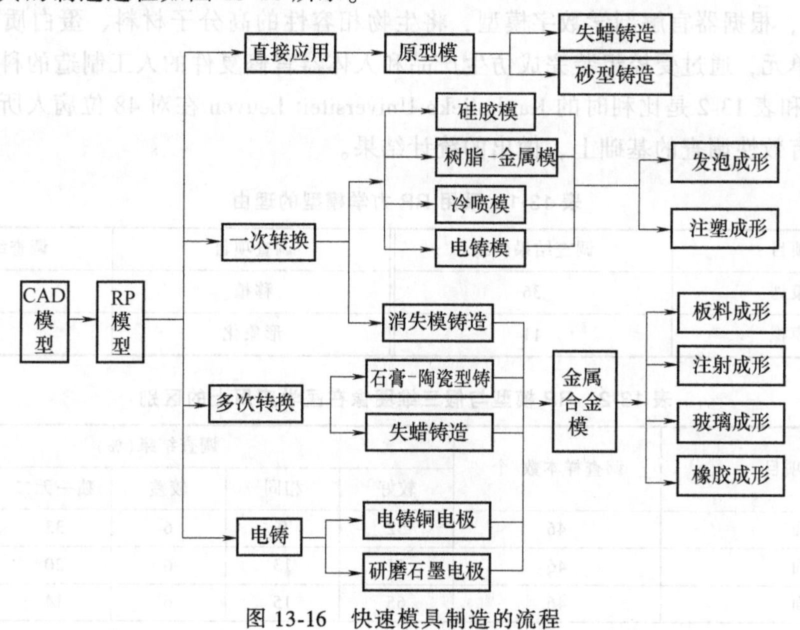


图 13-16　快速模具制造的流程

利用RP技术制造快速模具可以分为直接模具制造（Direct Rapid Tooling，DRT）和间接模具制造（Indirect Rapid Tooling，IRT）两大类。

DRT指的是利用不同的RP工艺直接制造出模具本身，然后进行一些必要的后处理和机加工，以获得模具所要求的力学性能、尺寸精度和表面粗糙度，快速完成模具制造。对于那些需要复杂形状的内流道冷却的注塑模具，采用DRT有着其他办法不能替代的独特优势。

IRT是指通过快速成形技术与传统的模具翻制技术相结合制造模具的方法，即用快速成形零件做母模或过渡模具，再通过传统方法来制造模具。它用快速原型制母模，浇注蜡、硅橡胶、环氧树脂、聚氨酯等软材料构成软模具。例如，金属与环氧树脂的混合材料在室温下呈胶体状，能在室温下浇注和固化，因此特别适合用来复制模具。用这种合成材料制造的注射模，其模具使用寿命可达50~5000件。与DRT相比，IRT由于翻制技术的多样性，可以根据不同的应用要求，使用不同复杂程度的成本和工艺，一方面可以较好地控制模具的精度、表面质量、力学性能与使用寿命，另一方面也可以满足经济性的要求。

## 13.3.2 快速成形技术在医疗工程中的应用

RP技术在医疗领域主要用于医疗诊断和外科手术策划，它能有效地提高诊断和手术水平、缩短时间、节省费用。

RP医学模型的应用主要体现在以下几个方面：

1）为诊断、治疗和教学提供直观、能触摸的信息记录，利于深入研究，从而使手术操作者之间、内科和外科医生之间、医生和病人之间的交流更方便。

2）用于复杂外科手术的策划，这些手术往往需要在三维模型上进行操练。例如，对于复杂的额面外科手术，术前需要用与病人头颅同样大小的模型进行手术演练，以便进行手术前的各项策划，这可以显著增强医生的信心，减少实操时间。

3）用于手术前制作移植物的阴模或母模。另外，目前用RP技术制作人骨已成为很多科技及医学工作者的共识。这就引发了一个新的研究领域——生物制造。生物制造是基于离散/堆积原理，根据器官解剖学数字模型，将生物相容性的高分子材料、蛋白质和细胞等微滴甚至分子单元，通过受控组装完成仿生产品和人体器官修复件的人工制造的科学与技术。

表13-1和表13-2是比利时的Kattholieke Universiteit Leuven在对48位病人所用的快速成形医学模型有效性调查的基础上，做出的统计结果。

表13-1 采用RP力学模型的理由

| 调查项目 | 调查结果(%) | 调查项目 | 调查结果(%) |
|---|---|---|---|
| 手术策划 | 36 | 移植 | 7 |
| 手术模拟 | 11 | 形象化 | 46 |

表13-2 RP模型与假三维图像在医学应用上的区别

| 调查项目 | 调查样本数/个 | 调查结果(%) | | | | |
|---|---|---|---|---|---|---|
| | | 较好 | 相同 | 较差 | 独一无二 | 好得多 |
| 在病理探查方面 | 46 | 52 | 9 | 6 | 33 | — |
| 在病变定域方面 | 46 | 61 | 13 | 6 | 20 | — |
| 在病变扩散方面 | 46 | 65 | 15 | 6 | 14 | — |

（续）

| 调查项目 | 调查样本数/个 | 调查结果(%) | | | | |
|---|---|---|---|---|---|---|
| | | 较好 | 相同 | 较差 | 独一无二 | 好得多 |
| 在鉴别诊断方面 | 48 | 33 | 61 | 6 | 0 | — |
| 在评估骨移植物的尺寸方面 | 17 | 35 | 18 | 6 | — | 41 |
| 在评估骨移植物的形状方面 | 16 | 12 | 25 | 0 | — | 63 |
| 在评估骨移植物的定位方面 | 15 | 27 | 27 | 0 | — | 46 |

### 13.3.3 微机电系统快速成形技术

应用快速成形技术制作微电机系统中的三维微结构已经成为RP系统及微机电系统领域的研究方向之一。以下简要介绍快速成形技术在微机电系统中的应用。

在一个衬底上将传感器、信号处理器、执行器组装起来，构成微电子机械系统，是人们很早以来的愿望。但是由于该种微型系统涉及微电子、微机械、微光学、新型材料、信息与控制，以及物理、化学、生物等多学科，并集约了多种高新技术成果，因此只有当相关学科和技术发展到一定阶段时，才有可能真正实现这种集成的微电子机械系统。

微机电系统是微电子技术、精密机械加工技术等的拓展和延伸。该技术的发展开辟了一个全新的研究领域和应用产业。它们具有许多传统传感器无法比拟的优点，因此在航空、航天、汽车、生物医学、环境监控、军事以及几乎人们接触到的所有领域中都有着十分广阔的应用前景。

微机电系统具有微型化、集成化、多学科交叉化的特点。快速成形技术在制作微机电系统结构件方面的长处在于：三维成形能力强，理论上可制备任意复杂的形状；其他技术难以成形的腔、弯曲流体回路、螺旋桨等流线型曲面都可以由此技术制作；在生产批量方面与集成电路工艺互补，RP能自动获取数据和成形，加工周期只有几小时，设备投资小，特别适合小批量制作；不需单独转配工序就能制作可运动的机构。

微机电系统的各种微细加工技术比较见表13-3。

**表13-3 微机电系统的各种微细加工技术的比较**

| 加工技术 | 加工材料 | 批量生产 | 集成化 | 加工自由度 | 加工厚度 | 加工精度 |
|---|---|---|---|---|---|---|
| 硅表面微加工 | 多晶硅等的薄膜 | 好 | 好 | 2维 | 数μm | ~0.2μm |
| 体硅微加工 | 单晶硅、石英 | 较好 | 较好 | 3维 | 500μm | ~1μm |
| 硅片蚀除工艺 | 单晶硅 | 好 | 较好 | 2维 | 20μm | ~0.2μm |
| LIGA工艺 | 金属、塑料、陶瓷 | 较好 | 稍差 | 2.5维 | 1mm | ~0.1μm |
| 集束加工 | 金属、半导体、塑料 | 较好 | 稍差 | 3维 | 100μm | ~1μm |
| 激光加工 | 金属、半导体、塑料 | 稍差 | 稍差 | 3维 | 100μm | ~1μm |
| 微型放电加工 | 金属等导电性材料 | 稍差 | 不可 | 3维 | 数mm | ~1μm |
| 扫描隧道显微镜加工 | 原子 | 不可 | — | 2维 | 单原子水平 | — |
| 光固化工艺 | 光敏树脂 | 差 | 稍差 | 2.5维 | 数μm | ~1μm |

### 13.3.4 快速成形技术在其他领域的应用

（1）新产品开发　新产品开发过程中，需要做多个产品模型作为测试之用，如造型设计评估、功能测试、组装测试及安全测试等，RP在这些方面的优势非常明显。设计工程师只需要在三维CAD图上做出修改，便能及时制造出样品，以进一步测试。

图 13-17　RP技术制作的建筑模型

快速成形技术制作的原型在新产品开发中的应用主要体现在以下几个方面：外形设计、检查设计质量、功能检测、手感、装配干涉检验、供货询价及用户评价、反求工程等。

（2）建筑模型　在建筑设计上，美学和工程是两个需要考虑的主要问题，模型设计和制造是建筑设计中不可或缺的环节。实体模型除了可令客户更了解建筑物的具体设计外，更可用作各方面的测试，如光线测试、可承受风力测试等。以往建筑工程师在设计完成后，便要考虑如何把设计实体化。但有了RP技术后，无论他们的设计有多复杂，也能很快被制造出来，图13-17所示的模型是用RP技术制作的建筑模型图。

（3）艺术创作　艺术品是根据设计者的灵感、构思设计加工出来的。随着计算机技术的发展，新一代的艺术家及设计师，不需要整天埋头于工作间，亲手造出艺术作品来。他们现在可以安坐家中，用CAD软件创造出心目中的艺术品，然后再用快速成形技术把艺术品一次性制作出来，可以极大地简化艺术创作和制造过程，降低成本，更快地推出新作品。图13-18所示的几个模型就是用RP技术制作的艺术品。

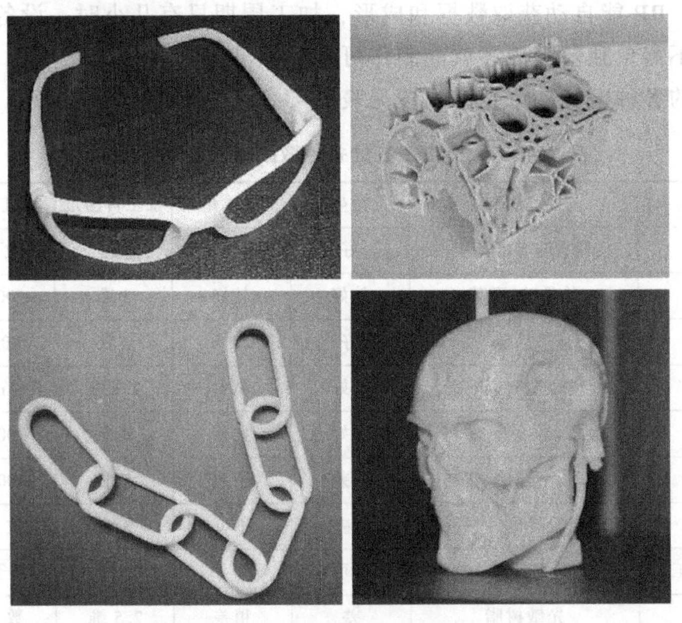

图 13-18　RP技术制作的艺术品

## 复习思考题

1. 按成形方法分的快速成形工艺技术有哪两大类？分别都包括什么？

2. 利用 RP 技术制造快速模具有哪几类？分别适用于什么情况？

3. SL 工艺都有哪几种？简述其成形过程。

4. 图 13-19 所示为什么工艺成形方法？在这一步骤结束后应进行什么操作，目的是什么？

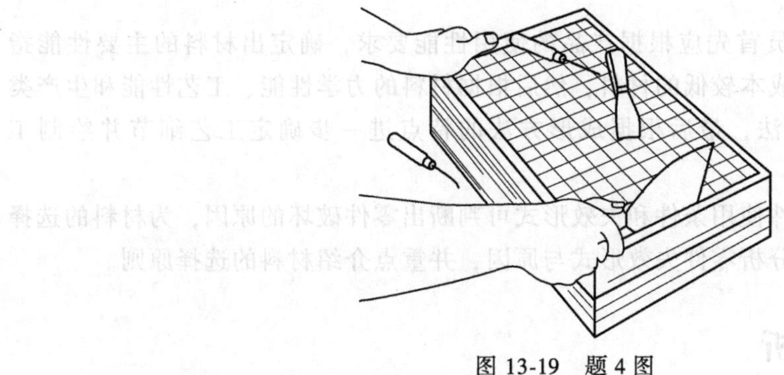

图 13-19　题 4 图

5. 简述 SLS 工艺的流程和 FDM 工艺的成形过程。

6. 为什么 3DP 工艺制作成形的原型十分脆弱，怎么解决？

# 第14章　工程材料的选择

在一般情况下，设计人员首先应根据产品的使用性能要求，确定出材料的主要性能指标，选择符合性能指标并且成本较低的材料，然后根据材料的力学性能、工艺性能和生产类型、生产条件等确定成形方法，最后根据成形方法的特点进一步确定工艺细节并绘制工艺图。

在实际生产中，根据零件使用条件和失效形式可判断出零件破坏的原因，为材料的选择提供一定依据。本章将简要分析零件失效形式与原因，并重点介绍材料的选择原则。

## 14.1　零件的失效分析

### 14.1.1　失效的概念

零件的失效是指零件的使用性能不能满足设计的要求。

零件失效的具体表现有三种情况：

（1）完全破坏，不能继续工作　如车轴断裂，发动机曲轴断裂等。

（2）严重损伤，不能安全工作　如锅炉安全阀失效、车辆制动装置失灵等。

（3）虽能安全工作，但使用效果较差　如发动机活塞与液压缸之间的间隙过大，动力下降，油耗增加。

### 14.1.2　失效的类型

根据零件工作失效的特点，失效的形式可分为如下三种类型：

**1. 过量变形**

当零件发生过量弹性或塑性变形时，会影响零件的自身位置和零件之间的配合关系，导致不能正常工作而失效。如车床的主轴如果发生过量弹性变形，会引起振动，影响工件的加工精度；车辆上的弹簧如果发生过量塑性变形会失去弹性。防止零件发生过量变形的主要指标是采用的材料应具有足够的弹性极限。

**2. 断裂**

断裂分为韧性断裂、脆性断裂和疲劳断裂。韧性断裂是指零件在断裂前发生了明显的塑性变形，断口呈暗灰色纤维状。脆性断裂断口平齐，有金属光泽，呈结晶状，如灰铸铁的断裂。为防止断裂，一般要求材料有较高的抗拉强度、疲劳强度和韧性。疲劳断裂是零件在循环交变载荷作用下产生微裂纹而引起断裂，断裂时的应力往往低于材料的屈服强度，无论韧性材料还是脆性材料，断裂前都没有明显的塑性变形。断裂往往造成严重事故，必须防止。

**3. 表面损伤**

表面损伤包括表面磨损和腐蚀。表面磨损会造成材料的损耗，使零件的尺寸和表面状态发生变化。如火车轮毂与钢轨、滚动轴承的滚珠与内外圈、齿轮表面的磨损。腐蚀是金属表层在周围介质化学作用或电化学作用下遭到破坏。腐蚀会减小零件的有效截面积并产生应力集中，使金属的强度、韧性、塑性等降低，影响设备的使用寿命和可靠性。

为防止表面损伤一般要求零件表面耐磨性好、抗疲劳、耐蚀性好等。重要的金属零件往往需要进行表面处理。

## 14.2 机械零件材料选择的一般原则

正确选择工程材料是从事机械设计与制造的工程技术人员必需具备的基本技能。合理选择工程材料不仅可以保证产品的质量，而且可以简化成形工艺，提高经济效益。机械零件材料的选择应考虑以下原则。

### 14.2.1 使用性能原则

使用性能主要指零件在使用状态下的力学性能、物理性能和化学性能。零件使用性能的确定与零件的失效形式有密切联系。使用性能是保证零件在使用状态下完成规定功能的必要条件，如果材料使用性能不能满足使用要求，零件往往会过早失效，轻者不能完成规定功能，严重者造成安全事故。因此满足使用性能原则是选材的基本原则。

例如，齿轮、主轴、连杆、螺栓等受力复杂的零件，要求其具有较好的综合性能。当载荷和转速不高时，往往选用45、50中碳调制钢，承受的载荷较大时选用40Cr、42CrMo、20CrMnTi等合金调制钢制造；车辆用弹簧，要求弹性极限高，并具有足够的韧性，常选用60Si2Mn弹簧钢制造；钢轨要求耐磨、高强度，并具有一定韧性，一般采用P71、P74钢轨钢制造。铁路车辆，为提高使用寿命，目前大量采用09CuPTi 、09CuPTiXt等耐大气腐蚀钢代替原先使用的碳素结构钢；曲轴的主要失效形式为疲劳断裂，采用球墨铸铁代替原来常用的调制钢锻件，不仅满足使用要求，而且降低成本。

当零件在特殊工作环境下工作时，还要考虑温度、介质等因素，选择非金属材料和复合材料。例如：当工作温度超过1000℃，应选用陶瓷或难熔金属（如钨、钼、钽等）；当介质腐蚀性强而受力较小时，可选用塑料或复合材料。

### 14.2.2 工艺性原则

材料的工艺性能是材料适应加工方法的能力。工艺性能的好坏与材料本身和成形方法有关，工艺性能好，可方便、经济地加工成形。在选材时，工艺性能原则的地位仅次于使用性能原则。如果几种不同的材料都能满足使用性能要求，应选择工艺性能好的材料。

例如：铸造材料，应选用接近共晶成分的合金，减少铸件缺陷，提高铸件质量；锻造材料，应选用塑性好、屈服强度低的合金；焊接材料，尽量选用低碳钢和低合金钢。

### 14.2.3 经济性原则

经济性原则也是选材的重要原则之一，经济性原则是要求在满足使用要求的前提下，尽量降低产品总成本，提高经济效益。

在产品总成本中，材料本身成本占有较大比例（一般为30%~70%），因此应尽量选用质优价廉的材料。如常用材料中铸铁和普通碳素钢价格较低，则其为首选材料。工程塑料、复合材料的比强度大，其单位体积的成本比一般钢铁材料要低，而且还具有某些特殊性能，应用越来越多。又如用聚甲醛代替锡青铜生产铣床上的螺母；用尼龙代替45钢生产车床上的传动齿轮；用塑钢代替铝合金生产门窗，使用效果良好。

此外，从经济性角度出发，还要考虑材料利用率、加工费用、管理等方面对产品成本的影响。

## 14.3 定量选材方法简介

选择材料的过程中会遇到大量的数据，定量方法是以某些具体的数据为依据进行计算、比较，得到最佳材料。定量方法选择材料直接、明确，而且可以比较容易地利用计算机从数据库或信息检索设备中自动选择。

### 14.3.1 单位性质成本法

单位性质成本法用于估算不同材料达到某一性能要求所需的费用。

单位抗拉强度成本计算公式为：

$$C=\frac{P_{\mathrm{m}}\times\rho}{R_{\mathrm{m}}}$$

式中 $C$——单位性质成本；

$P_{\mathrm{m}}$——材料成本和加工成本之和；

$\rho$——材料密度；

$R_{\mathrm{m}}$——抗拉强度。

$C$值小，表示单位抗拉强度下材料成本低，并且质量轻，为优先选择的材料。

单位性质成本法的不足在于只把一个性质当作主要依据，忽略了其他性质，而在实际情况下，对材料性质的要求往往不止一个。

### 14.3.2 加权性质法

加权性质法是根据材料每种性质的重要程度，分配一定的加权值，材料性能的数值乘以加权因子$\alpha$即得出材料的性能指数$\gamma$，$\gamma$值最高的材料即是最好的材料。为了把不同量纲的性质统一起来，引入定标因子，把材料的真实性质数值转化为无量纲数值。某种性质的定标值$\beta$计算方法为：

$$\beta=\frac{\text{材料真实性数值}\times 100}{\text{一组材料中该性质最高数值}}$$

当评定一组性质总数为$n$的材料时，每次考虑一个性质，该性质最好的材料定标值为

100，其他材料的定标值$\beta$由上式得出，则材料的性能指数$\gamma$为：

$$\gamma = \sum_{i=1}^{n} \alpha_i \beta_i$$

例如，轴类零件的选材。部分轴类零件材料性能及定标值见表14-1，不同工作条件下的加权因子见表14-2。

**表14-1　部分轴类零件材料性能及定标值β**

| 材料 | 屈服强度/MPa | $\beta$ | 疲劳强度/MPa | $\beta$ | 硬度HRC | $\beta$ | 韧性/J $A_K$ | $\beta$ | 成本指数 |
|---|---|---|---|---|---|---|---|---|---|
| 35 | 320 | 38 | 232 | 44 | 50 | 85 | 55 | 100 | 100 |
| 45 | 745 | 88 | 463 | 88 | 55 | 93 | 39 | 71 | 90 |
| 40Cr | 800 | 94 | 485 | 92 | 55 | 93 | 47 | 85 | 70 |
| 40CrNi | 800 | 94 | 485 | 92 | 55 | 93 | 55 | 100 | 40 |
| 20CrMnTi | 850 | 100 | 525 | 100 | 59 | 100 | 55 | 100 | 20 |
| QT600-3 | 420 | 50 | 215 | 41 | 55 | 93 | | | 100 |

**表14-2　不同工作条件下的加权因子α**

| 性能 | 较小冲击 | 较大冲击 | 性能 | 较小冲击 | 较大冲击 |
|---|---|---|---|---|---|
| 屈服强度 | 0.20 | 0.10 | 韧性$A_K$ | 0 | 0.40 |
| 疲劳强度 | 0.15 | 0.10 | 成本 | 0.30 | 0.15 |
| 硬度HRC | 0.35 | 0.25 | | | |

根据加权性质法，评定结果见表14-3。

**表14-3　轴类材料的评定结果**

| 材　料 | 较小冲击 | | 较大冲击 | |
|---|---|---|---|---|
| | $\gamma$ | 优先权次 | $\gamma$ | 优先权次 |
| 35 | 37.95 | 6 | 84.45 | 4 |
| 45 | 90.35 | 1 | 82.75 | 5 |
| 40Cr | 86.15 | 2 | 86.35 | 3 |
| 40CrNi | 77.15 | 4 | 87.85 | 2 |
| 20CrMnTi | 76 | 5 | 88 | 1 |
| QT600-3 | 78.5 | 3 | — | |

由表14-3可见，对于承受弯曲、扭转载荷而冲击较小的轴，45钢是首选材料，40Cr、QT600-3次之。在实际生产中，由于45钢锻造成本较高，也可选用QT600-3。对于承受较大冲击载荷的轴，20CrMnTi最好，40CrNi次之。

## 复习思考题

1. 零件的失效有哪些类型？其原因是什么？如何防止？
2. 简述材料选择的一般原则。
3. 简述加权分析法选材的步骤。

# 第15章 材料成形方法的选择

一般情况下，零件材料确定后，成形方法也就基本确定了，如铸造材料应选用铸造成形；薄板材料应选用冲压成形；塑料件可选用注塑成形；陶瓷则应选用压制、烧结成形。但往往一种材料可由一种或几种不同成形方法来加工成形，每一种成形方法又有不同的工艺措施，成形工艺选择是否合理，将影响产品质量、经济效益和生产率。

本章将重点讲述材料成形方法选择的依据，并以实际产品为例较为详细地进行分析。

## 15.1 材料成形方法选择依据

选择材料成形方法的原则是“优质、高效、低成本”，具体来说，主要应考虑下列因素。

### 15.1.1 零件性能

**1. 零件的使用性能**

零件的使用性能不但是选材的主要依据，而且还是选择成形方法的主要依据。

例如材料为45钢的齿轮零件，当其力学性能要求一般时，可采用铸造成形工艺生产铸钢件；而力学性能要求高时，则应选择压力加工成形工艺，使零件具有均匀细小晶粒的再结晶组织，并且可以合理利用流线，综合力学性能好。汽车齿轮要承受冲击载荷，要求轮齿材料具有更好的塑性、韧性，一般选用合金渗碳钢20CrMnTi等材料，闭式模锻成形，并且还要进行表面硬化处理。

当零件要求耐蚀、耐磨、耐热等特殊性能时，应根据不同材料选择不同成形方法。如耐酸泵的叶轮、壳体等零件，若选用不锈钢制造，则只能用铸造成形；如选用塑料，则可用注塑成形；如要求其既耐蚀又耐热，那么就应选用陶瓷材料，并相应选用注浆成形工艺等。

**2. 材料的工艺性能**

材料的工艺性能也是决定成形方法的主要因素。例如：铁路道岔，材料为Mn13，一般采用砂形铸造；而飞机发动机叶片，材料为镍基耐热合金，铸造性能很差，需采用熔模铸造；有色金属的焊接宜选用氩弧焊工艺，而不宜用普通的焊条电弧焊；工程塑料中的聚四氟乙烯，尽管它也属于热塑性塑料，但因其流动性差，故不宜采用注塑成形工艺，而只宜采用压制加烧结的成形工艺。

### 15.1.2　零件的形状和精度

#### 1. 零件的形状和尺寸

常见机械零件按其结构形状特征和功能，可以分为轴杆类、饼块盘套类、机架箱体类等。轴杆类、饼块盘套类零件形状较为简单，金属零件可采用塑性成形、焊接成形；塑料件可采用吹塑成形、挤出成形或模压成形，陶瓷制品多用模压成形工艺。机架箱体类零件往往具有复杂内腔，对金属零件一般需选择铸造成形；形状复杂的工程塑料制品多选用注塑成形；形状复杂的陶瓷制品多选用注浆成形。

#### 2. 零件精度

不同的成形方法所能达到的精度等级是不同的，应根据零件的精度要求选择经济合理的成形方法。若产品为铸件，则尺寸精度要求不高的可采用普通砂形铸造；而尺寸精度要求较高的，可选用熔模铸造、压力铸造及低压铸造等成形工艺。若产品为锻件时，则尺寸精度要求低的多采用自由锻造成形；而精度要求较高的则选用模锻成形、挤压成形等工艺。若产品为塑料制件时，则精度要求低的多选用中空吹塑工艺；而精度要求高的则选用注塑成形工艺。

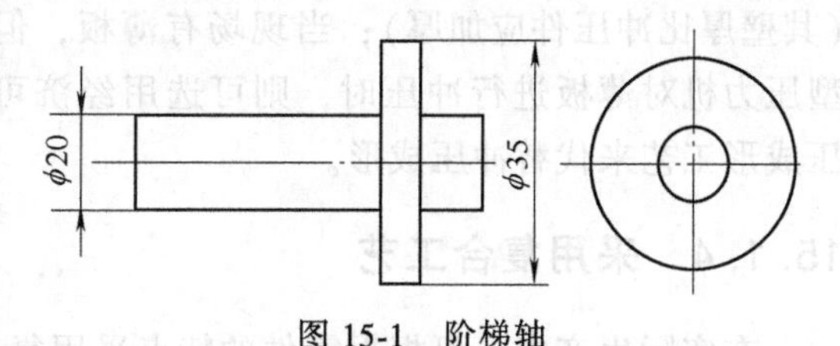

图 15-1　阶梯轴

例如，图 15-1 所示的阶梯轴，其形状特点是带有局部凸起，如果力学性能和精度要求较高，应采用模锻或压力机上模锻；如果要求不高，生产数量较少，可采用图 15-2 所示的加工过程，即先采用圆钢加工出轴，再加工出套环，最后焊接成形。

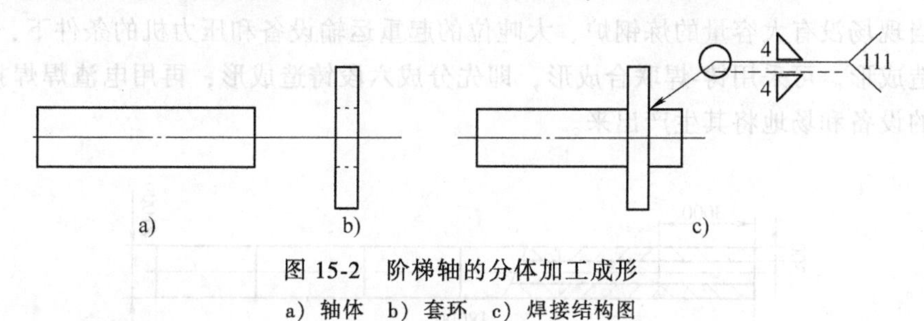

图 15-2　阶梯轴的分体加工成形

a）轴体　b）套环　c）焊接结构图

### 15.1.3　生产类型和生产条件

#### 1. 生产类型

生产类型一般根据零件年产量不同分为单件小批生产、成批生产和大批量生产。

一般来说，在单件小批量生产中，应选择常用材料，通用设备和工具，精度、生产率较低的生产方法。这样，毛坯的生产周期短，能节省生产准备时间和工艺装备的设计制造费用。铸件应优先选用灰铸铁和手工砂型铸造方法，对于锻件应优先选用碳素结构钢和自由锻造方法；选用低碳钢材料和焊条电弧焊方法制造焊接结构毛坯。

在大批量生产中，应选择专用材料，专用设备和工具，高精度、高生产率的生产方法。虽然专用材料和工艺装备增加了费用，但材料用量和切削加工量会大幅度下降，总的成本也比较低，生产率和精度较高。对于有色合金铸件，应优先选用金属型铸造、压力铸造及低压铸造；如大批大量生产锻件时，应选用模锻、冷轧、冷拔及冷挤压等成形工艺；大批量生产尼龙制件，宜选用注塑成形工艺；对于焊接结构，应优先选用低合金高强度结构钢材料和机械化焊接方法。

例如，重型机械的大齿轮，生产批量较小，采用焊接结构毛坯比较经济；而机床传动齿轮生产批量大，精度质量要求也较高，则应选择模锻成形。

**2. 生产条件**

生产条件是指生产产品的设备能力，人员技术水平等。只有实际生产条件能够实现的生产方案才是合理的方案。

例如：车床上的油盘零件（见图 15-3），通常该件是用薄钢板在压力机下冲压成形的，但如果现场条件不够，既没有薄板材料，也没有大型压力机对薄板进行冲压时，则不得不采用铸造成形来生产油盘件（其壁厚比冲压件应加厚）；当现场有薄板，但没有大型压力机对薄板进行冲压时，则可选用经济可行的旋压成形工艺来代替冲压成形。

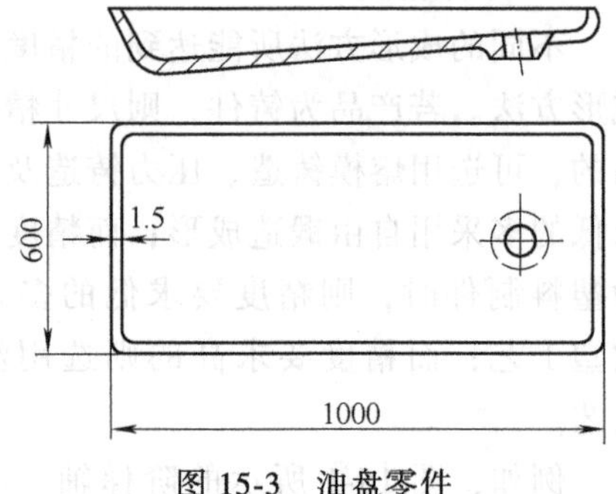

图 15-3　油盘零件

### 15.1.4　采用复合工艺

在实际生产中，可根据零件的特点采用复合工艺，如铸-焊、锻-焊、冲-焊等，简化生产工艺，提高经济效益。

例如：生产如图 15-4 所示的万吨水压机立柱（长 1800mm，质量为 80t），对这样一件重型产品，当现场没有大容量的炼钢炉、大吨位的起重运输设备和压力机的条件下，很难整体铸造或锻造成形。可采用铸-焊联合成形，即先分成六段铸造成形，再用电渣焊焊接成整体，可用较小的设备和场地将其生产出来。

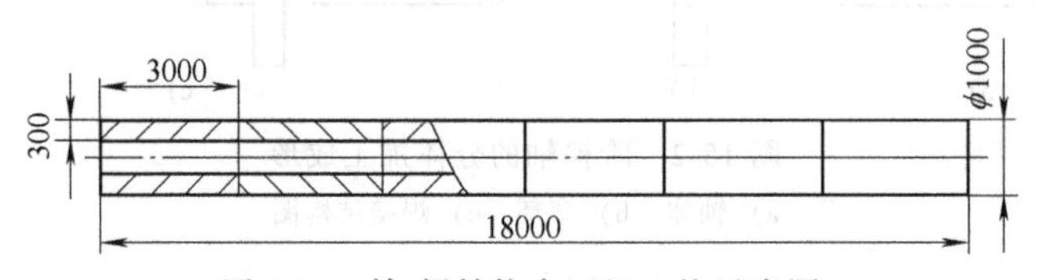

图 15-4　铸-焊结构水压机立柱示意图

图 15-5 所示的磨床顶尖，如果整体采用高速钢锻造成形，不仅材料成本高，而且高速钢锻造性能较差，淬火时容易变形和产生裂纹。如果尖头部分采用少量硬质合金或高速钢制造，柄部采用锻造性能良好的 45 钢锻造成形，然后将两部分焊接成整体，则既能满足使用要求，又可提高经济效益。

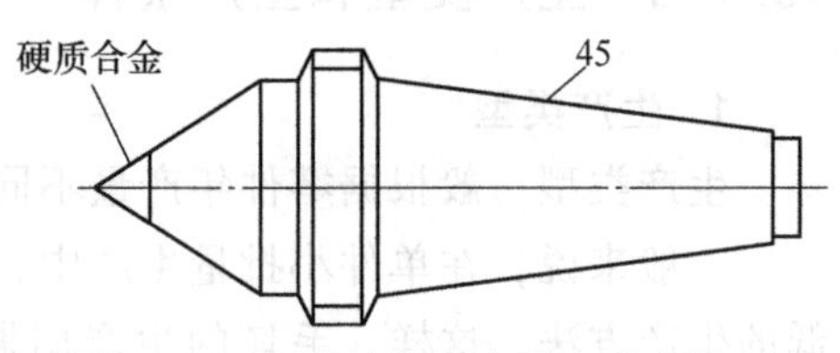

图 15-5　锻-焊结构磨床顶尖示意图

### 15.1.5　充分利用新材料、新技术和新工艺

随着工业市场的需求日益增大，用户对产品品种和质量更新的要求越来越高，扩大了新

工艺、新技术和新材料的应用范围，生产类型由大批大量变为多品种、小批量生产。因此，为了缩短生产周期，更新产品类型，提高产品质量，增强产品市场竞争能力，在可能的条件下应大量采用新材料，并采用精密铸造、精密锻造、精密冲裁、冷挤压、液态模锻、超塑成形、注射成形、粉末冶金、陶瓷等静压成形、复合材料成形等新技术、新工艺。

在实际生产中，上述各方面应该综合考虑，根据实际情况确定最佳成形方法。

## 15.2 材料成形方法选择举例

### 15.2.1 发动机排气阀

发动机排气阀如图 15-6 所示。其材料为耐热钢，结构特点是头部尺寸 $D$ 较大。试分析在不同生产条件下的成形方法。

根据零件性能要求和零件特点，采用的成形方法为压力加工。根据设备和原材料不同，可采用以下工艺：

**1. 胎模锻成形**

将直径大于 $d$ 的坯料加热后，在空气自由锻锤上拔长杆部，然后用胎模锻镦粗头部。

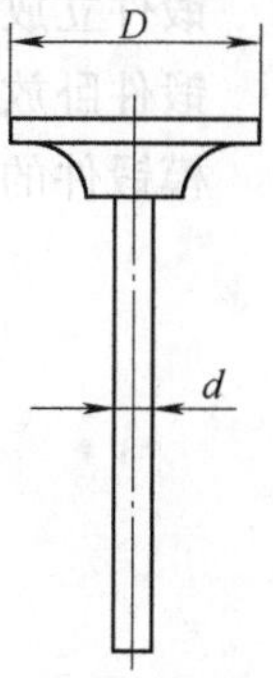

**2. 平锻机上模锻成形**

将直径等于 $d$ 的坯料在平锻机上进行多次头部局部镦粗，然后终锻成形。

**3. 摩擦压力机成形**

将直径等于 $d$ 的坯料头部电加热镦粗，然后在摩擦压力机上成形。

图 15-6 发动机排气阀

**4. 热挤压成形**

将直径大于 $d$ 的坯料挤压杆部至 $d$，然后将头部闭式镦粗成形。

上述方法中，胎模锻成形劳动强度大，生产率低，适合小批生产。平锻机模锻成形需多次预成形，且设备和模具昂贵，适合于大批量生产。摩擦压力机成形采用电加热局部镦粗，镦粗效果好，并可采用通用夹具，适合中小批量生产。热挤压成形的优点是坯料在三向压力下变形，产品内部质量高且废品率低。

目前，轿车上使用的高转速（5000~6000r/min）发动机的排气阀都采用热挤压成形。

### 15.2.2 承压液压缸毛坯

承压液压缸如图 15-7 所示，液压缸材料为 45 钢，工作压力为 15MPa，要求水压试验压力为 3MPa，年产量 200 件。两端法兰接合面及内孔要求切削加工，加工表面不允许有缺陷，其余外圆面不加工。现就承压液压缸毛坯的成形方法作如下分析：

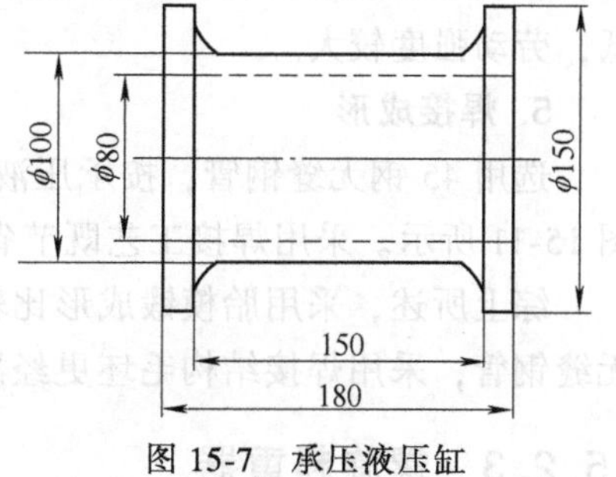


图 15-7 承压液压缸

**1. 圆钢切削加工**

采用 45 钢 ϕ150mm 棒料，经切削加工成形，产品可全部通过水压试验，但材料利用率低，切削余量较大，生产成本高。

2. 砂型铸造

选用砂型铸造成形，可以水平浇注或垂直浇注，如图 15-8 所示。

水平浇注时在法兰顶部安置冒口。该方案工艺简便、节省材料、切削加工余量小，但内孔质量较差，水压试验的合格率低。

垂直浇注时在上部法兰安置冒口，下部法兰处安置冷铁，使之定向凝固。该方案提高了内孔的质量，但工艺比较复杂，也不能全部通过水压试验。

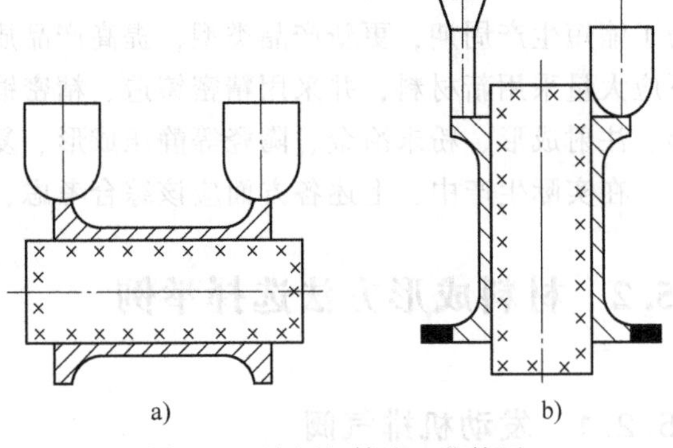


图 15-8 液压缸铸造工艺简图

a) 水平浇注 b) 垂直浇注

3. 模锻

选用模锻成形，锻件在模膛内有立放、卧放之分，如图 15-9 所示。

锻件立放时能锻出孔（有连皮），但不能锻出法兰，外圆的切削加工余量大。

锻件卧放时，能锻出法兰，但不能锻出孔，内孔的切削加工余量大。

模锻件的质量好，能全部通过水压试验，但需要模锻设备和模具，生产成本高。

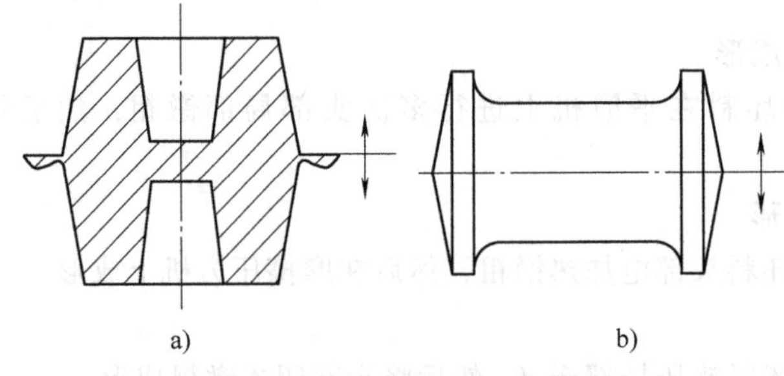


图 15-9 液压缸模锻工艺简图

a) 立放 b) 卧放

4. 胎模锻

胎模锻件如图 15-10 所示。胎模锻件可选用 45 钢坯料在空气锤上经镦粗、冲孔、带心轴拔长等自由锻工序完成初步成形，然后在胎模内带心轴锻出法兰，最终成形。与模锻相比，胎模锻既能锻出孔又能锻出法兰，设备简单，锻件能全部通过水压试验。但生产率较低，劳动强度较大。

5. 焊接成形

选用 45 钢无缝钢管，按承压液压缸尺寸在其两端焊上 45 钢法兰得到焊接结构毛坯，如图 15-11 所示。采用焊接工艺既节省材料又简化工艺，但难找到合适的无缝钢管。

综上所述，采用胎模锻成形比较好，产品能满足使用要求，且成本较低。但若有合适的无缝钢管，采用焊接结构毛坯更经济方便。

### 15.2.3 螺旋起重器

螺旋起重器在检修车辆时经常使用，用起重器将车架顶起，以便更换轴承和轮胎等。其

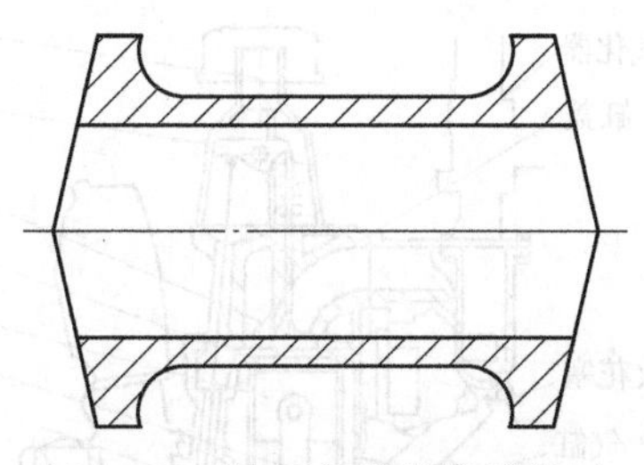

图 15-10 液压缸胎模锻锻件图

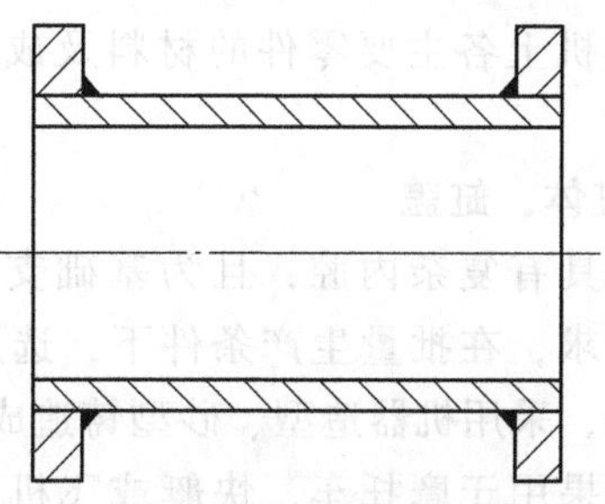

图 15-11 液压缸焊接结构图

结构如图 15-12 所示，起重器的支座 1 上装有螺母 3，工作时转动手柄 5 带动螺杆 2 在螺母 3 中转动并上升，推动托杯 4 顶起重物。起重器主要零件的成形方法选择分析如下：

**1. 支座**

支座是起重器的基础零件，承受静压应力。支座具有锥度及内腔，结构形状较复杂，宜选用 HT200 材料，铸造成形。

**2. 螺杆**

螺杆工作时沿轴线方向承受压应力，螺纹承受弯曲应力及摩擦力，受力情况比较复杂。螺杆结构形状比较简单，宜选用 45 钢材料锻造成形。

**3. 螺母**

螺母工作时的受力情况与螺杆类似，但为了保护比较贵重的螺杆，宜选用较软的材料青铜 ZCuSn10Pb1，铸造成形，螺母的孔直接铸出。

**4. 托杯**

托杯直接支持重物，承受压应力，且具有凹槽和内腔，结构形状较复杂，宜选用 HT200 材料及铸件毛坯。

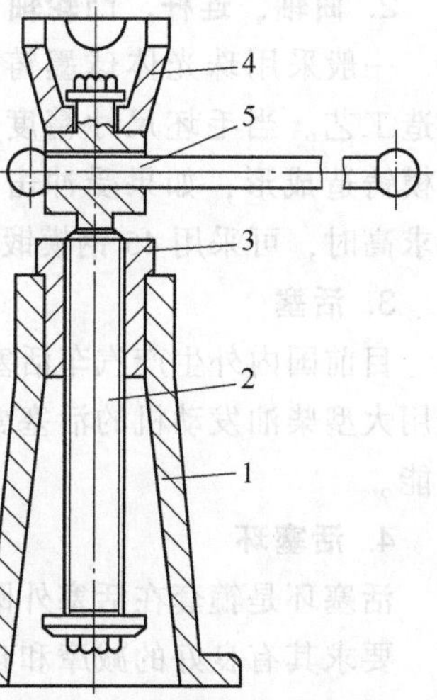

图 15-12 螺旋起重器示意图

1—支座 2—螺杆 3—螺母

4—托杯 5—手柄

**5. 手柄**

手柄工作时承受弯曲应力，受力不大且结构形状简单，可直接在 Q235A 圆钢上截取。

### 15.2.4 小型汽油发动机

小型汽油发动机如图 15-13 所示。其主要支承件是缸体和缸盖。缸体内有气缸，缸内有活塞（其上带活塞环及活塞销）、连杆、曲轴及轴承；缸体的右侧面有凸轮轴；背面有离合器壳、飞轮（图中未画出）等；缸体底部为油底壳。缸盖顶部有进、排气门，挺杆，摇臂，机油滤清器；右上部为配电器；左上部为汽化器及火花塞。

发动机工作时，首先由配电系统控制汽化器及火花塞点火，使气缸内的可燃气体燃烧膨胀，产生很大的压力，使活塞下行，借助连杆将活塞的往复直线运动，转变为曲轴的回转运动，并通过曲轴上的飞轮储蓄能量，使其转动平稳连续，再通过离合器及齿轮传动机构，即可通过发动机的动力驱动汽车行驶。发动机中的凸轮轴、挺杆、摇臂系统用于控制进、排气门的实时开闭，周期性地实现进气、点火燃烧、膨胀、活塞下行推动曲轴回转、活塞上升、排气等连续不断地进行工作循环。

发动机上各主要零件的材料及成形工艺选择如下：

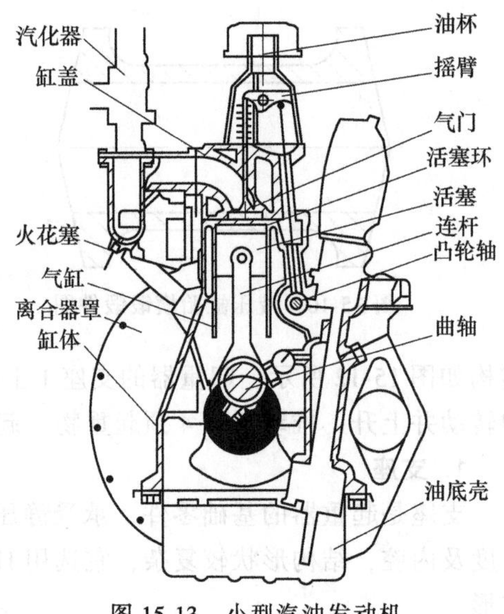

图 15-13 小型汽油发动机

**1. 缸体、缸盖**

它们具有复杂内腔，且为基础支承件，有吸振性的要求，在批量生产条件下，选用 HT200 灰铸铁材料，采用机器造型、砂型铸造成形工艺。

但如果用于摩托车、快艇或飞机上的发动机缸体、缸盖，由于要求质量轻，则常选用铸造铝合金材料，并根据生产类型和耐压要求，选用低压铸造或压力铸造。

**2. 曲轴、连杆、凸轮轴**

一般采用珠光体球墨铸铁，机器造型、砂形铸造工艺。当毛坯尺寸精度要求高时，也可选用熔模铸造成形；如果受冲击负荷较大，力学性能要求高时，可采用 45 钢模锻成形。

**3. 活塞**

目前国内外生产汽车活塞最普遍的成形工艺是用铸造铝合金进行金属型铸造成形。对于船用大型柴油发动机的活塞常采用铝合金低压铸造成形，以达到较高的内部致密度和力学性能。

**4. 活塞环**

活塞环是箍套在活塞外圆表面的环槽中，并与汽缸壁直接接触，进行滑动摩擦的零件。

要求其有良好的减摩和自润滑特性，并应承受活塞头部点火燃烧所产生的高温和高压，而且其本身形状为薄片环形件，一般多采用经过孕育处理的孕育铸铁 HT250，采用机器造型、砂型铸造。

**5. 摇臂**

摇臂承受频繁的摇摆及点击气门挺杆的作用力，应有一定的力学性能和抗疲劳强度，并且与挺杆接触的头部要求耐磨，同时摇臂除孔进行机械加工外，其外形基本不加工，故要求毛坯的形状和尺寸精度较高。因此多选用铸造碳钢进行精密铸造成形。

**6. 离合器壳及油底壳**

它们均系薄壁件，其中油底壳受力要求低，但要求铸造性能好，可采用普通灰铸铁，而离合器壳多选用孕育铸铁或铁素体球铁，它们均采用机器造型、砂型铸造成形。要求质量轻时，可用铸造铝合金，选用压力铸造和低压铸造成形，还可用薄钢板冲压成形。

**7. 飞轮**

飞轮承受较大的转动惯量，应有足够的强度，一般采用孕育铸铁或球墨铸铁机器造型、砂型铸造成形。但对于高速发动机（如轿车上的发动机）的飞轮，因转速高，则需选用 45 钢闭式模锻成形。

**8. 进、排气门**

进气门承受温度不高，一般用 40Cr 钢材，而排气门则需在 600℃ 以上的高温下持续工作，多用含氮的耐热钢制造。目前国内仍以冷轧圆钢进行电镦头部法兰，并用模锻终锻成形。而先进的成形工艺为用热轧粗圆钢进行热挤压成形。

**9. 曲轴轴承及连杆轴承**

轴承为滑动轴承，多采用减摩性能优良的铸造铜合金（如 ZCuSn5Pb5Zn5 等）离心铸造或真空吸铸等成形工艺，或采用轧制成形的铝基合金轴瓦。

**10. 汽化器**

它是形状十分复杂的薄壁件，且铸造后无需进行切削加工就可直接使用。因此对毛坯的精度要求高，多采用铸造铝合金压力铸造成形。

除此之外，发动机还用到了除金属以外的材料，如缸盖与缸体的密封垫，就是用石棉板冲压成形的，多种密封圈是采用橡胶压塑成形的；在一些无油润滑工作条件下的活塞环可用自润滑性能良好的聚四氟乙烯塑料进行压制及烧结成形；要求耐磨、耐热的汽门座圈，采用粉末冶金压制成形等。

### 15.2.5　耐酸离心泵

耐酸离心泵的结构如图 15-14 所示，其结构主要由泵体、叶轮、后座体和冷却夹套及机械端面密封组成。其进、出口直径分别为 75mm、65mm，流量为 $20m^3/h$，转速为 2900r/min，功率为 3kW，要求输送 100℃以下的任意浓度的无机酸、碱、盐溶液，特别是输送氢氟酸时，应具有优良的耐蚀性。

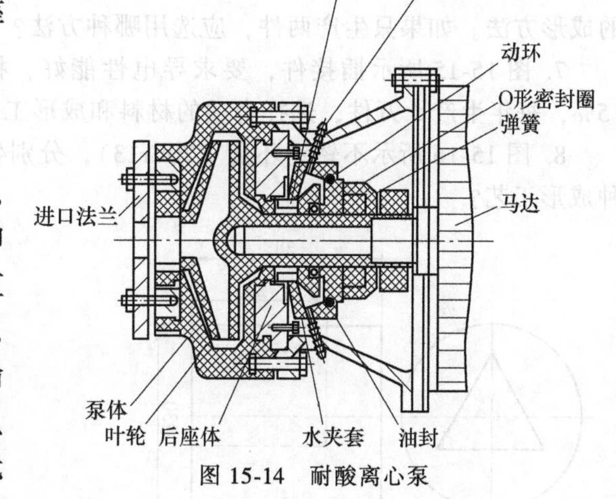


图 15-14　耐酸离心泵

各部件材料及成形工艺选择如下：

**1. 泵体**

泵体采用聚三氟乙烯，因聚三氟乙烯具有优良的耐蚀性，尤其是输送氢氟酸时其耐蚀性能优于不锈钢或玻璃钢泵。因泵体形状复杂故采用注塑成形。

**2. 叶轮**

叶轮采用聚三氟乙烯注塑成形与金属联轴器连接。

**3. 后座体和冷却水夹套**

后座体和冷却水夹套因形状复杂采用耐蚀合金铸造成形，与酸接触的部分内衬采用聚三氟乙烯注塑成形。

**4. 机械端面密封件**

因端面密封件除要求耐蚀外，还要求耐磨，选用陶瓷和聚四氟乙烯材料，并分别选用陶瓷模压及塑料压制加烧结成形来制造。

但聚三氟乙烯不适合输送含微小固体颗粒的介质以及高卤化物、芳香族化合物，发烟硫酸和 95%的浓硝酸等。如遇这种情况，则必须改用陶瓷材料，并根据其批量和质量要求选用灌浆成形或注塑成形等工艺制造陶瓷耐酸泵，方能满足使用要求。

## 复习思考题

1. 简述材料成形方法选择应考虑的因素。

2. 试为家用电风扇的扇叶选择两种材料及成形工艺，并加以比较。

3. 试为大型船用柴油机、高速轿车、普通汽车上的活塞选择材料和成形工艺。

4. 试为自行车上主要零部件选择材料和成形方法。如车架、车圈、链条、辐条、中轴、飞轮等。

5. 生产1000mm×600mm×500mm齿轮变速箱箱体，在单件、成批生产条件下，应分别选择哪种材料和成形工艺？

6. 生产1000mm×600mm×500mm矩形容器，厚度为2mm，数量为200件，试选用合理的成形方法。如果只生产两件，应选用哪种方法？

7. 图15-15所示插接件，要求导电性能好，抗拉强度不低于200MPa，伸长率不低于15%，每年生产5万件，选择合适的材料和成形工艺。

8. 图15-16所示不锈钢环套（20Cr13），分别生产25件、2500件、25000件，应选用哪种成形工艺？

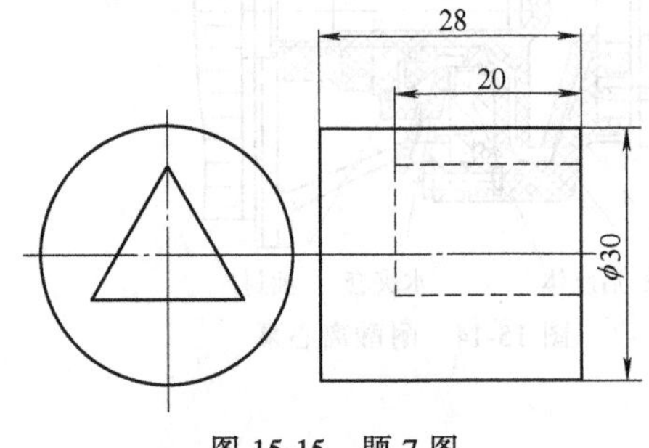


图15-15　题7图

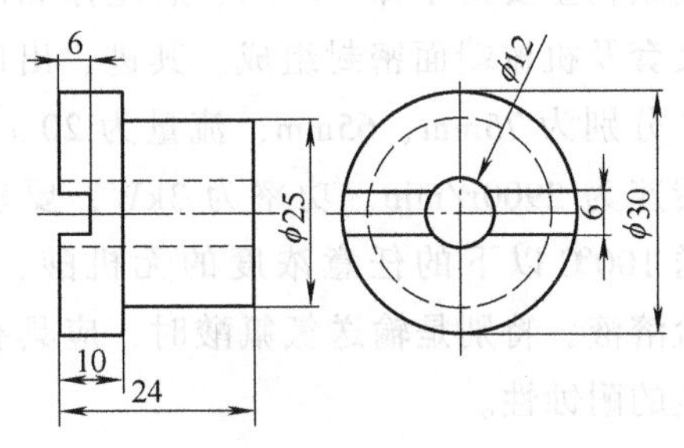


图15-16　题8图

9. 大批量生产图15-17所示的煤气罐，请合理选择材料和成形工艺。

10. 单件生产图15-18所示的重型机械上的大齿轮，应采用哪种成形方法？

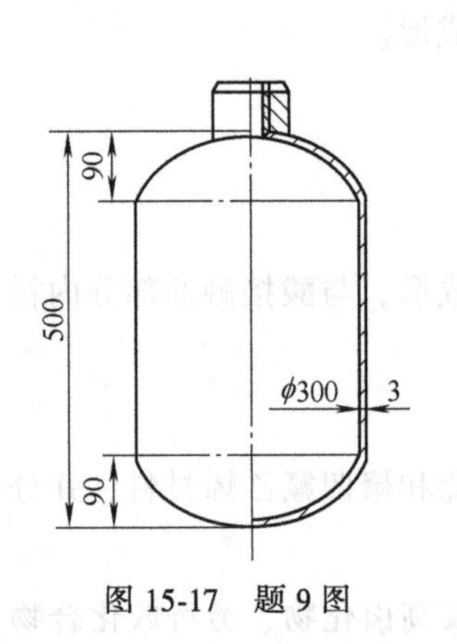


图15-17　题9图

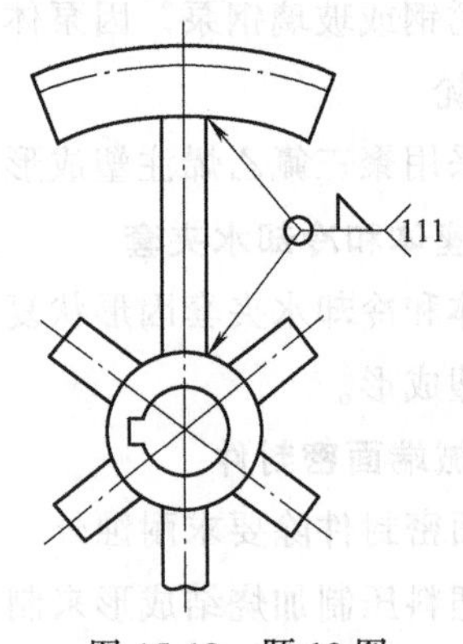


图15-18　题10图

11. 图15-19所示零件，要求头部耐热、耐磨，杆部有良好的塑性和韧性，并且零件精度要求较高。在大批量生产条件下，选择零件的材料，并确定成形方法，画出工艺简图。

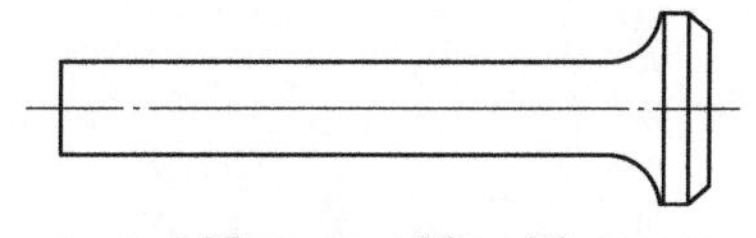

图 15-19　题 11 图

12. 图 15-20 所示为拖拉机半轴零件，材料为 45 钢，年产量 1 万件。原成形工艺为自由锻拔长，然后在摩擦压力机上锻造成形。但生产的毛坯左端为不通孔，无法在拉床上拉出花键孔，只能采用插削加工。零件的精度较低，生产率低，切削加工成本高。试改进其成形方法，提高零件的精度与生产率，并画出加工过程简图。

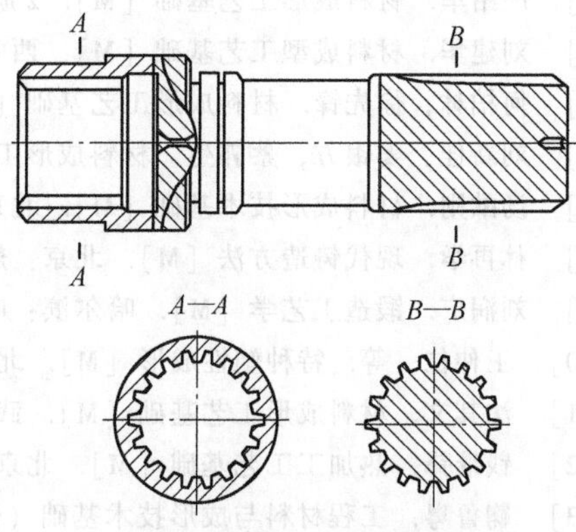


图 15-20　题 12 图

13. 试为下列齿轮选择材料和成形方法：

1）承受冲击的高速重载齿轮：$\phi$200mm，20000 件。

2）无冲击的低速中载齿轮：$\phi$250mm，50 件。

3）卷扬机大型人字齿轮：$\phi$1500mm，5 件。

4）小模数仪表用无润滑齿轮：$\phi$30mm，3000 件。

5）钟表用小模数传动齿轮：$\phi$15mm，10 万件。

14. 表 15-1 和表 15-2 所示分别为切削刀具材料的性能和不同切削条件下各种性能的加权因子，试选择在不同切削条件下的最佳材料，并确定成形方法。

表 15-1　切削刀具材料的性能

| 材　　料 | 室温硬度 HRC | $\beta$ | 830K 硬度 HRC | $\beta$ | 韧性 $A_K$ | $\beta$ | 破裂倾向 (1~9) | $\beta$ | 成本指数 |
|---|---|---|---|---|---|---|---|---|---|
| T10 | 63 | 15.85 | 10 | 1 | 68 | 71.6 | 8 | 88.9 | 100 |
| Cr12MoV | 62 | 10.9 | 35 | 40.9 | 30 | 31.6 | 7 | 77.8 | 98 |
| W18Cr4V | 66 | 30.7 | 52 | 67.1 | 61 | 64.2 | 8 | 88.9 | 84 |
| W6Mo5Cr4V2 | 65 | 25.8 | 52 | 67.1 | 68 | 71.6 | 9 | 100 | 88 |
| 耐冲击钢 | 60 | 1 | 20 | 17 | 95 | 100 | 99 | 100 | 100 |
| 硬质合金 | 76 | 80.2 | 69 | 95.2 | 0.97 | 1.02 | 3 | 33.3 | 29 |
| $Al_2O_3$陶瓷 | 80 | 100 | 72 | 100 | 0.7 | 0.74 | 1 | 11.1 | 80 |

注：硬度指标的定标值 $\beta$ 规定，最低硬度的 $\beta$ 为 1，最高硬度的 $\beta$ 为 100，中间值按比例取值。

表 15-2　不同切削条件下性能的加权因子

| 性能 | 表面粗糙并有夹杂物 | 高速切削 | 性能 | 表面粗糙并有夹杂物 | 高速切削 |
|---|---|---|---|---|---|
| 室温硬度 | 0.15 | 0.25 | 破裂倾向 | 0.10 | 0.10 |
| 高温硬度 | 0.25 | 0.45 | 成本 | 0.10 | 0.10 |
| 韧性 | 0.40 | 0.15 | | | |

# 参考文献


[1] 翟封祥. 材料成型工艺基础 [M]. 哈尔滨：哈尔滨工业大学出版社，2014.
[2] 邓文英. 金属工艺学 [M]. 6版. 北京：高等教育出版社，2017.
[3] 严绍华. 材料成形工艺基础 [M]. 2版. 北京：清华大学出版社，2008.
[4] 刘建华. 材料成型工艺基础 [M]. 西安：西安电子科技大学出版社，2007.
[5] 何柏林，徐先锋. 材料成形工艺基础 [M]. 北京：化学工业出版社，2010.
[6] 刘新佳，姜银方，蔡郭生. 材料成形工艺基础 [M]. 2版. 北京：化学工业出版社，2013.
[7] 汤酞则. 材料成形技术基础 [M]. 北京：清华大学出版社，2008.
[8] 林再学. 现代铸造方法 [M]. 北京：航空工业出版社，1991.
[9] 刘润广. 锻造工艺学 [M]. 哈尔滨：哈尔滨工业大学出版社，1992.
[10] 王仲仁，等. 特种塑性成形 [M]. 北京：机械工业出版社，1995.
[11] 沈其文. 材料成形工艺基础 [M]. 武汉：华中科技大学出版社，2003.
[12] 钱继锋. 热加工工艺基础 [M]. 北京：北京大学出版社，2006.
[13] 鞠鲁粤. 工程材料与成形技术基础（修订版）[M]. 北京：高等教育出版社，2007.
[14] 吴诗敦. 冲压工艺学 [M]. 北京：中国铁道出版社，1998.
[15] 谢水生. 锻压工艺及应用 [M]. 北京：国防工业出版社，2011.
[16] 吕振林. 铸造工艺及应用 [M]. 北京：国防工业出版社，2011.
[17] 陈宗民，姜学波，类成玲. 特种铸造与先进铸造技术 [M]. 北京：化学工业出版社，2008.
[18] 贺文雄，张洪涛，周利. 焊接工艺及应用 [M]. 北京：水利电力出版社，2010.
[19] 吴前驱. 表面无损检验 [M]. 北京：水利电力出版社，1991.
[20] 陈祝年. 焊接工程师手册. 北京：机械工业出版社，2002.
[21] 千千岩健児. 机械制作法 [M]. 东京：コロナ社，1979.
[22] 和栗明. 机械工作法 [M]. 东京：養賢堂，1976.
[23] 范春华，赵剑峰，董丽华. 快速成形技术及其应用 [M]. 北京：电子工业出版社，2009.